高职高专『十三五』规划教材

——『互联网+』新形态一体化教材

砌体结构工程施工

（修订版）

主　编／尤小明　卢　强
副主编／彭　军

QITI JIEGOU GONGCHENG SHIGONG

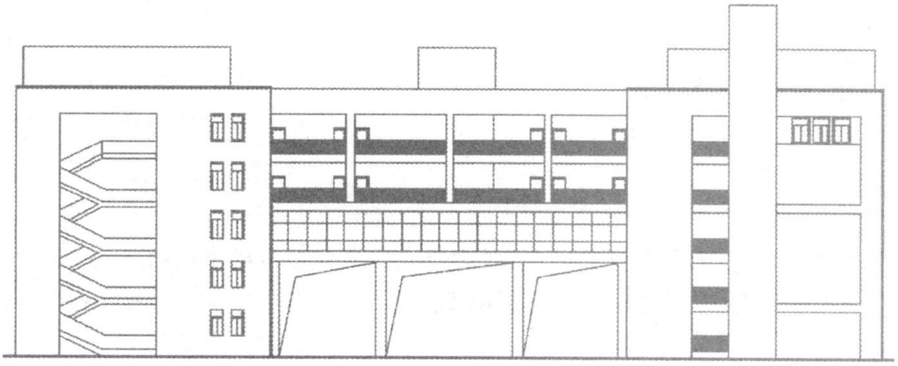

天津大学出版社
TIANJIN UNIVERSITY PRESS

图书在版编目(CIP)数据

砌体结构工程施工/尤小明主编. —天津:天津大学出版社,2014.10(2020.2 重印)

ISBN 978-7-5618-5163-0

Ⅰ.①砌…　Ⅱ.①尤…　Ⅲ.①砌体结构－工程施工－高等职业教育－教材　Ⅳ.①TU36

中国版本图书馆 CIP 数据核字(2014)第 246185 号

出版发行　天津大学出版社
地　　址　天津市卫津路 92 号天津大学内(邮编:300072)
电　　话　发行部:022-27403647
网　　址　publish.tju.edu.cn
印　　刷　廊坊市海涛印刷有限公司
经　　销　全国各地新华书店
开　　本　185mm×260mm
印　　张　17.25
字　　数　440 千
版　　次　2020 年 2 月第 4 版
印　　次　2020 年 2 月第 5 次
定　　价　45.00 元

前　言

高等职业教育作为高等教育发展中的一个类型，肩负着培养面向生产、建设、服务和管理第一线需要的高技能人才的使命。课程建设与改革是提高教学质量的核心，也是教学改革的重点和难点。高等职业院校要积极与行业企业合作开发课程，根据技术领域和职业岗位(群)的任职要求，参照相关的职业资格标准，改革课程体系和教学内容。建立突出职业能力培养的课程标准，规范课程教学的基本要求，提高课程的教学质量，改革教学方法和手段，融“教、学、做”为一体，强化学生能力培养。

加强教材建设，人才培养模式改革的重点是教学过程的实践性、开放性和职业性，实验、实训、实习是三个关键环节。重视工学结合，为了更好地贯彻和落实教育部文件精神，适应新时代形势下高职教育教学改革的要求，我们组织编写了本教材。本教材具有如下特点：

(1)教材内容贴近所涉及砌体工程施工知识的施工员、安全员、质检员、监理员等岗位工作实际；

(2)将工艺流程作为贯穿理论知识的脉络，理论服务于实践的需要，实现理论与实践一体化；

(3)内容尽量反映工程实际操作，反映最新施工技术；

(4)各章后的实训练习都是根据课前的职业能力要求进行设计的，方便教师组织实践教学，同时对学生完成实训任务也是一个很好的指导。

本书由重庆工程职业技术学院建筑工程学院尤小明、卢强统稿并任主编，彭军任副主编。绪论，第1、2、5、9章由尤小明编写；第3、4、8、10章由卢强编写；第6、7章由彭军编写；全书由游普元教授审核、修改、校稿。在编写过程中，编者参阅了同行专家的大量有关著作、教材、案例以及许多网络资料，在此一并致谢。书后附录中的电子课件及图纸请扫描相关二维码进行下载，相关章节的视频资料请登录天津大学出版社官网“http://www.tjupress.com.cn”，进入“资源下载”专区，搜索“砌体结构工程施工”，在其“资源下载”中进行下载。

由于作者的理论水平和实践经验有限，书中不当之处，敬请读者提出宝贵意见，以便修正。

编　者

2018年3月

目　录

绪　　论

1. 砌体结构发展简史

砌体结构是由各种块材(如砖、各种型号的混凝土砌块、毛石、料石、土块)用砂浆通过人工砌筑而成的一种结构形式。

远在夏朝(约前2070—前1600),我们的祖先就会用夯土来构筑城墙。商朝(前1600—前1046)以后又逐渐学会了使用自然风干的黏土砖(土坯砖)砌筑房屋。到西周(前1046—前771)已出现烧制成形的瓦。战国时期(前475—前221)已经出现了烧制而成的大尺寸空心砖,而且这种空心砖在西汉时期(前206—公元25)已经得到广泛应用。东晋(317—420)以后,空心砖的使用已很普遍。随着地下考古发掘工作的进展,我们的祖先创造砌体材料及砌体结构的文明史还可能提前。已有的史料表明,我国砌体结构的发生历史漫长而悠久。古老而气势磅礴的万里长城(始建于春秋战国时期,如图0.1所示)是中华民族的骄傲。工艺精湛、造型优美的河北赵县的安济桥(又名赵州桥,建于隋代,距今约1 400年,如图0.2所示),净跨37.02 m,桥面宽约10 m,桥长50.82 m,无论是材料使用、结构受力,还是艺术造型、建筑经济,均达到了很高的水平,1991年被美国土木工程师协会(The American Society of Civic Engineers,ASCE)选为第12处国际土木工程历史古迹。

图0.1　万里长城

图0.2　安济桥

河南登封县嵩山嵩岳寺塔(图0.3)建于北魏正光四年(公元523年),塔共15层,高约40 m,完全由砖砌成,是我国最古老的砖塔,它标志着该时期我国在砌体结构技术方面已取得的伟大成就。

河北定县料敌塔建于北宋咸平四年(1001 年),高 84.2 m,共 11 层,为砖楼面,砖砌双层筒体结构,是我国古代保留至今的最高砌体结构。它采用的筒中筒结构体系,仍然是现代高层建筑中采用的结构体系之一。它表明,我国古代结构体系的发展已达到了很高的水平。

明代(1368—1644)建造的苏州开元寺的无梁殿(图 0.4)和南京灵谷寺的无梁殿是我国古代典型的砖砌穹隆结构。它将砖砌体直接用于房屋建筑中,使抗拉承载力低的砌体结构能跨越较大的空间,显示了我国古代应用砌体结构方面的伟大成就。

图 0.3　嵩岳寺塔

图 0.4　开元寺的无梁殿

第一次鸦片战争(1840 年)以后到新中国成立前的 100 多年的时间里,由于水泥的发明和使用,砂浆强度提高,促进了砌体结构的发展。此时期我国建筑受欧洲建筑风格的影响,开始改变原因于砌筑空斗墙的薄型砖,转而烧制八五砖(规格为 216 mm × 105 mm × 43 mm),八五砖广泛地用于砌筑实心承重砖墙,建造单层或二至三层的低层房屋。这个时期的砌体材料主要是黏土砖。从设计理论上采用容许应力法进行粗略的估算,而缺乏对砌体房屋结构静力分析的正确理论依据。

新中国成立后我国开始逐步采用 240 mm × 115 mm × 53 mm 的标准砖来建造单层、多层房屋,砌体结构的潜力得到发挥。在非地震区,厚度为 240 mm 的墙可以建造到 6 层,加厚以后可以建造到 7 层或 8 层;在地震区用砖建造的房屋也可以达到 6 层或 7 层。20 世纪 70 年代后期,在重庆市用黏土砖作承重墙建造了 12 层的房屋。

砌体结构不仅用于各类民用房屋,而且在工业建筑中大量采用;不仅作承重结构,也用作围护结构。同时,砌体材料也得到了发展。20 世纪 60 年代中期到 70 年代初期,北京市已广泛地利用工业废料制造的粉煤灰砌块或煤灰矿渣混凝土墙板来建造居住建筑。

在国外,采用石材和砖建造各种建筑物也有着悠久的历史。古希腊在发展石结构方面作出了重要的贡献。埃及的金字塔和我国的万里长城一样,因其气势宏伟而举世闻名。公元前 432 年建成的帕提农神庙比例匀称、庄严和谐,是古希腊多立克柱式建筑的最高成就。约公元前 80 年建成的古罗马庞培城角斗场规模宏大、功能完善、结构合理、景观宏伟,其形制对现代的大型体育场仍有着深远的影响。坐落在君士坦丁堡(今土耳其伊斯坦布尔)的索菲亚大教堂建成于公元537年,为砖砌大跨结构,东西长77.0 m,南北长71.7 m,具有很高的水平。古罗马建筑依靠高水平的拱券结构获得宽阔的内部空间,能满足各种复杂的功能要求。建于1173年的著名的意大利比萨斜塔塔高58.36 m,以其大角度的倾斜(现倾斜约5°30′)而闻名。1250年建成的巴黎圣母院,宽约47 m,进深约125 m,内部可容纳近万人,它立面雕饰精美,堪称法国哥特式教堂的典型。1889年在美国芝加哥由砖砌体、铁混合材料建成的第一幢高层建筑Monadnock共17层,高66 m。

迄今为止,在世界各地,现代砌体结构仍较广泛地用于建造低层、多层居住和办公建筑,甚至一些高层建筑也采用砌体结构。

2. 我国砌体结构的现状

尽管我国使用砌体结构的历史很长,然而一直到新中国成立前,砌体结构除了应用于城墙、桥梁、地下工程及佛塔建筑外,在房屋建筑方面一般仅应用于两三层的低层建筑,至于4层及以上的房屋结构,往往采用钢筋混凝土骨架填充墙或外墙承重内加钢筋混凝土梁柱的结构。

新中国成立后,砌体开始应用于特种结构,如水池、烟囱、水坝、水槽、料仓及小型桥涵等,房屋建筑的砌筑高度也得到了长足的发展。

我国砌体结构的现状,可以从三个方面来进行描述。

1)在继承的基础上发展

具体表现在:广泛地采用砖砌结构建造多层房屋;各种石桥的高度增长幅度很大,石砌拱桥不但拱跨显著加大,而且厚度也大为减小;在非地震区,经过改进的非承重空斗墙用于建造2至4层房屋的承重墙等。这样的建造方式使砖、石材的强度得以充分利用。

2)采用现代科学技术发展的新成果

具体表现在新材料、新技术和新型结构形式的应用。在新材料方面,包括混凝土空心砌块、硅酸盐和泡沫硅酸盐砌块、各种材料的大型墙板以及非承重空心砖的采用和不断改进;在新技术方面,包括振动砖墙板、各种配筋砌体(含预应力空心砖楼板)、预应力砖砌圆形水池及钢丝网水泥与砖砌体组合而成的圆水池等技术的应用;在新型结构方面,包括各种形式的砖薄壳结构的应用。

3)具有中国特色的砌体结构设计理论的创立和发展

根据大量的试验和调查研究的资料,于1973年形成并颁布了我国第一部相关规范——《砖石结构设计规范》(GBJ3—1973),从而结束了我国长期沿用外国规范的历史。这部开创了我国结构设计先河的规范,提出了一系列适合我国国情的各种强度计算公式、偏心受压构件计算公式和考虑风荷载下砖砌体房屋空间设计施工的计算方法等。

1988年颁布了《砌体结构设计规范》(GBJ3—1988),内容涵盖了砌块结构。它的特点之一是采用了各种结构统一的以近似概率理论为基础的极限状态设计法,统一了各种砌体的强度计算公式,将偏心受压计算中的三个系数综合为一个系数,对局部受压的计算进行了较为合理的改进,提出了墙梁、挑梁计算的新方法,并将单层房屋的计算推广到多层房屋的计算中。

2002年颁布的《砌体结构设计规范》(GB 50003—2001),是在1988年颁布的《砌体结构设计规范》(GBJ3—1988)的基础上经过修订而成的。经过修订后的规范,增加了当时发展起来的新型砌体材料的内容，并对原有的砌体结构设计方法作了适当的调整和补充。

2012 年颁布的《砌体结构设计规范》（GB 50003—2011），又对十年前的版本进行了全新修订，增补了 2001—2011 年砌体结构领域成熟的新材料、新成果、新技术，简化了砌体结构设计计算方法，补充了砌体结构的裂缝控制措施和耐久性要求，使砌体结构设计规范更为完善和先进。

我国砌体结构的构筑技术，以石拱桥为代表的建筑水平，居世界领先地位；我国砌体结构的设计理论，以其鲜明的特点位居世界先进行列。

诚然，限于各方面的原因，我国在砌体结构方面的某些研究还有待加强，对某些问题还有待进一步探讨和研究。

3. 砌体结构的优缺点及应用范围

1）砌体结构的优缺点

据有关统计资料表明，目前在我国各类房屋的墙体中，砌体结构占 90% 以上。即使在发达国家，砌体结构在墙体中所占的比重也超过了 60%。砌体结构之所以在世界范围内得到如此广泛的应用，是与砌体这种建筑材料具有的优点分不开的。砌体具有以下优点。

（1）取材方便，天然的石料、配制砂浆的砂子、用来烧砖的黏土等，几乎遍地都是。这使得砌体结构的房屋造价低廉。

（2）具有良好的耐火、隔声、保温等性能。砖墙房屋还能调节室内湿度，透气性好。同时，砌体结构具有良好的化学稳定性及大气稳定性，抗腐蚀性强，这就保证了砌体结构的耐久性。

（3）能节约材料。与钢筋混凝土结构相比，砌体结构中水泥、钢材、木材（简称“三材”）的用量均大为减少。

（4）可连续施工。因为新砌砌体即能承受一定的施工荷载，故不像混凝土结构那样在浇筑后需要有施工间隙。

（5）施工设备简单。砌体结构的施工无须特殊的技术设备，因此能普遍推广使用。

国内外不少专家、学者认为：古老的砖结构是在与其他材料的竞争中重新出世的承重墙体结构，并预计土砖、灰砂砖、混凝土砌块体是高层建筑受压构件中的一种有竞争力的材料。

不过砌体结构还存在着以下一些缺点。

（1）自重大而强度不高，特别是抗拉、抗剪强度低。砌体结构，特别是普通砌体结构，由于强度低而截面尺寸一般较大，材料用量多，运输量也自然大。同时，由于自重大，对基础和抗震均不利。

（2）砌筑工作量大，且常常是手工操作，劳动强度高，施工进度也较慢。

（3）抗震性能差。由于砂浆与砖石等块体之间的黏结力弱，无筋砌体抗拉、抗剪强度低，延性差，因此其抗震性能差。

（4）烧制黏土砖占用农田，影响农业生产，污染环境。

2）砌体结构的应用范围

由于砌体结构的上述优点，故其应用范围较为广泛；另一方面，由于砌体结构本身存在的缺点，又在某些方面限制了它的应用。

由于砌体结构的抗压承载力高，因此适于用作受压构件，如在多层混合结构房屋、外砖内浇结构体系中的竖向承重构件(墙和柱)。此外,采用砌体不但可以建造桥梁、隧道、挡土墙、涵洞等构筑物,建造坝、堰、渡槽等水工结构,还可以建造水池、水塔支架、料仓、烟囱等特种结构。在盛产石材的福建,人们用整块花岗石建造楼(屋)面板和梁柱以砌筑多层建筑。

由于传统砌体结构的承载力低,且具有整体性差、抗震性能差等缺点,因此限制了它在高层建筑和地震区建筑中的应用。

4. 砌体结构的发展趋势

为了充分利用砌体材料的优点并克服砌体结构的缺点,世界各国的砌体结构必将在以下几个方面得以改进和发展。

1)寻求轻质高强的砌体材料

块材强度和砂浆强度是影响砌体强度的主要因素。采用轻质高强的块材和高强度砂浆,对于减轻结构自重、扩大砌体结构的应用范围有着重要的意义。而要做到"轻质",常常要在材料的孔洞率上做文章。空心砖的孔洞体积占砖的外轮廓所包围体积的百分率,称为孔洞率。我国墙用空心砖的孔洞率一般在40%左右;我国空心砖的产量很低,仅占砖总产量的15%左右。而国外空心砖的产量较高,如瑞士的空心砖产量占砖总产量的95%。

国外的高强度砖发展较快,一般砖的强度为40~60 MPa,有的达到160 MPa,甚至200 MPa。而我国的砖强度一般为7.5~15 MPa,相差较大。

高强度特别是高黏结强度砂浆的生产,在一些国家也发展较快。1978年,丹麦掺微硅粉制成的砂浆,其边长为100 mm的立方体试块的抗压强度已达到350 MPa。由于砖墙的抗震能力主要取决于砂浆的黏结强度,因此国外早已采用高黏结砂浆。我国砖混结构所占的比例很大,而很多地方又处于抗震设防地区,因此研究开发廉价的高黏结砂浆的意义尤为重要。

2)加强配筋砌体结构的研究和应用

配筋砌体结构在很大程度上克服了传统砌体结构整体性差、抗震性能差的缺点,而在世界各国得以迅速发展。我国是一个多地震的国家,有三分之一的国土处于抗震设防烈度为7度及以上的地区,有一百多个大、中城市需要抗震设防。我国又是一个发展中国家,人口众多,用地十分紧张,因此发展抗震性能好、施工简单、造价较低的高层和中层配筋砌体结构体系对我国具有特别重要的意义。

3)利用工业废料发展混凝土小型砌体

在城市建设中,人们越来越多地利用工业废料,如粉煤灰、炉渣、煤矸石等,制作硅酸盐砖、加气硅酸盐砌块或煤渣混凝土砌块等。这样既处理了城市中的部分工业废料,又缓和了烧黏土砖与农业争地的矛盾。

4)采用大型墙板减轻砌墙的劳动强度

采用大型墙板作为承重的内墙或悬挂的外墙,可减轻墙体砌筑时繁重的体力劳动,采用各种轻质墙板作隔墙,还可以减轻砌体结构的自重。这有利于建筑工业化、施工机械化,从而加快建筑速度。

第1章　墙体构造及砌体结构施工图

【单元概述】

本章主要讲述:墙体结构类型、作用、细部构造;砌体结构施工图的识读及绘制。

【学习目标】

掌握墙体的类型、构造特点以及施工图的识读方法和步骤,并能独立识读施工图。

1　墙体构造

1.1　墙体的类型

根据墙体在建筑物中的位置、受力情况、材料选用、构造及施工方法的不同,可将墙体分为不同的类型。

1.1.1　按墙体在房屋中的位置分类

(1)按墙体在平面上所处位置不同,可分为两类。

①外墙:位于建筑物四周与室外接触的墙,起挡风、阻雨、保温、隔热等维护室内房间不受侵袭的作用。

②内墙:位于建筑物内部的墙,主要起分隔房间的作用。

(2)按墙体布置方向,可分为两类。

①纵墙:沿建筑物长轴方向布置的墙,纵墙有内纵墙和外纵墙之分。

②横墙:沿建筑物短轴方向布置的墙,横墙有内横墙和外横墙之分,外横墙又称为山墙。

(3)按墙体在立面上所处位置不同,可分为两类。

①窗间墙:窗与窗、窗与门之间的墙。

②窗下墙:窗洞下部的墙。

墙体各部分名称如图1.1所示。

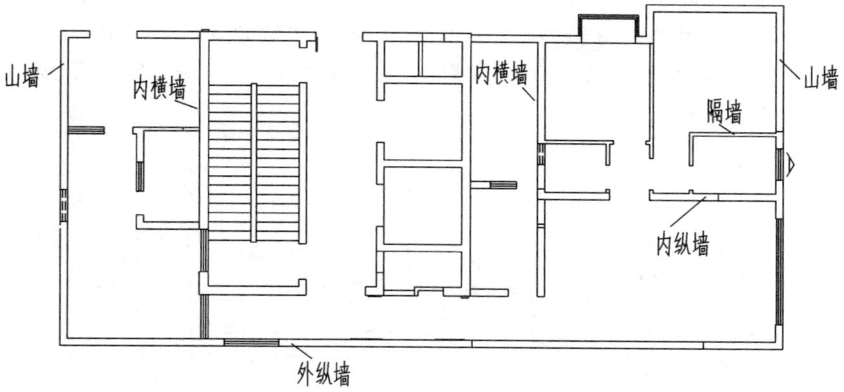

图1.1　墙体各部分名称

1.1.2　按墙体的受力情况分类

在建筑结构中,墙体按受力方式分为两类。

(1)承重墙:直接承受楼板、屋顶、梁等传来的荷载的墙。

(2)非承重墙:凡不承受楼板、屋顶、梁等传来的外来荷载的墙。

非承重墙又可分为以下四种。

(1)自承重墙:只能承受自身重量的墙体。

(2)隔墙:分隔内部空间且其重量由梁或楼板承受的墙。

(3)填充墙:在框架结构中,填充在柱子之间的墙。

(4)幕墙:悬挂在建筑外部的轻质墙,如金属幕墙、玻璃幕墙等。

1.1.3　其他分类方法

墙体按所用材料分类,可分为砖和砂浆砌筑的砖墙、利用工业废料制作的各种砌块砌筑的砌块墙、现浇或预制的钢筋混凝土墙、石块和砂浆砌筑的石墙;按施工方法分类,可分为块材墙、版筑墙、板材墙等;按构造分类,可分为实体墙、空体墙、组合墙等。

1.2　墙体的细部构造

砌体墙是以砂浆为胶结材料,按一定规律将砖或砌块等材料进行砌筑的墙体。常用的有砖墙和砌块墙两类。砌体墙的细部构造包括勒脚、散水、明沟、构造柱、圈梁、防火墙、门窗过梁、窗台和变形缝等。

1.2.1　勒脚

勒脚是建筑物外墙的墙脚,即建筑物的外墙与室外地面或散水接触部位墙体的加厚部分。勒脚的作用是防止地面水、屋檐滴下的雨水对墙体的侵蚀以及外力对该部位的撞击,从而保护墙面,保证室内干燥,提高建筑物的耐久性,也能使建筑的外观更加美观。勒脚部位外抹水泥砂浆或外贴石材等防水耐久的材料,应与散水、墙身水平防潮层形成闭合的防潮系统。一般采用抹灰勒脚和贴面勒脚,如图1.2所示。常用的有水泥砂浆、水刷石、斩假石、贴面砖、贴天然石材,还可用贴条石、混凝土等。

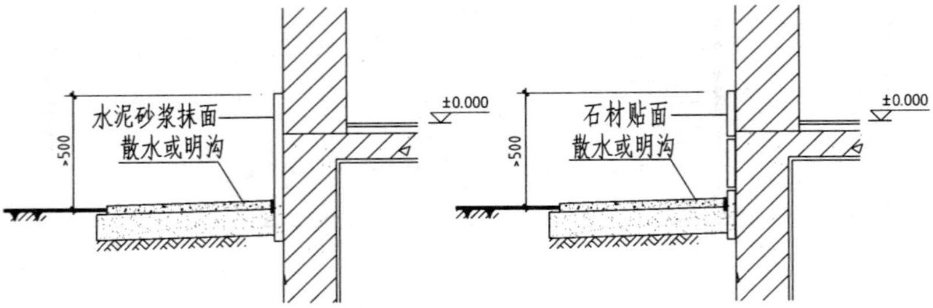

图1.2 勒脚

(a)抹灰勒脚 (b)贴面勒脚

1.2.2 墙身防潮层

为了防止地面以下土壤中的水分沿基础墙上升和地表水对墙体的侵蚀,提高墙体的坚固性和耐久性,保证室内干燥、卫生,墙体应设置防潮层,防潮层分为水平防潮层和垂直防潮层。

1. 水平防潮层

水平防潮层为建筑物内外墙靠近室内地坪沿水平方向设置的防潮层。水平防潮层做在墙体内,通常从 -0.060 m 处设置,至少高于室外地坪 150 mm,以防雨水溅湿墙身。一般防潮层的做法有四种。

1) 油毡防潮层

在防潮层底部先用 20 mm 厚的水泥砂浆找平,然后铺设一到两层油毡(两层时,先铺热沥青,再铺油毡,最后浇热沥青)。这种做法防水效果好,但由于有油毡隔离,削弱了砖墙的整体性,不利于在地震区采用。油毡防潮层如图1.3(a)所示。

2) 防水砂浆防潮层

在防潮层位置抹一层 20 mm 或者 30 mm 厚的1:2防水砂浆,这种做法适用于抗震地区、振动较大的砖砌体中,但因砂浆易开裂会影响防潮层效果。防水砂浆防潮层如图1.3(b)所示。

3) 防水砂浆砌砖

在防潮层位置用防水砂浆砌筑4至6层的砖起防水作用。防水砂浆砌砖如图1.3(c)所示。

4) 配筋细石混凝土防潮层

在防潮层位置设置 50~100 mm 厚与墙同宽的 C15 或 C20 细石混凝土,内一般配置 3ϕ6 的钢筋。这种做法抗裂性好,适用于整体刚度要求较高的建筑中。配筋细石混凝土防潮层如图1.3(d)所示。

2. 垂直防潮层

当室内地面与室外地坪有高差时，应在墙身设置两道水平防潮层，并在靠回填一侧设置垂直防潮层。具体做法是在垂直墙面上，先用水泥砂浆找平，再刷冷底子油一道、热沥青两道，或采用防水砂浆抹灰防潮。

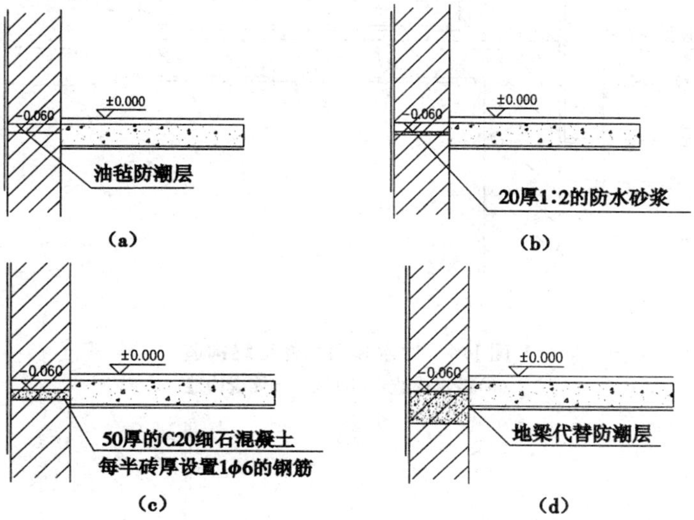

图 1.3　墙身防潮层

(a)油毡防潮层　(b)防水砂浆防潮层

(c)防水砂浆砌砖　(d)配筋细石混凝土防潮层

1.2.3　散水与明沟

1. 散水

为了防止雨水、墙面水及屋檐水对墙基的侵蚀，必须沿外墙四周设置散水与明沟，将建筑物附近的积水及时排离。

散水是沿建筑物外墙四周设置的向外倾斜的排水坡面，一般设置成 3% ~5% 的坡度，宽度一般为 600 ~1 000 mm，且比屋檐挑出宽度大 150 ~200 mm。可用水泥砂浆、混凝土、砖、块石等材料做面层。散水构造如图 1.4(a) 所示。

由于建筑物的沉降、勒脚与散水施工时间的差异，应在施工时预留变形缝，一般用粗砂和米石子填缝，用热沥青盖缝，以防渗水。纵向距离 6 ~12 mm 做一道伸缩缝，缝内处理同勒脚与散水相交处。散水伸缩缝构造如图 1.4(b) 所示。

2. 明沟

明沟是散水外沿或直接在外墙根部设置的排水沟，它将水有组织地导向集水井，然后流入排水系统。明沟一般用素混凝土浇筑，或用砖石铺砌成沟槽，然后用水泥砂浆抹面，沟底设置 1% 的坡度进行排水。明沟构造如图 1.5 所示。

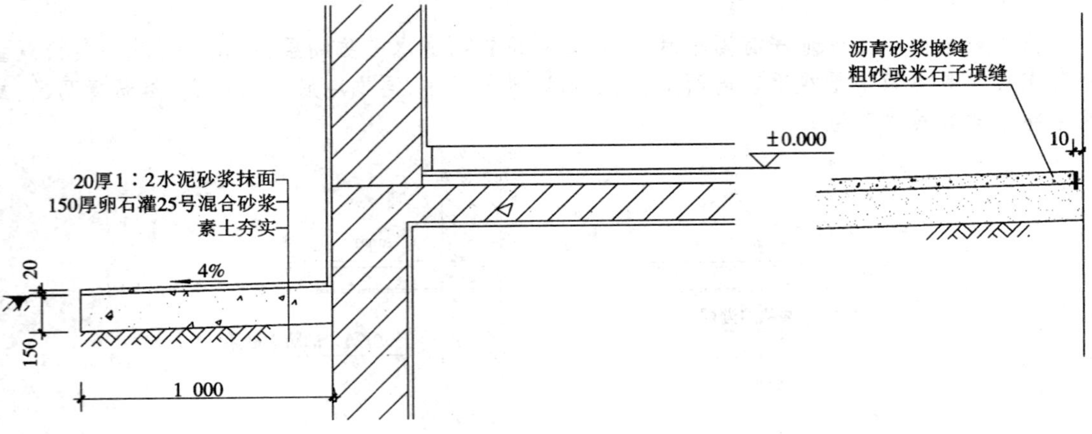

图 1.4　散水和散水伸缩缝构造

(a)散水构造　(b)散水伸缩缝构造

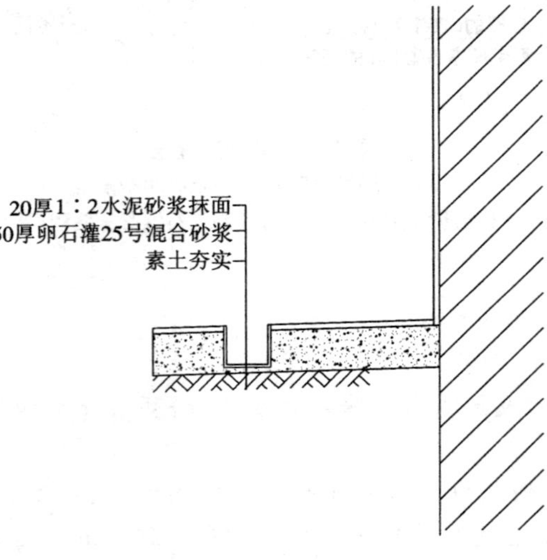

图 1.5　明沟构造

1.2.4　门窗过梁

过梁是指设置在门窗洞口上部，承受洞口上部墙体和楼板传来的荷载，并把这些荷载传递给洞口两侧墙体的横梁。目前，常用的有砖拱过梁、钢筋砖过梁和钢筋混凝土过梁三种。

1. 砖拱过梁

砖拱过梁分为平拱过梁和弧拱过梁，工程中一般用的是平拱过梁，用立砖和侧砖相间砌筑，使灰缝上宽下窄相互形成拱的作用。灰缝上宽不超过20 mm，下宽不小于5 mm，中部拱高度为洞口跨度的1/50。砖砌平拱过梁净跨宜不大于1.2 m，不应超过1.8 m。砌筑用的砖强度不低于MU7.5，砂浆强度不能低于M2.5。砖砌平拱过梁构造如图1.6所示。

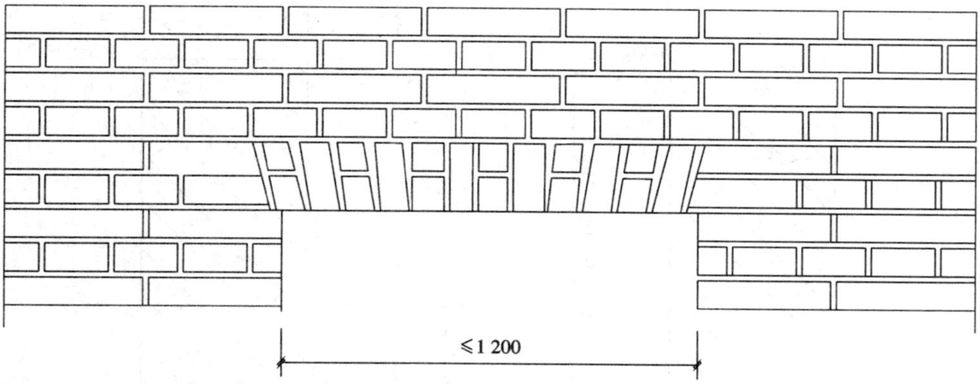

图 1.6　砖砌平拱过梁构造

2. 钢筋砖过梁

钢筋砖过梁是指配置了钢筋的平砌砖过梁。一般是在钢筋砖过梁底部厚度不小于 30 mm 的水泥砂浆层内设置间距不大于 120 mm 的 ϕ6 钢筋，钢筋伸入墙体两侧内的长度不应小于 240 mm，并设置 90°弯钩，伸入墙体的竖缝内。钢筋砖过梁的高度经计算确定，一般不应小于 5 皮砖，砂浆强度不低于 M2.5，钢筋砖过梁构造如图 1.7 所示。钢筋砖过梁适用于跨度大于 1.5 m，且不应超过 2 m 的上部无集中荷载的洞口。

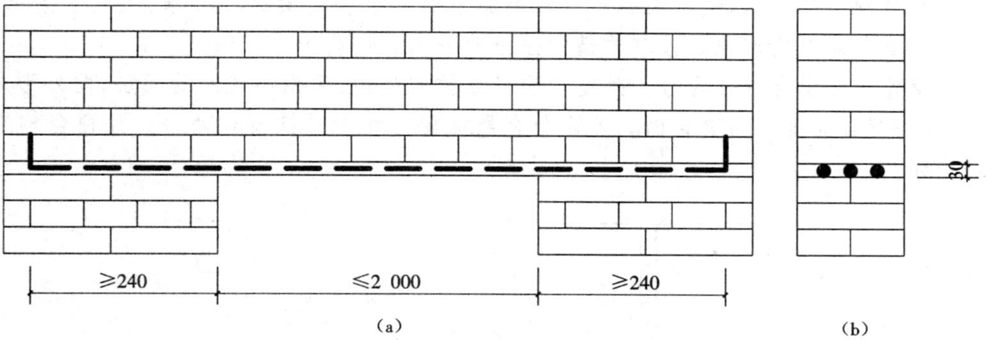

图 1.7　钢筋砖过梁构造

(a)正立面　(b)剖面

3. 钢筋混凝土过梁

当门窗洞口跨度超过 2 m 或者上部有集中荷载时，需采用钢筋混凝土过梁。钢筋混凝土过梁可现浇，也可预制。其截面形式有矩形和 L 形两种(图 1.8)，矩形多用于内墙和混水墙，L 形多用于外墙和清水墙。通常为简化构造、节约材料，将过梁与圈梁、悬挑雨篷、窗楣板或遮阳板等结合起来设计。

钢筋混凝土过梁梁高及配筋由计算确定。为了施工方便，梁高应与砖的皮数相匹配，以方便墙体连续砌筑。常见梁高为 60 mm、120 mm、180 mm、240 mm。梁宽同墙厚，两端伸入墙的长度不小于 240 mm，以保证有足够的承压面积。

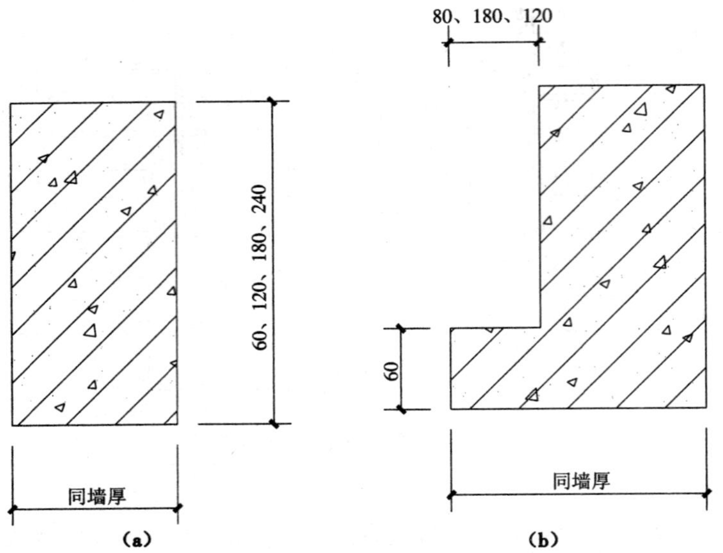

图 1.8 钢筋混凝土过梁

(a)矩形 (b)L 形

1.2.5 窗台

窗台是窗洞下部的构造,用来排出窗外侧流下的雨水和内侧的冷凝水,且具有装饰作用,是建筑立面重点处理的部位。按其构造做法分为外窗台和内窗台。

位于窗外侧的窗台叫外窗台。外窗台应设置排水构造,采用不透水的面层,向外形成一定的坡度,且外窗台面低于内窗台面。外窗台有悬挑窗台和无悬挑窗台两种。外窗台构造如图 1.9(a)所示。

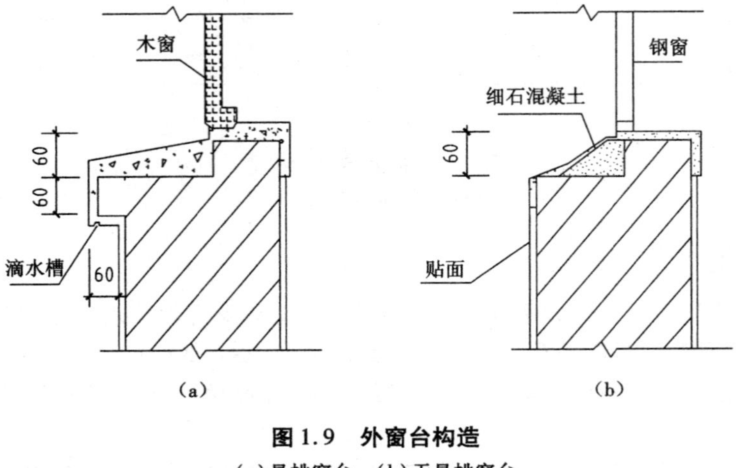

图 1.9 外窗台构造

(a)悬挑窗台 (b)无悬挑窗台

位于窗内侧的窗台叫内窗台。因其不受雨水冲刷,一般做成水平,通常结合室内装修选择水泥砂浆抹灰、木板或贴面砖等多种饰面形式。内窗台构造如图 1.10 所示。

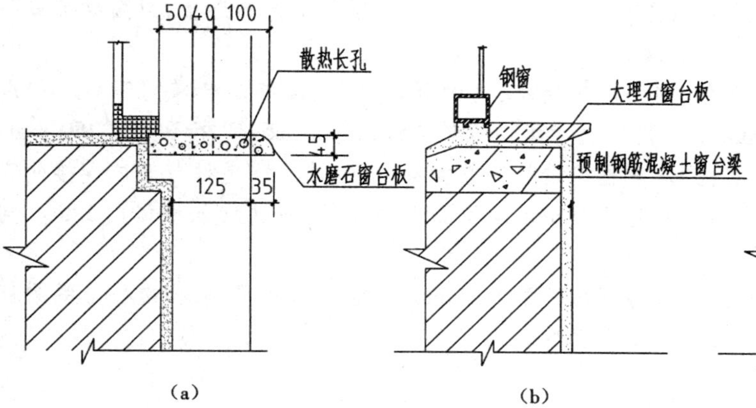

图 1.10　内窗台构造

(a)水磨石窗台板　(b)大理石窗台板　(c)木窗台板

1.2.6　墙身加固措施

当墙体承受上部集中荷载、开设门窗洞口、遭受地震等因素的影响时,为提高墙体的强度和稳定性,应对墙身采取加固措施。常用的加固结构有圈梁和构造柱。

1. 圈梁

在建筑物外墙四周、内纵墙、部分内横墙等处,沿墙体水平方向设置的钢筋混凝土梁式构件,称为钢筋混凝土圈梁,简称圈梁。在混合结构中,设置圈梁可增强房屋的整体刚度,防止由于地基不均匀沉降或较大振动荷载作用对墙体产生不利的影响。圈梁的存在,可减小墙体的计算高度,提高墙体的稳定性。跨越门窗洞口的圈梁,若配筋不少于过梁或适当增配钢筋,还可兼作过梁。钢筋混凝土圈梁、附加圈梁构造如图 1.11 所示。

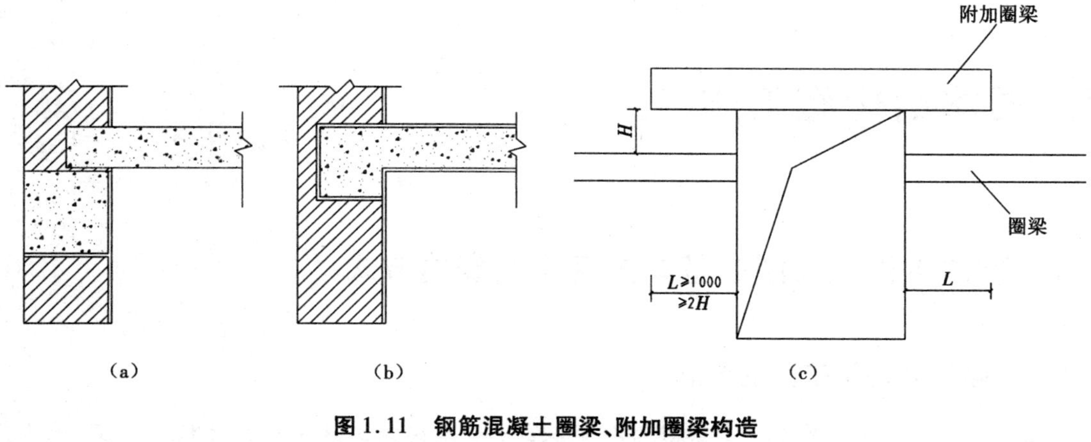

图 1.11　钢筋混凝土圈梁、附加圈梁构造

(a)圈梁与板分离　(b)圈梁与板为整体　(c)附加圈梁

2. 构造柱

构造柱是从构造角度考虑设置的,作用是从竖向加强层间墙体的连接,与圈梁形成空间骨架,加强建筑物的整体刚度,提高墙体的抗变形能力。

构造柱一般设在外墙四角、内外墙交接处、较大洞口两侧、楼梯及电梯间四角。构造柱最小截面为 180 mm×240 mm,最小配筋量为纵向钢筋 4ϕ12、箍筋 ϕ6,间距不大于 250 mm,且在柱上下端加密。构造柱施工前,先设置构造柱钢筋骨架,后砌墙。构造柱与墙体连接处宜砌成五进五出的大马牙槎,并应沿墙高每 500 mm 设置 2ϕ6 拉结筋,每边伸入墙体内 1 m。构造柱构造如图1.12所示。

构造柱不单独设置基础,一般伸入地坪下 500 mm,或锚入基础梁内,构造柱与圈梁连接处纵筋应穿过圈梁,保证构造柱纵筋上下贯通。

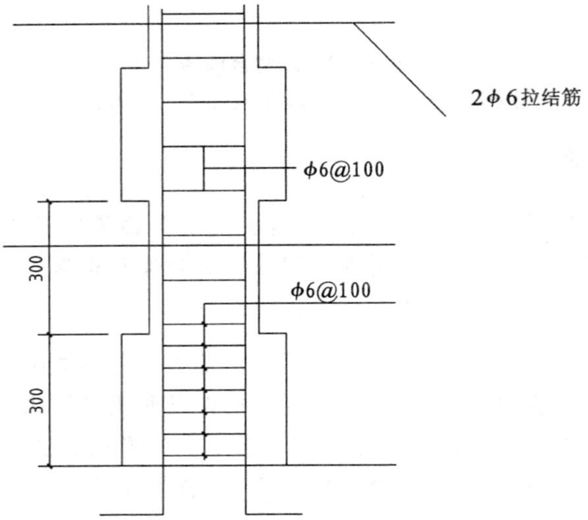

图 1.12 构造柱构造

2 砌体结构施工图

2.1 砌体结构施工图的基本内容及其表达方式

2.1.1 砌体结构施工图的概念

结构施工图是在建筑工程上所用的一种能够十分准确地表达出建筑物的外轮廓、大小尺寸、结构构造和材料做法的图样,又称结构图,是房屋建筑施工的主要依据。砌体结构施工图是结构施工图的一种。

砌体结构施工图应遵守《房屋建筑制图统一标准》(GB/T 50001—2010)和《建筑结构制图标准》(GB/T 50105—2010)的规定。有关线型、比例、常用构件名称代号、常用建筑材料图例等内容可参见《建筑工程图识读与绘制》①。

2.1.2 砌体结构施工图的基本内容

砌体结构施工图的内容一般包括:结构图纸目录、结构图纸设计总说明、结构平面图和结构详图。

1. 结构图纸目录

由结构图纸目录可了解到图纸的排列、总张数和每张图纸的内容,校对图纸的完整性,查找所需要的图纸。

2. 结构图纸设计总说明

结构图纸设计总说明主要内容有以下几点。

(1)设计 ±0.000 相对标高所对应的绝对标高值。

(2)设计的主要依据,如设计所用的规范、地质勘探报告等。

(3)结构安全等级、设计使用年限、屋面及地下结构防水等级和混凝土结构所处的环境类别。

(4)建筑抗震设防类别、建筑场地抗震设防烈度、场地类别、设计基本地震加速度值、所属的设计地震分组以及混凝土结构的抗震等级。

(5)基本风压值和粗糙度类别。

(6)活荷载取值,包括二次装修活荷载取值。

(7)所选用结构材料的品种、规格、型号、性能、强度等级及对混凝土有抗渗要求的抗渗等级。

(8)结构构造的做法,如钢筋锚固搭接长度、预留洞口、填充墙与构造柱等。

(9)地基基础的设计类型与设计等级,对地基基础施工、验收要求以及对地基处理措施的技术要求。

3. 结构平面图

结构平面图包括基础平面图和主体结构平面图。

(1)基础平面图主要描绘基础的位置、所属轴线以及基础内留洞、构件管沟、地基变化的台阶、基底标高情况,包括基础大样图的具体构造。

(2)结构平面图一般包括 ±0.000 以上的主体结构构造和大样图。

4. 结构详图

结构详图主要包括梁、板、柱及基础详图,楼梯屋面的结构详图。

---

① 游普元. 建筑工程图识读与绘制[M]. 天津:天津大学出版社,2010.

2.2 砌体结构施工图的识读方法

2.2.1 读图前期准备

识读砌体结构施工图前应做好以下六个方面的准备。

(1)施工图是根据投影原理绘制的,用图纸表达房屋建筑的设计及构造方法。读图前应掌握投影原理和房屋建筑的基本构造。

(2)施工图采用了一些图例符号以及必要的文字说明,共同把设计内容表现在图纸上。因此要读懂施工图,还必须记住常用的图例符号。

(3)读图时要注意从粗到细、从大到小。先粗看一遍,了解工程的概貌,然后再仔细看;细看时应先看总说明和基本图纸,然后再深入看构造图和详图。

(4)一套施工图由各工种的许多张图纸组成,各图纸之间是互相配合、紧密联系的。图纸的绘制大体是按照施工过程中不同的工程、工序分成一定的层次和部位进行的,因此要有联系地、综合地读图。

(5)结合实际读图。根据实践、认识、再实践、再认识的规律,读图时联系生产实践,就能比较快地掌握图纸的内容。

(6)注意建筑标高和结构标高之差是否满足设计要求,构件与构件间的标高是否对应,构件间能否满足搭接要求和使用要求,建筑图所用的材料对使用功能是否有影响、是否需要在结构上局部加强。

2.2.2 综合读图

施工中,往往要同时看建筑图和结构图,并配合相应图集,只有把多者结合起来看,施工才能进行。

1.建筑图和结构图的关系

(1)相同的地方:轴线位置、编号、±0.000标高、墙体厚度应相同,过梁位置与门窗洞口位置等应相符。凡是应相符的地方都应相符,如果不相符合或有矛盾,在前期读图时应记录下来,在图纸会审时应提出,或随时与设计单位、业主联系沟通,以便顺利解决,为正式施工做好准备。

(2)不相同的地方:结构尺寸和建筑尺寸(做好装饰后的尺寸)不相同(承重结构墙一般在结构平面图上,非承重墙的隔断墙尺寸则在建筑图上)。砌体结构材料的总体要求一般在建筑施工图的总说明里。这些要在积累了经验后,了解到哪些需要的数据应在哪种图纸上看,才能了解建筑物的全貌。

(3)相关联的地方:民用建筑中,如雨篷、阳台的结构图和建筑的装饰图必须结合起来看,如圈梁的结构布置图中圈梁通过门、窗口处对门窗高度有无影响,这也是把两种图纸结合起来看,还有楼梯的结构图往往与建筑图结合在一起绘制等;工业建筑中,建筑部分的图纸与结构图纸接近,如外墙围护结构就绘制在建筑图上,还有柱子与墙体的联结,就是将两种图纸结合起来看。结构图和建筑图相关联的地方必须同时对照两种图纸进行识读。随着施工经验和读图经验的不断积累,就会慢慢熟悉建筑图和结构图相关联处,并找到好的综合读图的方法。

2. 综合读图应注意的事项

综合读图应注意的事项有以下五点。

(1)查看建筑尺寸和结构尺寸有无矛盾之处。

(2)建筑标高和结构标高之差是否符合应增加的装饰厚度。

(3)建筑图上的一些构造,在做结构时是否需要先做上预埋件或木砖等。

(4)结构施工时,应考虑建筑安装时尺寸上的放大或缩小。这在图纸上是没有具体标志的,但依据施工经验,根据建筑图与结构图的结合,应该预先想到应放大或缩小的尺寸。

(5)砖砌结构(尤其是清水砖墙)在结构施工图上的标高,应尽量结合砖的皮数、尺寸,做到在施工中把两者结合起来。

以上五点只是应引起注意的一些方面,在读图时全面考虑到施工,才能算真正领会和消化了图纸。

2.2.3 识读方法与步骤

1. 识读方法

识读施工图一般要先弄清是什么图,然后根据图纸特点从上往下、从左往右、由外向内、由大到小、由粗到细,图样与说明对照,建施、结构、水暖、电施相结合读图,另外要根据结构设计说明准备好相应标准图集与相关资料。

2. 识读步骤

识读施工图一般分为以下五步。

(1)读图纸目录,同时按图纸目录检查图纸是否齐全,图纸编号、图名是否相符。

(2)读总说明,了解工程概况、设计依据、主要材料要求、标准图或通用图的使用、构造要求及施工注意事项等。

(3)读基础图,了解基础的平面位置尺寸、构件的布置、配筋情况、楼梯情况等。

(4)看结构设计说明要求的标准图集。

(5)在整个读图过程中,要把结构施工图与建筑施工图、水暖电施工图结合起来,看有无矛盾的地方,构造上能否施工等;同时还要边看边记下关键的内容,如轴线尺寸、开间尺寸、层高、主要梁柱截面尺寸与配筋以及不同部位混凝土强度等级等。

3. 标准图集的识读

设计单位为了加快设计进度、提高设计标准化及质量,经常直接采用标准图集。

1)标准图集的分类

我国编制的标准图集,按其编制的单位和适用范围的情况可分为三类。

(1)经国家批准的标准图集,供全国范围内使用。

(2)经各省区市批准的通用标准图集,供本地区使用。

(3)各设计单位编制的标准图集,供本单位设计的工程使用。

全国通用标准图集通常采用代号“G”或“结”表示结构标准构件类图集,用“J”或“建”表示建筑标准配件类图集。

2)标准图集的查阅方法

(1)根据施工图中注明的标准图集名、编号查找相应的图集。

(2)熟悉标准图集的总说明,了解编制该图集的设计依据、适用范围、施工要求及注意事项等。

(3)了解本图集编号和表示方法,一般标准图集都用代号表示,代号表示构件、配件的类别、规格及大小。

(4)根据图集目录及构件、配件代号在本图集内查找所需详图。

实训练习

题目:识读砌体结构施工图

1.目的

通过本次练习,能熟练识读砌体结构施工图。

2.作业条件

××单位施工图,见书后附图。

3.操作过程

按施工图的识读步骤进行。

4.实训要求

能熟练识读施工图,并用以指导实际工程。

5.注意事项

(1)各专业之间的相互关系。

(2)结构施工图的表述。

思考题

1.墙体是如何分类的?各有哪些类型?

2.墙身防潮层有哪几种形式?

3.散水的作用有哪些?

4.墙的过梁有哪几种形式?各适用于什么情况?

5.墙身的加固有哪几种措施?

6.简述砌体结构图的基本内容。

7.简述施工图的识读方法和步骤。

第 2 章　砌体材料及其力学性能

【单元概述】

本章主要讲述砌体材料的组成、砌体的种类、砌体的物理力学性能以及无筋砌体结构构件的承载力计算。

【学习目标】

了解并掌握砌体材料的分类、无筋砌体与配筋砌体结构，能进行无筋砌体结构构件的承载力计算分析。

1　砌体材料基本知识

砌体结构是由块体材料和砂浆组成的，块体与砂浆的力学性能决定了砌体的力学性能。

块体是砌体结构的主要组成部分，占砌体总体积的 78% 以上。砌体结构常用的块体主要有砖、砌块和石材。

砂浆的流动性与砂浆的加水量、水泥用量、石灰膏用量、砂子的颗粒大小和形状、砂子的孔隙以及砂浆搅拌的时间等有关。对砂浆流动性的要求，可以因砌体种类、施工时大气温度和湿度等不同而异，一般要求如表 2.1 所示。施工时，砂浆的稠度往往由操作者根据经验来掌握。

表 2.1　砌筑砂浆的施工稠度

砌体种类	砂浆施工稠度/mm
烧结普通砖砌体、粉煤灰砖砌体	70 ~ 90
混凝土砖砌体、普通混凝土小型空心砌块砌体、灰砂砖砌体	50 ~ 70
烧结多孔砖砌体、烧结空心砖砌体、轻集料混凝土小型空心砌块砌体、蒸压加气混凝土砌块砌体	60 ~ 80
石砌体	30 ~ 50

1.1 砂浆拌制及使用

砌筑砂浆应采用砂浆搅拌机进行拌制。砂浆搅拌机可选用活门卸料式、倾翻卸料式或立式,其出料容量常用200 L。

搅拌时间从投料完算起,应符合下列规定:

(1)水泥砂浆和水泥混合砂浆,搅拌不得少于2 min;

(2)水泥粉煤灰砂浆和掺用外加剂的砂浆,搅拌不得少于3 min;

(3)掺用有机塑化剂的砂浆,搅拌应为3~5 min。

拌制水泥砂浆,应先将砂与水泥干拌均匀,再加水搅拌均匀。

拌制水泥混合砂浆,应先将砂与水泥干拌均匀,再加掺料(石灰膏、电石膏)和水搅拌均匀。

拌制水泥粉煤灰砂浆,应先将水泥、粉煤灰、砂干拌均匀,再加水搅拌均匀。

掺用外加剂时,应先将外加剂按规定浓度溶于水中,在拌合水投入时投入外加剂溶液,外加剂不得直接投入拌制的砂浆中。

砂浆拌成后和使用时,均应盛入贮灰器中。如砂浆出现泌水现象,应在砌筑前再次拌和。

砂浆应随拌随用。拌制的砂浆应3 h内使用完毕;当施工期间最高气温超过30 ℃时,应在2 h内使用完毕。对掺用缓凝剂的砂浆,其使用时间可根据具体情况延长。

1.2 预拌砂浆

所谓预拌砂浆,是指由专业生产厂生产的湿拌砂浆或干混砂浆。其质量主要由预拌生产方控制。

1. *湿拌砂浆*

湿拌砂浆是指水泥、细集料、保水增稠材料、外加剂和水以及根据需要掺入的矿物掺合料等组分按一定比例,在搅拌站经计量、拌制后,采用搅拌运输车运送至使用地点,放入专用容器储存,并在规定时间内使用完毕的砂浆拌合物。

2. *干混砂浆*

干混砂浆(又称干拌砂浆、干粉砂浆),是指经干燥筛分处理的细集料与水泥、保水增稠材料以及根据需要掺入的外加剂、矿物掺合料等组分按一定比例,在专业生产厂混合而成的固态混合物,在使用地点按规定比例加水或配套液体拌和使用。

有关砌体材料的强度等级、质量检测、配合比设计等内容参见《建筑工程材料的检测与选择》①。

① 张冬秀.建筑工程材料的检测与选择[M].天津:天津大学出版社,2011.

2 砌体的种类

砌体是由块体通过砂浆砌筑而成的整体，分为无筋砌体和配筋砌体两大类。

2.1 无筋砌体结构

无筋砌体不配置钢筋，仅由块材和砂浆组成，包括砖砌体、砌块砌体和石材砌体。无筋砌体抗震性能和抵抗不均匀沉降的能力较差。

2.1.1 砖砌体

1. 普通实心砖砌体

采用标准尺寸的烧结普通砖、蒸压灰砂砖及粉煤灰砖与砂浆砌筑成的墙或柱，如图2.1(a)所示。

2. 多孔砖砌体

采用烧结多孔砖与砂浆砌筑成的墙或柱，如图2.1(b)所示。

3. 空心砖砌体

采用烧结空心砖与砂浆砌筑成的墙或柱，如图2.1(c)所示。

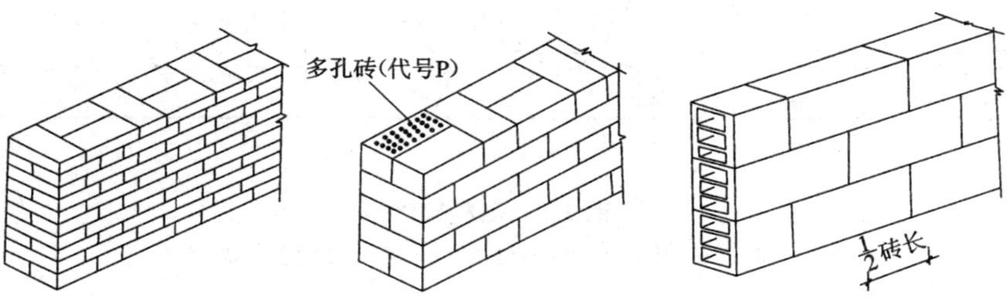

(a) (b) (c)

图2.1 砖砌体

(a)实心砖砌体 (b)多孔砖砌体 (c)空心砖砌体

4. 空斗墙砌体

用实心砖砌筑空斗墙，是我国的一种传统工艺。所谓空斗墙，就是将部分或全部砖立砌于墙的两侧，而在墙的中间形成空斗。目前采用的空斗墙的厚度一般为240 mm，有一眠一斗、一眠多斗和无眠空斗等形式，如图2.2所示。采用空斗墙可以节省砖和砂浆的用量、减轻砌体自重、提高隔热保温性能；但较费人工，整体性和抗震性能亦较差。因此，在有振动、潮湿环境，管道较多的房屋或地震烈度为 7 度及以上的地区不宜建造空斗墙房屋。《砌体结构设计规范》(GB 50003—2011)中已不再给出空斗墙砌体的强度计算指标。

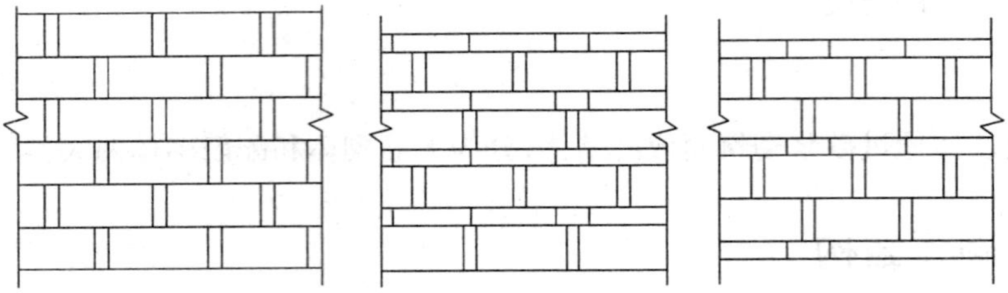

(a)　　(b)　　(c)

图 2.2　空斗墙砌体

(a)无眠空斗　(b)一眠一斗　(c)一眠二斗

2.1.2　砌块砌体

砌块砌体是用中小型混凝土砌块或硅酸盐砌块与砂浆砌筑而成的砌体,可用于定型设计的民用建筑房屋,如宿舍、学校、办公楼以及一般工业建筑的承重墙或围护墙。

2.1.3　石材砌体

石材砌体分为料石砌体、毛石砌体和毛石混凝土砌体,如图 2.3 所示。

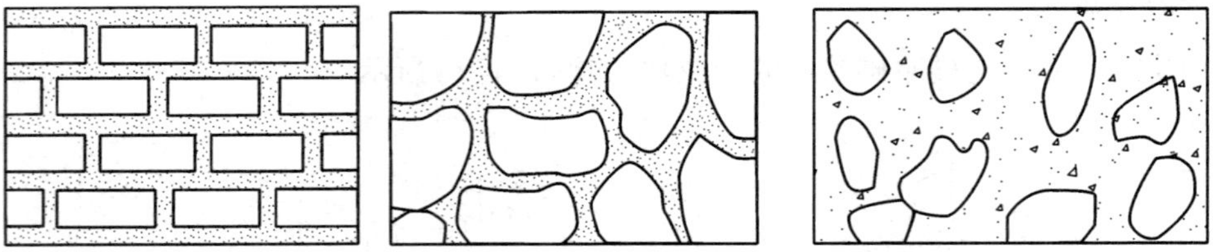

(a)　　(b)　　(c)

图 2.3　石材砌体

(a)料石砌体　(b)毛石砌体　(c)毛石混凝土砌体

采用天然料石或毛石与砂浆砌筑的砌体称为石材砌体。天然石材具有强度高、抗冻性强和导热性好的特点,是带形基础、挡土墙及某些墙体的理想材料。

料石砌体可就地取材,因此在产石的山区应用较广。但料石砌体因其加工比较困难,故一般只在有较多熟练石工的地区才有条件使用。料石砌体可用作一般民用房屋的承重墙、柱和基础,还可用于建造石拱桥、石坝和涵洞等。毛石砌体因块材只有一个面较为平整,可以置于外墙面,而在中间须填入较多砂浆,因而抗压强度较低。毛石混凝土砌体是在模板内交替铺置混凝土及形状不规则的毛石层砌筑而成的。用于毛石混凝土砌体中的混凝土,其含砂量应较普通混凝土高。通常,每浇灌 120 ~ 150 mm 厚混凝土,再铺设一层毛石,将毛石插入混凝土中,再在石块上浇灌一层混凝土,交替地进行。毛石混凝土砌体可用于一般民用房屋和构筑物的基础以及挡土墙等。

2.2　配筋砌体结构

所谓配筋砌体，是指在砌体中配置钢筋的砌体以及砌体和钢筋砂浆或钢筋混凝土组合成的整体。在对配筋砌体的研究基础上，人们将配筋小砌块用于地震区，建造的建筑已高达 28 层。

在砌体结构中，由于建筑及一些其他要求，有些墙柱不宜用增大截面的方法来提高其承载能力，用改变局部区域的结构形式的方法也不经济。在此种情况下，采用配筋砌体是一个较好的解决方法。为了提高砌体承载能力和减少构件的截面尺寸，在砌体水平灰缝中配置钢筋网片，或在砌体外部预留沟槽，槽内设置竖向粗钢筋并灌注细石混凝土（或水泥砂浆）组合砌体。这种砌体可提高结构强度、减小构件截面、加强整体性、增加结构延性，从而改善结构抗震能力。

配筋砌体又可分为配纵筋（直接提高砌体抗压、抗弯强度）的砌体和配横向钢筋网片（间接提高砌体抗压强度）的砌体，如图 2.4 所示。

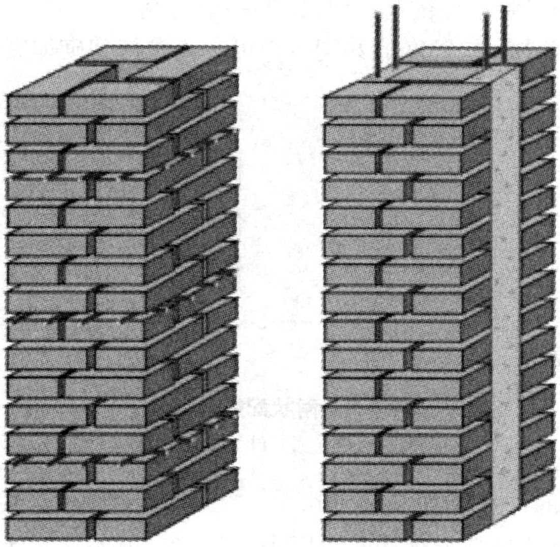

（a）　　　　（b）

图 2.4　配筋砌体

（a）横向配置钢筋网片的组合砌体　（b）纵向配置钢筋的组合砌体

根据砌体所用的块体材料的不同，配筋砌体结构的类型一般分为配筋砖砌体和配筋砌块砌体两种类型。

2.2.1 配筋砖砌体

配筋砖砌体可以分为以下四种：

(1)网状配筋砖砌体(用于柱、墙)；

(2)砖砌体和钢筋混凝土面层或钢筋砂浆面层的组合砖砌体(用于柱、墙)；

(3)砖砌体和混凝土构造柱组合砌体(用于柱、墙)；

(4)混凝土构造柱及网状配筋组合砖砌体。

1. 网状配筋砖砌体

1)网状配筋砖砌体的特点

当在砖砌体上作用有轴向压力时，砖砌体在发生纵向压缩时也产生横向膨胀变形。如果能用某种方式阻止砌体横向变形的发展，则构件承受轴向压力的能力将大大提高。网状配筋砖砌体是在砌筑时将事先制作好的钢筋网片按照一定的间距设置在砖砌体的水平灰缝内。在竖向荷载作用下，由于摩擦力和砂浆的黏结作用，钢筋网片被完全嵌固在灰缝内与砌体共同受力。这时，砖砌体纵向受压，钢筋横向受拉，因钢筋的弹性模量很大、变形很小，可以阻止砌体在受压时横向变形的发展，防止砌体因纵向裂缝的延伸过多而失稳破坏，从而间接地提高了受压承载能力，故这种配筋又称间接配筋，间接配筋一般有网片式(图2.5(a))和连弯式(图2.5(b))两种，砌体和这种横向间接钢筋的共同工作可一直维持到砌体完全破坏。

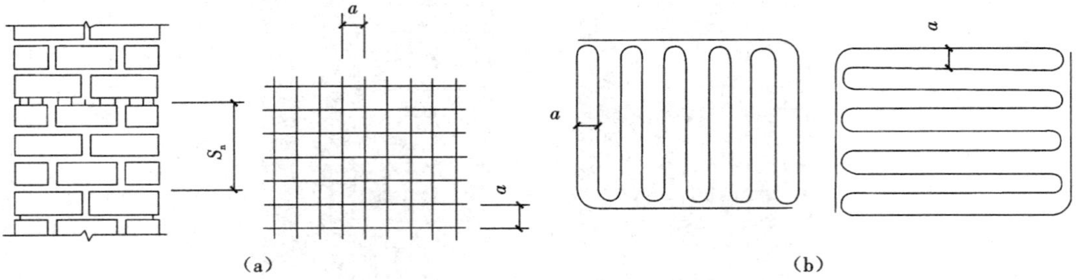

图2.5 网状配筋砖砌体

(a)网片式钢筋网 (b)连弯式钢筋网

2)网状配筋砖砌体的构造规定

(1)网状配筋砖砌体中的体积配筋率不应小于0.1%，并不应大于1%。

(2)当采用网片式方格钢筋网时，钢筋的直径宜采用3~4 mm；当采用连弯式钢筋网时，钢筋的直径不大于8 mm。

(3)钢筋网中钢筋的间距不应大于120 mm，并不应小于30 mm。

(4)钢筋网的间距不应大于5皮砖，并不应大于400 mm。

(5)网状配筋砖砌体所用的砂浆强度等级不应低于M7.5，钢筋网应设置在砌体的水平灰缝中，灰缝厚度应保证钢筋上下至少各有2 mm厚的砂浆层。

2. 组合砖砌体

当荷载偏心距较大且超过截面核心范围,无筋砖砌体承载力不足而截面尺寸又受到限制时,可采用砖砌体和钢筋混凝土面层或钢筋砂浆面层组成的组合砖砌体,如图2.6和图2.7所示。近年来,我国在对砌体结构房屋进行增层或改造的过程中,当原有的墙、柱承载力不足时,常在砖砌体构件表面做钢筋混凝土面层或钢筋砂浆面层形成组合砖砌体构件,以提高原有构件的承载力。

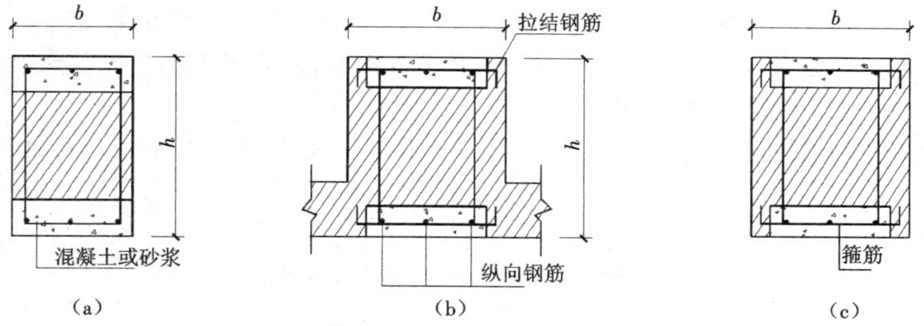

图2.6 组合砖砌体构件截面

(a)箍筋截面形式 (b)箍筋T形截面形式 (c)箍筋、拉结筋截面形式

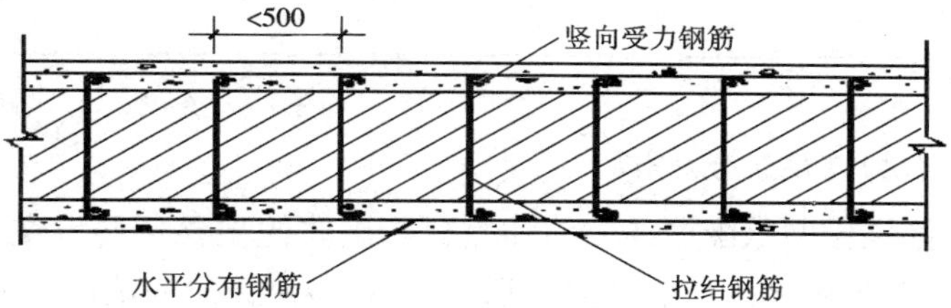

图2.7 混凝土或砂浆面层组合墙

1)组合砖砌体的受力特点

组合砖砌体中的砖砌体和钢筋混凝土面层(或砂浆面层)有较好的共同工作性能。组合砖砌体在轴心压力作用下,常在砌体面层混凝土(或面层砂浆)的结合处产生第一批裂缝。随着压力增大,砖砌体内逐渐产生竖向裂缝。由于钢筋混凝土(或钢筋砂浆)面层对砖砌体有横向约束作用,砌体内裂缝的发展较为缓慢。最后,砌体内的砖和面层混凝土(或面层砂浆)严重脱落甚至被压碎,或竖向钢筋在箍筋范围内压屈,组合砖砌体才完全破坏。

此外,在组合砖砌体中,砖能吸收混凝土(或砂浆)中的多余水分,使混凝土(或砂浆)面层的早期强度有明显提高,这在砌体结构房屋的增层或改建过程中,对原有砌体构件的补强或加固是很有利的。

2)组合砖砌体的构造规定

(1)烧结普通砖砌体所用砌筑砂浆强度等级不得低于M7.5,砖的强度等级不宜低于MU10。

(2)混凝土面层所用混凝土强度等级宜采用C20,混凝土面层厚度应大于45 mm。

(3)砂浆面层所用水泥砂浆强度等级不得低于M7.5,砂浆面层厚度为30~45 mm。

(4)竖向受力钢筋宜采用HPB235级钢筋,对于混凝土面层亦可采用HRB335级钢筋,受力钢筋的直径不应小于8 mm,钢筋净间距不应小于30 mm,受拉钢筋的配筋率不应小于0.1%;受压钢筋一侧的配筋率对砂浆面层不宜小于0.1%,对混凝土面层不宜小于0.2%。

(5)箍筋的直径不宜小于4 mm及1/5的受压钢筋直径,并不宜大于6 mm;箍筋的间距不应大于20倍受压钢筋的直径及500 mm,并不应小于120 mm。

(6)当组合砖砌体一侧受力钢筋多于4根时,应设置附加箍筋或拉结钢筋。

(7)对于组合砖墙应采用穿通墙体的拉结钢筋作为箍筋,同时设置水平分布钢筋;水平分布钢筋竖向间距及拉结钢筋的水平间距,均不应大于500 mm。

(8)受力钢筋的保护层厚度不应小于表2.2中的规定,受力钢筋距砖砌体表面的距离不应小于5 mm。

表2.2　组合砖砌体混凝土保护层最小厚度

组合砖砌体	保护层厚度/mm	
	室内正常环境	露天或室内潮湿环境
组合砖墙	15	25
组合砖柱、砖垛	25	35

3. *砖砌体和混凝土构造柱组合砌体*

此类配筋砖砌体区别于网状配筋砖砌体和组合砖砌体的主要不同点在于,它既不是在砖砌体表面配筋,也不是在砖砌体内部灰缝内配筋,而是在砖砌体的一定部位另外设置钢筋混凝土构造柱,利用构造柱与圈梁对砖砌体的约束作用,以提高砖砌体在地震载荷作用下的抗变形能力。

4. *混凝土构造柱及网状配筋组合砖砌体*

此类配筋砖砌体无非是在设置钢筋混凝土构造柱的同时,再在砖砌体的水平灰缝内设置网状配筋。

2.2.2　配筋砌块砌体

1. *配筋砌块砌体的受力特点*

配筋砌块砌体是在砌体中配置一定数量的竖向和水平钢筋,竖向钢筋一般是插入砌块砌体上下贯通的孔中,用灌孔混凝土灌实,使钢筋充分锚固,配筋砌体的灌孔率应大于33%,水平钢筋一般可设置在水平灰缝中或设置成箍筋。竖向和水平钢筋使砌块砌体形成一个共同工作的整体。配筋砌块墙体在受力模式上类似于混凝土剪力墙,即由配筋砌块剪力墙承受结构的竖向和水平作用,是结构的承重和抗侧力构件。由于配筋砌块砌体的强度高、延性好,可用于高层建筑结构。配筋砌块剪力墙结构在抗震设防烈度为 6 度、7 度、8 度和 9 度地区建造房屋的允许层数可分别达到 18 层、16 层、14 层和 8 层。

2. 配筋砌块剪力墙的构造规定

(1)应在墙的转角、端部和孔洞的两侧配置竖向连续的钢筋，钢筋直径不宜小于 12 mm。

(2)应在洞口的底部和顶部设置不小于 2ϕ10 的水平钢筋，其伸入墙内的长度不宜小于 35 d(d 为钢筋直径)，也不宜小于 400 mm。

(3)应在楼(屋)盖的所有纵横墙处设置现浇钢筋混凝土圈梁，圈梁的宽度和高度宜等于墙厚和砌块高，圈梁主筋不应少于 4ϕ10，圈梁的混凝土强度等级不宜低于同层混凝土砌块强度等级的 2 倍，或该层灌孔混凝土的强度等级，也不应低于 C20。

(4)配筋砌块砌体墙其他部位的竖向和水平钢筋的间距不应大于墙长、墙高的一半，也不应大于 1 200 mm，对局部灌孔的砌块砌体，竖向钢筋的间距不应大于 600 mm。

(5)配筋砌块砌体墙沿竖向和水平方向的构造配筋率均不宜小于 0. 07%。

3. 配筋砌块砌体柱的构造规定

(1)配筋砌块砌体柱截面边长不宜小于 400 mm，柱高度与柱截面短边之比不宜大于 30。

(2)柱的纵向钢筋的直径不宜小于 12 mm，数量不少于 4 根，全部纵向受力钢筋的配筋率不宜小于 0. 2%。

(3)箍筋设置应根据下列情况确定。

①当纵向受力钢筋的配筋率大于 0. 25% 且柱承受的轴向力大于受压承载力设计值的 25% 时，柱应设箍筋；当配筋率小于 0. 25% 或柱承受的轴向力小于受压承载力设计值的 25% 时，柱中可不设置箍筋。

②箍筋直径不宜小于 6 mm。

③箍筋的间距不应大于 16 倍的纵向钢筋直径、48 倍的箍筋直径及柱截面短边尺寸中较小者。

④箍筋应做成封闭状，端部应有弯钩。

⑤箍筋应设置在水平灰缝或灌孔混凝土中。

为确保配筋砌块砌体的工程质量、整体受力性能，应采用高黏结度、工作性能好和强度较高的专用砂浆及高流态、低收缩和高强度的专用灌孔混凝土。

2.2.3　预应力配筋砌体

砌体作为结构材料主要用于抗压，其抗拉强度很低且不可靠(如砌体在受弯时的弯曲抗拉强度平均值仅仅是抗压强度平均值的 1/20)。针对抗压性能优良、抗拉性能差的材料，人们发明了预应力技术，即在构件的受拉区预先施加一定的压应力，使得构件受载后受拉区的拉应力首先抵消预先施加的压应力，从而在一定的意义上提高构件的承载能力。预应力技术在砌体结构中也可以得到应用。

所谓预应力配筋砌体，即在砖砌体的槽口内或砌块砌体的孔洞内配置预应力筋，以提高砌体的抗裂性或满足变形要求。此项技术在我国由于缺少研究，缺乏成熟的经验；但在国外，预应力技术已逐渐进入砌体结构领域，预应力砌体的研究已由基本性能的研究转入实际应用和施工技术的研究以及扩大预应力砌体应用的范围。如英国、瑞士等国对在楼板、墙、柱和挡土墙中采用预应力，进行过预应力砌体梁的试验研究。1967 年英国建成了一座在竖向和环向施加预应力的砖砌水池，内径 12 m，高 5 m，池壁厚 230 mm，钢筋直径 7 mm。英国等国家也曾在墙体中均匀分布的预留孔槽、夹心墙内设置预应力筋，其间距为 140 ~ 1 100 mm，用此种方式进行预应力传递较直接且分布均匀。此种方法的不足之处是工程中需逐一张拉、锚固和灌浆，施工复杂。苏联对非采暖的工业房屋的自承重墙曾采用大型预应力砖板材作为结构墙体，墙板厚仅为 1/2 砖而带 1 砖壁柱，在两抗风圈梁（联系梁）之间的一段墙与联系梁由设置在砌体截面重心轴上的预应力钢筋联结。

随着混凝土结构和钢结构的兴起以及它们较强的抗拉性能的展现，使砌体在结构材料方面不得不让位。但自 20 世纪 50 年代后期至 60 年代早期，由于砌体结构经济美观、施工迅速简便等优势，人们对砌体结构的兴趣又开始提高。新的砌体结构已不再是传统的、仅凭经验设计的厚墙，而应该是薄厚度、大高度、多类型，具有良好经济效益，根据实用设计规范指导设计的砌体结构工程。随着社会的发展，砌体结构必须满足新结构和复杂结构的需求，满足抗震及各种变化荷载的需求。因此，要改进砌体类型、砌体概念及研究方法，以克服砌体材料的内部缺陷。充分利用其优势，发展预应力砌体是必然方向。

一般说来，无论是配筋还是预应力砌体，其发展方向应包括：

(1) 改善抗弯性能，改善抗剪及抗拉强度；

(2) 提高竖向承载力；

(3) 抵抗由不均匀沉降及温度变化在墙体平面内产生的拉应力；

(4) 提高结构的延性和刚度，增强其抗震能力。

3 墙柱承载力计算

3.1 砌体的物理力学性能

3.1.1 砌体受压破坏机理

受压是砌体的基本受力状态，砌体能承受的最大压应力称为砌体的抗压强度。抗压强度是确定砌体及其构件受压破坏能力的一个重要指标。

试验研究表明，砌体轴心受压从加载直到破坏，按照裂缝的出现、发展和最终破坏，大致经历三个阶段。

(1) 第一阶段是从加载开始至第一条（批）裂缝出现的弹性阶段。单砖出现细小裂缝若不继续加载，裂缝则不会发展，压力为破坏压力的 50% ~70%，如图 2.8(a) 所示。

(2)第二阶段为裂缝发展的弹塑性阶段。随着压力增大,砌体内裂缝增多,个别裂缝连成几皮砖通缝;即使不继续加载,裂缝仍会继续发展,压力为破坏压力的 80% ~90% ,如图 2.8(b)所示。

(3)第三阶段是破坏阶段。砌体中裂缝急剧加长增宽,砌体裂成相互不连接的小立柱,最终被压碎或丧失稳定而破坏,压力为破坏压力的 90% 以上,如图 2.8(c)所示。

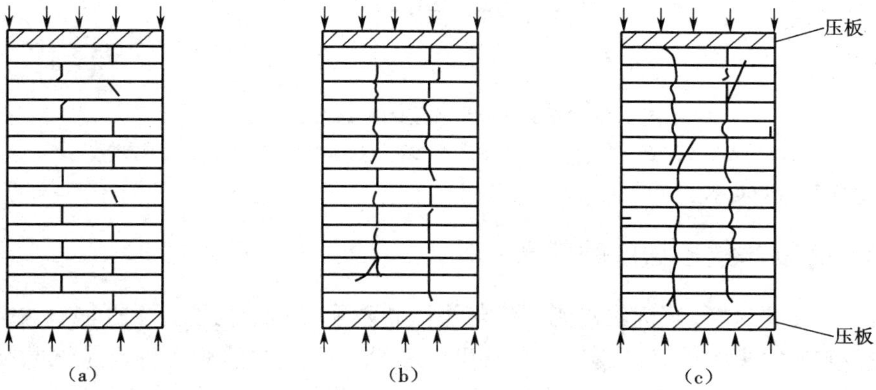

图 2.8　砖柱轴心受压破坏的三个阶段

(a)弹性阶段　(b)弹塑性阶段　(c)破坏阶段

3.1.2　抗压强度与砖及砂浆强度的关系

试验结果:在砖、砂浆和砌体的受压试验中,当砖的抗压强度和弹性模量分别为 16 MPa、1.3×10^4 MPa,砂浆的抗压强度和弹性模量分别为 1.3 ~6 MPa、$(0.28\sim1.24)\times10^4$ MPa 时,砌体的抗压强度和弹性模量却分别为 4.5 ~5.4 MPa、$(0.18\sim0.14)\times10^4$ MPa。

由此可见:砖的抗压强度和弹性模量值均远远高于砌体;砌体的抗压强度和弹性模量可能高于也可能低于砂浆相应的数值。

造成上述试验结果的原因有两个方面。

(1)由于砖的表面不平整、砂浆铺砌又不可能十分均匀,这就造成了砌体中的每一块砖不是均匀受压,同时受弯曲及剪切的作用(图 2.9(a)和(b))。因为砖的抗剪、抗弯强度远低于抗压强度,所以在砌体中常常由于单块砖承受不了弯曲应力和剪应力而出现第一批裂缝。在砌体破坏时也只是在局部截面上砖被压坏,对整个截面来说砖的抗压能力并没有被充分利用,所以砌体的抗压强度总是比砖的抗压强度要小。

(2)砌体竖向受压时,要产生横向变形。强度等级低的砂浆横向变形比砖大(弹性模量比砖小),由于两者之间存在着黏结力,保证两者具有共同的变形,因此产生了两者之间的交互作用。砖阻止砂浆变形,使砂浆横向也受压,反之砖在横向受砂浆作用而受拉。砂浆处于各向受压状态,其抗压强度有所增加,因而用强度等级低的砂浆砌筑的砌体的抗压强度可以高于砂浆强度(图 2.9(c))。

由于强度等级高的砂浆和砖的横向变形相差很小,上述两者之间的交互作用不明显,砌体

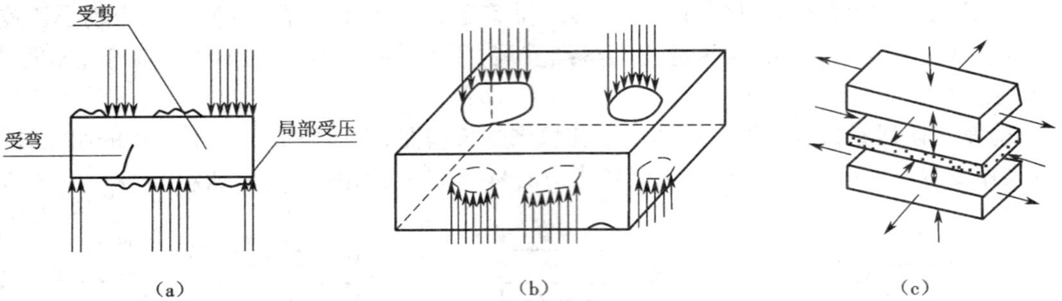

图 2.9　砌体内砖和砂浆的复杂受力状态

(a)砖的表面不平衡　(b)砖表面的砂浆不均匀　(c)砌体中砖和砂浆的受力状态

的强度就不能高于砂浆本身的强度。

3.1.3　影响砖砌体抗压强度的因素

砌体是一种复合材料，其抗压性能不仅与块体和砂浆材料的物理力学性能有关，还受施工质量以及试验方法等多种因素的影响。各种砌体在轴心受压时的受力分析及试验结果表明，影响砌体抗压强度的主要因素有以下三个方面。

1. 块体和砂浆强度

砌体抗压强度随块体和砂浆强度的提高而增高，且单个块体的抗压强度在某种程度上决定了砌体的抗压强度，块体抗压强度高时，砌体的抗压强度也较高，但砌体的抗压强度并不会随块体和砂浆强度等级的提高同比例增高。对于砌体结构中所用的砂浆，其强度等级越高，砂浆的横向变形越小，砌体的抗压强度也将有所提高。

2. 砂浆的性能

除了强度以外，砂浆的保水性、流动性和变形能力均对砌体的抗压强度有影响。砂浆的流动性大、保水性好时，容易铺成厚度均匀、密实性良好的灰缝，可降低单个块体内的弯剪应力，从而提高砌体强度。但如用流动性过大的砂浆(如掺入过多塑化剂的砂浆)，砂浆在硬化后的变形率大，反而会降低砌体的强度。

对于纯水泥砂浆，其流动性差且保水性较差，不易铺成均匀的灰缝层，影响砌体的强度，所以用同一强度等级的混合砂浆砌筑的砌体的强度要比用相应纯水泥砂浆砌筑的砌体的强度高。

3. 块体的尺寸、几何形状与灰缝的厚度

块体的尺寸、几何形状及表面的平整程度对砌体的抗压强度的影响也较为明显。砌体强度随块体高度的增大而加大，随块体长度的增大而降低。而当块体的形状越规则，表面越平整时，块体的受弯、受剪作用越小，单块块体内的竖向裂缝将推迟出现，故而砌体的抗压强度可得到提高。

砂浆灰缝的作用在于将上层砌体传下来的压力均匀地传到下层去。应控制灰缝的厚度，使其处于既容易铺砌均匀密实，又尽可能地薄。实践证明，对于砖和小型砌块砌体，灰缝厚度应控制在 8 ~ 12 mm。

3.1.4　砌体抗压强度标准值、设计值

1. 砌体的平均抗压强度

在我国,有关单位多年来对各类砌体进行了大量的抗压强度试验,取得了大量试验数据。各类砌体轴心抗压强度平均值主要取决于块体的抗压强度平均值 f_1,其次为砂浆的抗压强度平均值 f_2,《砌体结构设计规范》(GB 50003—2011)提出了如下的计算公式。

$$f_m = k_1 f_1^{\alpha}(1 + 0.07 f_2)k_2 \qquad (2-1)$$

式中　f_1——块体(砖、石、砌体)抗压强度平均值(MPa);

f_2——砂浆抗压强度平均值(MPa);

α——随砌体中块材类别等因素而变化的系数(见表 2.3);

k_1、k_2——砌体强度修正系数(见表 2.3)。

表 2.3　式(2-1)中的参数

砌体类别	α	k_1	k_2
烧结普通砖、烧结多孔砖、蒸压灰砂砖、蒸压粉煤灰砖	0.5	0.78	当 $f_2 < 1$ 时,$k_2 = 0.6 + 0.4 f_2$
混凝土砌块	0.9	0.46	当 $f_2 = 0$ 时,$k_2 = 0.8$
毛料石	0.5	0.79	当 $f_2 > 1$ 时,$k_2 = 0.6 + 0.4 f_2$
毛石	0.5	0.22	当 $f_2 < 2.5$ 时,$k_2 = 0.4 + 0.24 f_2$

注:1. 混凝土砌块砌体的轴心抗压强度平均值,当 $f_2 > 10$ MPa 时应乘以系数($1.1 - 0.01 f_2$),MU20 的砌体应乘以系数 0.95,且满足 $f_1 \geqslant f_2$,$f_1 \leqslant 20$ MPa;

2. 在表列条件以外时均等于 1.0。

2. 砌体的抗压强度标准值

砌体的抗压强度标准值是指具有 95% 保证率的抗压强度值。《建筑结构设计统一标准》(GBJ 68—1984)规定,各类强度标准值为

$$f_k = f_m - 1.645\sigma_f = f_m(1 - 1.645\delta_f) \qquad (2-2)$$

式中　δ_f——砌体强度的变异系数,$\delta_f = \sigma_f / f_m$;

σ_f——砌体抗压强度标准值。

对于各类砌体(毛石除外)的抗压强度,δ_f 取值为 0.17,则其抗压强度标准值 $f_k = 0.72 f_m$。各类砌体的抗压强度标准值如表 2.4 至表 2.7 所示。

表 2.4　砖砌体的抗压强度标准值f_k　　MPa

砖强度等级	砂浆强度等级					砂浆强度
	M15	M10	M7.5	M5	M2.5	0
MU30	6.30	5.23	4.69	4.15	3.61	1.84
MU25	5.75	4.77	7.28	3.79	3.30	1.68
MU20	5.51	4.27	3.83	3.39	2.95	1.50
MU15	4.46	3.70	3.32	2.94	2.56	1.30
MU10	3.64	3.02	2.71	2.40	2.09	1.07

表 2.5　混凝土砌块砌体的抗压强度标准值f_k　　MPa

混凝土砌块强度等级	砂浆强度等级				砂浆强度
	M15	M10	M7.5	M5	0
MU30	9.08	7.93	7.11	6.30	3.73
MU25	7.38	6.44	5.78	5.12	3.03
MU10	—	4.47	4.01	3.55	2.10
MU7.5	—	—	3.10	2.74	1.62
MU5	—	—	—	1.90	1.13

表 2.6　毛料石砌体的抗压强度标准值f_k　　MPa

毛料石强度等级	砂浆强度等级			砂浆强度
	M7.5	M5	M2.5	0
MU100	8.56	7.68	6.68	3.41
MU80	7.76	6.87	5.98	3.05
MU60	6.72	5.95	5.18	2.64
MU50	6.13	5.43	4.72	2.41
MU40	5.49	4.86	4.23	2.16
MU30	4.75	4.20	3.66	1.87
MU20	3.88	3.43	2.99	1.53

表 2.7　毛石砌体的抗压强度标准值f_k　　MPa

毛石强度等级	砂浆强度等级			砂浆强度
	M7.5	M5	M2.5	0
MU100	2.03	1.80	1.56	0.53

续表

毛石强度等级	砂浆强度等级			砂浆强度
	M7. 5	M5	M2. 5	0
MU80	1. 82	1. 61	1. 40	0. 48
MU60	1. 57	1. 39	1. 21	0. 41
MU50	1. 44	1. 27	1. 11	0. 38
MU40	1. 28	1. 14	0. 99	0. 34
MU30	1. 11	0. 98	0. 86	0. 29
MU20	0. 91	0. 80	0. 70	0. 24

3. *砌体的抗压强度设计值*

同混凝土一样，砌体的抗压强度设计值也是砌体的抗压强度标准值引用一个材料分项系数 γ_f 除之，即 $f=f_k/\gamma_f$。γ_f 在一般情况下宜按施工控制等级为 B 级考虑，取 $\gamma_f=1.6$；当为 C 级时，取 $\gamma_f=1.8$。

各类砌体的抗压强度设计值见表 2. 8 至表 2. 12。

表 2. 8　烧结普通砖和烧结多孔砖的抗压强度设计值　MPa

砖强度等级	砂浆强度等级					砂浆强度
	M15	M10	M7. 5	M5	M2. 5	0
MU30	3. 94	3. 27	2. 93	2. 59	2. 26	1. 15
MU25	3. 60	2. 98	2. 68	2. 37	2. 06	1. 05
MU20	3. 22	2. 67	2. 39	2. 12	1. 84	0. 94
MU15	2. 79	2. 31	2. 07	1. 83	1. 60	0. 82
MU10	—	1. 89	1. 69	1. 50	1. 30	0. 67

表 2. 9　蒸压灰砂砖和粉煤灰砖的抗压强度设计值　MPa

砖强度等级	砂浆强度等级				砂浆强度
	M15	M10	M7. 5	M5	0
MU25	3. 60	2. 98	2. 68	2. 37	1. 05
MU20	3. 22	2. 67	2. 39	2. 12	0. 94
MU15	2. 79	2. 31	2. 07	1. 83	0. 82
MU10	—	1. 89	1. 69	1. 50	0. 67

表 2.10 单排孔混凝土和轻骨料混凝土砌块砌体的抗压强度设计值 MPa

砌块强度等级	砂浆强度等级				砂浆强度
	Mb15	Mb10	Mb7.5	Mb5	0
MU20	5.68	4.95	4.44	3.94	2.33
MU15	4.61	4.02	3.61	3.20	1.89
MU10	—	2.79	2.50	2.22	1.31
MU7.5	—	—	1.93	1.71	1.01
MU5	—	—	—	1.19	0.70

注:1. 表中的砌块为火山渣、浮石和陶粒轻骨料混凝土砌块;

2. 此表适用于孔洞率不大于35%的双排孔或多排孔轻骨料混凝土砌块砌体;

3. 对厚度方向为双排组砌的轻骨料混凝土砌块砌体的抗压强度设计值,应按表中数值乘以0.8取。

表 2.11 毛料石砌体的抗压强度设计值 MPa

毛料石强度等级	砂浆强度等级			砂浆强度
	M7.5	M5	M2.5	0
MU100	5.42	4.80	4.18	2.13
MU80	4.85	4.29	3.73	1.91
MU60	4.20	3.71	3.23	1.65
MU50	3.83	3.39	2.95	1.51
MU40	3.43	3.04	2.64	1.35
MU30	2.97	2.63	2.29	1.17
MU20	2.42	2.15	1.87	0.95

注:对于各类料石砌体,应按表中数值分别乘以相应系数取(细料石砌体为1.5,半细料石砌体为1.3,粗料石砌体为1.2,干砌勾缝石砌体为0.8)。

表 2.12 毛石砌体的抗压强度设计值 MPa

毛石强度等级	砂浆强度等级			砂浆强度
	M7.5	M5	M2.5	0
MU100	1.27	1.12	0.98	0.34
MU80	1.13	1.00	0.87	0.30
MU60	0.98	0.87	0.76	0.26
MU50	0.90	0.80	0.69	0.23
MU40	0.80	0.71	0.62	0.21

续表

毛石强度等级	砂浆强度等级			砂浆强度
	M7.5	M5	M2.5	0
MU30	0.69	0.61	0.53	0.18
MU20	0.56	0.51	0.44	0.15

4. 砌体抗压强度设计值的调整系数 γ_a

在实际工程中，影响砌体抗压强度设计值的因素很多，有些情况将砌体抗压强度设计值乘以调整系数 γ_a。

(1)有吊车房屋砌体、跨度不小于9 m的梁下烧结普通砖砌体、跨度不小于7.5 m的梁下烧结多孔砖砌体、蒸压粉灰砖砌体、蒸压粉煤灰砖砌体、混凝土和轻骨料混凝土砌块砌体，γ_a 为0.9。

(2)对于无筋配筋砌体，其截面面积小于0.3 m^2 时，γ_a 为其截面面积加0.7；对于配筋砌体构件，当其砌体截面面积小于0.2 m^2 时，γ_a 为其截面面积加0.8(构件截面面积以 m^2 计)。

(3)当砌体用水泥砂浆砌筑时，γ_a 为0.9。

(4)当施工质量控制等级为C级时，γ_a 为0.89。

(5)当验算施工中的房屋时，γ_a 为1.1。

3.1.5 砌体的轴心受拉性能

砌体在轴心拉力作用下，视拉力作用于砌体的方向有以下三种破坏形式。

1. 齿缝破坏

力的作用方向平行于灰缝，当块体的强度较高，砂浆的强度较低，砂浆与块体的切向黏结力低于块体的抗拉强度时，将沿灰缝发生齿状破坏，如图2.10(a)所示。

2. 通缝破坏

力的作用方向垂直于水平灰缝，这时在水平灰缝中产生法向拉应力。由于砂浆与块体间的法向黏结力一般较小，故砌体极易沿水平灰缝发生破坏，如图2.10(b)所示。因块体与灰缝的法向黏结强度不易得到保证，故通缝的强度较低，设计时应避免采用沿水平通缝截面的受拉构件。

3. 块体破坏

力的作用方向平行于灰缝，当块体的强度低，砂浆的强度高，砂浆与块体黏结力高于砖的抗拉强度时，将沿竖向灰缝及砖面发生破坏，如图2.10(c)所示。

3.1.6 砌体的受拉性能

砌体结构弯曲受拉时，按其弯曲拉应力使砌体截面破坏的特征，同样存在三种破坏形态：弯矩作用产生的拉应力使砌体沿齿缝截面破坏，称为沿齿缝弯曲受拉(图2.11(a))；沿块体截

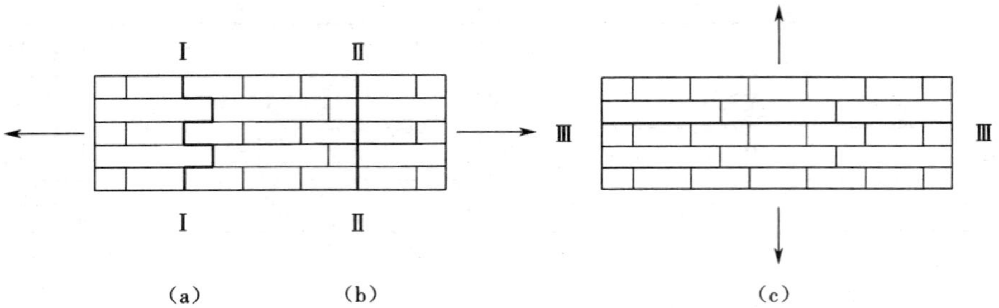

图 2.10　砌体轴心受拉破坏情况

(a)齿缝破坏　(d)通缝破坏　(c)块体破坏

面破坏,称为沿块体弯曲受拉(图 2.11(b));沿通缝截面破坏,称为沿通缝弯曲受拉(图 2.11(c))。

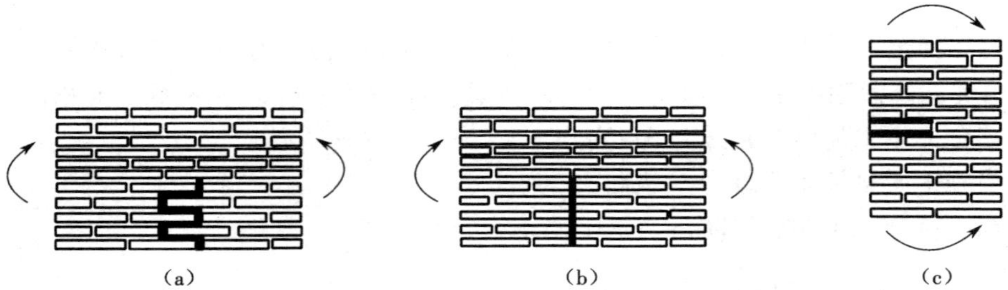

图 2.11　弯曲受拉破坏形式

(a)沿齿缝弯曲受拉　(b)沿块体弯曲受拉　(c)沿通缝弯曲受拉

3.1.7　砌体的受剪性能

当砌体受剪时,根据构件的实际破坏情况可分为沿通缝剪切破坏(图 2.12(a))、沿齿缝剪切破坏(图 2.12(b))和沿阶梯形缝剪切破坏(图 2.12(c))。沿块体和竖向灰缝的剪切破坏不但很少遇到,且其承载力往往将由其上皮砌体的弯曲抗拉强度来决定,所以《砌体结构设计规范》(GB 50003—2001)仅仅规定了这三种抗剪强度。根据试验,这三种抗剪强度基本一样。

3.2　无筋砌体结构构件的承载力

3.2.1　无筋砌体受压构件的承载力计算

1. 基本计算公式

试验表明:在轴心压力作用下,短粗的构件其截面应力分布均匀,破坏时的最大压力就是砌体的抗压强度 f;同样,在轴心压力作用下,细长构件的承载力随高厚比的加大而减小;而在偏心压力的作用下,细长构件还会发生侧向挠曲,其承载力会进一步减小。《砌体结构设计规

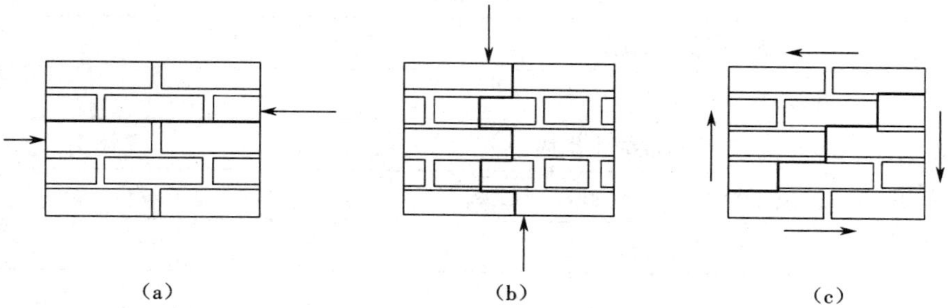

图 2.12　砌体受剪破坏形式

(a)沿通缝剪切破坏　(b)沿齿缝剪切破坏　(c)沿阶梯形缝剪切破坏

范》(GB 50003—2011)给出砌体受压承载力的基本计算公式为

$$N \leqslant \phi f A \tag{2-3}$$

式中　N——轴向力设计值;

f——砌体抗压强度设计值,按表 2.8 至表 2.12 采用;

A——砌体截面面积,对各类砌体可按毛截面计算;

ϕ——承载力影响系数,$\phi \leqslant 1$。

2. 承载力影响系数 ϕ

承载力影响系数 ϕ 是构件高厚比 β 和轴向偏心距 e 对受压构件承载力的影响系数,它与以下三项因素有关。

1)构件的高厚比 β

对矩形截面有:

$$\beta = \gamma_\beta \frac{H_0}{h} \tag{2-4}$$

对 T 形截面有:

$$\beta = \gamma_\beta \frac{H_0}{h_T} \tag{2-5}$$

式中:γ_β——高厚比修正系数;

H_0——受压构件的计算高度;

h——矩形截面轴心偏心方向的边长;

h_T——T 形截面折算高度。

不同砌体材料的高厚比修正系数如表 2.13 所示;受压构件的计算高度如表 2.14 所示;当轴心受压时,矩形截面轴心偏心方向的边长为截面较小边长;$h_T = 3.5\sqrt{\frac{I}{A}}$,$I$ 为截面惯性矩。在其他条件不变的情况下,构件的高厚比 β 越大,ϕ 值就越小。

表 2.13　高厚比修正系数 γ_β

砌体材料类别	γ_β
烧结普通砖、烧结多孔砖	1.0
混凝土及轻骨料混凝土砌块	1.1
蒸压灰砂砖、蒸压粉煤灰砖、粗料石、半细料石	1.2
粗料石、毛石	1.5

表 2.14　受压构件的计算高度 H_0

<table>
<tr><th colspan="3" rowspan="2">房屋类别</th><th colspan="2">柱</th><th colspan="3">带壁柱墙或周边拉结墙</th></tr>
<tr><th>水平排架方向</th><th>垂直排架方向</th><th>$S>2H$</th><th>$2H\geqslant S>H$</th><th>$S\leqslant H$</th></tr>
<tr><td rowspan="3">有吊车的单层房屋</td><td rowspan="2">变截面柱上段</td><td>弹性方案</td><td>$2.5H_u$</td><td>$1.25H_u$</td><td colspan="3">$2.5H_u$</td></tr>
<tr><td>刚性、刚弹性方案</td><td>$2.0H_u$</td><td>$1.25H_u$</td><td colspan="3">$2.0H_u$</td></tr>
<tr><td colspan="2">变截面柱下段</td><td>$1.0H_l$</td><td>$0.8H_l$</td><td colspan="3">$1.0H_l$</td></tr>
<tr><td rowspan="5">无吊车的单层和多层房屋</td><td rowspan="2">单跨</td><td>弹性方案</td><td>$1.5H$</td><td>$1.0H$</td><td colspan="3">$1.5H$</td></tr>
<tr><td>刚弹性方案</td><td>$1.2H$</td><td>$1.0H$</td><td colspan="3">$1.2H$</td></tr>
<tr><td rowspan="2">多跨</td><td>弹性方案</td><td>$1.25H$</td><td>$1.0H$</td><td colspan="3">$1.25H$</td></tr>
<tr><td>刚弹性方案</td><td>$1.10H$</td><td>$1.0H$</td><td colspan="3">$1.1H$</td></tr>
<tr><td colspan="2">刚性方案</td><td>$1.0H$</td><td>$1.0H$</td><td>$1.0H$</td><td>$0.4S+0.2H$</td><td>$0.6S$</td></tr>
</table>

注：1. H_u为变截面柱的上段高度；H_l为变截面柱的下段高度；H 为构件高度，在房屋底层为楼板顶面到构件下端支点的距离，下端支点的位置可取在基础顶面，当埋置较深且有刚性地坪时，可取室外地面下 500 mm 处，在房屋的其他层次为楼板或其他水平支点间的距离，对于山墙可取层高加山墙尖高度的一半，对于山墙壁柱可取壁柱的山墙高度；S 为房屋相邻横墙的距离。

2. 对于上端为自由端的构件，$H_0=2H$。

3. 对于独立砖柱，当无柱间支撑时，柱在垂直排架方向的 H_0应按表中数据乘以 1.25 后采用。

2）轴心力的偏心距（$e=M/N$）

在其他条件不变的情况下，截面的相对偏心距 e/h（矩形截面）或 e/h_T（T 形截面）越大，ϕ 值就越小。

3）砂浆强度等级

一般来说，在其他条件不变的情况下，构件的砂浆强度等级越高，ϕ 值就越大。

在实际工程中，ϕ 值可由 β、e/h（或 e/h_T）及砂浆强度等级查表 2.15 至表 2.17 得到。

表 2.15　砌体结构构件承载力影响系数表(砂浆强度等级≥M5)

β	e/h 或 e/h_T												
	0	0.025	0.05	0.075	0.1	0.125	0.15	0.175	0.2	0.225	0.25	0.275	0.3
3	1	0.99	0.97	0.94	0.89	0.84	0.79	0.73	0.68	0.62	0.57	0.52	0.48
4	0.98	0.95	0.90	0.85	0.80	0.74	0.69	0.64	0.58	0.53	0.49	0.45	0.41
6	0.95	0.91	0.86	0.81	0.75	0.69	0.64	0.59	0.54	0.49	0.45	0.42	0.38
8	0.91	0.86	0.81	0.76	0.70	0.64	0.59	0.54	0.50	0.46	0.42	0.39	0.36
10	0.87	0.82	0.76	0.71	0.65	0.60	0.55	0.50	0.46	0.42	0.39	0.36	0.33
12	0.82	0.77	0.71	0.66	0.60	0.55	0.51	0.47	0.43	0.39	0.36	0.33	0.31
14	0.77	0.72	0.66	0.61	0.56	0.51	0.47	0.43	0.40	0.36	0.34	0.31	0.29
16	0.72	0.67	0.61	0.56	0.52	0.47	0.44	0.40	0.37	0.34	0.31	0.29	0.27
18	0.67	0.62	0.57	0.52	0.48	0.44	0.40	0.37	0.34	0.31	0.29	0.27	0.25
20	0.62	0.57	0.53	0.48	0.44	0.40	0.37	0.34	0.32	0.29	0.27	0.25	0.23
22	0.58	0.53	0.49	0.45	0.41	0.38	0.35	0.32	0.30	0.27	0.25	0.24	0.22
24	0.54	0.49	0.45	0.41	0.38	0.35	0.32	0.30	0.28	0.26	0.24	0.22	0.21
26	0.50	0.46	0.42	0.38	0.35	0.33	0.30	0.28	0.26	0.24	0.22	0.21	0.19
28	0.46	0.42	0.39	0.36	0.33	0.30	0.28	0.26	0.24	0.22	0.21	0.19	0.18
30	0.42	0.39	0.36	0.33	0.31	0.28	0.26	0.24	0.22	0.21	0.20	0.18	0.17

表 2.16　砌体结构构件承载力影响系数表(砂浆强度等级 M2.5)

β	e/h 或 e/h_T												
	0	0.025	0.05	0.075	0.1	0.125	0.15	0.175	0.2	0.225	0.25	0.275	0.3
3	1	0.99	0.97	0.94	0.89	0.84	0.79	0.73	0.68	0.62	0.57	0.52	0.48
4	0.98	0.95	0.90	0.85	0.80	0.74	0.69	0.64	0.58	0.53	0.49	0.45	0.41
6	0.95	0.91	0.86	0.81	0.75	0.69	0.64	0.59	0.54	0.49	0.45	0.42	0.38
8	0.91	0.86	0.81	0.76	0.70	0.64	0.59	0.54	0.50	0.46	0.42	0.39	0.36
10	0.87	0.97	0.76	0.71	0.65	0.60	0.55	0.50	0.46	0.42	0.39	0.36	0.33
12	0.82	0.77	0.71	0.66	0.60	0.55	0.51	0.47	0.43	0.39	0.36	0.33	0.31
14	0.77	0.72	0.66	0.61	0.56	0.51	0.47	0.43	0.40	0.36	0.34	0.31	0.29
16	0.72	0.67	0.61	0.56	0.52	0.47	0.44	0.40	0.37	0.34	0.31	0.29	0.27
18	0.67	0.62	0.57	0.52	0.48	0.44	0.40	0.37	0.34	0.31	0.29	0.27	0.25
20	0.62	0.57	0.53	0.48	0.44	0.40	0.37	0.34	0.32	0.29	0.27	0.25	0.23
22	0.58	0.53	0.49	0.45	0.41	0.38	0.35	0.32	0.30	0.27	0.25	0.24	0.22
24	0.54	0.49	0.45	0.41	0.38	0.35	0.32	0.30	0.28	0.26	0.24	0.22	0.21
26	0.50	0.46	0.42	0.38	0.35	0.33	0.30	0.28	0.26	0.24	0.22	0.21	0.19
28	0.46	0.42	0.39	0.36	0.33	0.30	0.28	0.26	0.24	0.22	0.21	0.19	0.18
30	0.42	0.39	0.36	0.33	0.31	0.28	0.26	0.24	0.22	0.21	0.20	0.18	0.17

表 2.17　砌体结构构件承载力影响系数表(砂浆强度 0)

β	e/h 或 e/h_T												
	0	0.025	0.05	0.075	0.1	0.125	0.15	0.175	0.2	0.225	0.25	0.275	0.3
3	1	0.99	0.97	0.94	0.89	0.84	0.79	0.73	0.68	0.62	0.57	0.52	0.48
4	0.87	0.82	0.77	0.71	0.66	0.60	0.55	0.51	0.46	0.43	0.39	0.36	0.33
6	0.76	0.70	0.65	0.59	0.64	0.50	0.46	0.42	0.39	0.36	0.33	0.30	0.28
8	0.63	0.58	0.54	0.49	0.45	0.41	0.38	0.35	0.32	0.30	0.28	0.25	0.24
10	0.53	0.48	0.44	0.41	0.37	0.34	0.32	0.29	0.27	0.25	0.23	0.22	0.20
12	0.44	0.40	0.37	0.34	0.31	0.29	0.27	0.25	0.23	0.21	0.20	0.19	0.17
14	0.36	0.33	0.31	0.28	0.26	0.24	0.23	0.21	0.20	0.18	0.17	0.16	0.15
16	0.30	0.28	0.26	0.24	0.22	0.21	0.19	0.18	0.17	0.16	0.15	0.14	0.13
18	0.26	0.24	0.22	0.21	0.19	0.18	0.17	0.16	0.15	0.14	0.13	0.12	0.12
20	0.22	0.20	0.19	0.18	0.17	0.16	0.15	0.14	0.13	0.12	0.12	0.11	0.10
22	0.19	0.18	0.16	0.15	0.14	0.14	0.13	0.12	0.12	0.11	0.10	0.10	0.09
24	0.16	0.15	0.14	0.13	0.13	0.12	0.11	0.11	0.10	0.10	0.09	0.09	0.08
26	0.14	0.13	0.13	0.12	0.11	0.11	0.10	0.10	0.09	0.09	0.08	0.08	0.07
28	0.12	0.12	0.11	0.11	0.10	0.10	0.09	0.09	0.08	0.08	0.08	0.07	0.07
30	0.11	0.10	0.10	0.09	0.09	0.09	0.08	0.08	0.07	0.07	0.07	0.07	0.06

3. 公式的使用条件

(1)式(2－3)的应用范围为 $e \leq 0.6y$。其中,y 是截面重心到轴心力所在偏心方向截面边缘的距离,如图 2.13 所示。

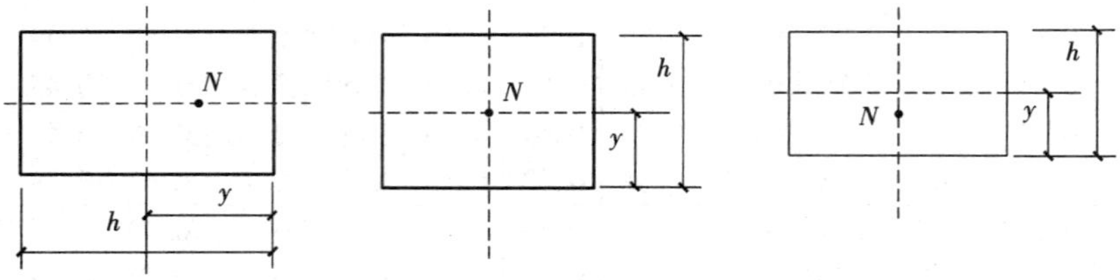

(a)　　　　(b)　　　　(c)

图 2.13　截面的 y 值

(a)轴心力在重心右边　(b)轴心力在重心　(c)轴心力在重心下边

(2)对矩形截面构件,当轴心力偏心方向的截面边长大于另一方向的边长时,除按偏心受压计算外,还应对较小边长方向按轴心受压验算。

4. 影响砌体受压承载力的因素

1)截面面积 A

砌体的受压截面面积越大,则砌体受压承载力就越高(如采用带壁柱墙、加大墙体厚度等均会使承载力提高)。

2)砌体抗压强度 f

砌体抗压强度越高,则砌体受压承载力就越高。

3)构件的高厚比 β

在其他条件不变的情况下,高厚比 β 的增大将会使砌体受压承载力降低。

4)截面相对偏心距 e/h(或 e/h_T)

在其他条件不变的情况下,偏心距 e 的加大亦会使砌体受压承载力降低。

5)砂浆强度等级

在其他条件不变的情况下,砂浆强度等级的提高则会使砌体受压承载力提高。

6)受压承载力

配筋砌体的受压承载力高于无筋砌体的受压承载力。

【例2.1】截面为490 mm×620 mm的砖柱,采用强度等级为MU10烧结多孔砖及M5混合砂浆砌筑,施工质量控制等级为B级,刚性计算方案,柱的高度 $H=5$ m,承受轴心压力设计值 $N=250$ kN(包括柱自重),试验算柱底截面是否安全。

解　(1)确定抗压强度设计值

根据烧结多孔砖的强度等级MU10和混合砂浆强度等级M5,由表2.8查得砌体的抗压强度设计值 $f=1.50$ MPa,因砖柱截面 $A=0.49\times0.62=0.303\ 8\ \text{m}^2>0.3\ \text{m}^2$,故 f 不需修正。

(2)计算构件的承载力影响系数 ϕ

$h=490$ mm,$H=5$ m。由表2.14得刚性方案房屋的柱 $H_0=1.0H=5.0\ \text{m}=5\ 000$ mm。由表2.13查得 $\gamma_\beta=1.0$,所以

$$\beta=\gamma_\beta\frac{H_0}{h}=1\times\frac{5\ 000}{490}=10.204$$

轴心受压,$e=0$,由表2.15查得 $\phi=0.865$。

(3)验算砖柱承载力

$$\phi fA=0.865\times1.50\times0.303\ 8\times10^6=394.18\times10^3\ \text{N}=394.18\ \text{kN}$$

因为 $N=250\ \text{kN}<\phi fA$,故柱底截面强度满足要求。

【例2.2】截面为490 mm×620 mm的砖柱,用MU10烧结多孔砖及M5混合砂浆砌筑,施工质量控制等级为B级,柱的计算高度 $H_0=5$ m,该柱承受设计载荷 $N=250$ kN,荷载产生的偏心距 $e=100$ mm(沿截面长边方向作用),试验算其承载力。

解　(1)确定砌体抗压强度设计值

根据烧结多孔砖的强度等级MU10和混合砂浆强度等级M5,由表2.8查得 $f=1.50$ MPa,因柱截面 $A=0.49\times0.62=0.303\ 8\ \text{m}^2>0.3\ \text{m}^2$,$f$ 不需修正,取 $\gamma_\beta=1.0$。

(2)偏心方向承载力验算

$$\gamma_\beta=1.0,e=100\ \text{mm}<0.6y=0.6\times\frac{620}{2}=186\ \text{mm}$$

M5混合砂浆的截面相对偏心距:$\dfrac{e}{h}=\dfrac{100}{620}=0.161$

$$\beta=\gamma_\beta\frac{H_0}{h}=1.0\times\frac{5\ 000}{620}=8.065$$

由表 2.15 查得 $\phi = 0.567$，则

$$\phi fA = 0.567 \times 1.50 \times 0.3038 \times 10^6 = 258.38 \times 10^3\ \text{N} = 258.38\ \text{kN}$$

因为 $N = 250\ \text{kN} < \phi fA$，所以承载力满足要求。

(3)短边按轴心受压验算承载力

短边 $e = 0, h = 490\ \text{mm}, \gamma_\beta = 1.0$，则

$$\beta = \gamma_\beta \frac{H_0}{h} = 1.0 \times \frac{5\,000}{490} = 10.204$$

由表 2.15 查得 $\phi = 0.865$，则

$$\phi fA = 0.865 \times 1.50 \times 0.3038 \times 10^6 = 394.18 \times 10^3\ \text{N} = 394.18\ \text{kN}$$

因为 $N = 250\ \text{kN} < \phi fA$，所以承载力满足要求。

【例 2.3】某带壁柱窗间墙的截面尺寸如图 2.14 所示，计算高度为 5.8 m，采用烧结普通砖 MU10 及混合砂浆 M5 砌筑，柱底截面承受轴向力设计值 $N = 360\ \text{kN}$，弯矩设计值 $M = 45\ \text{kN} \cdot \text{m}$，试验算该墙体的承载力。

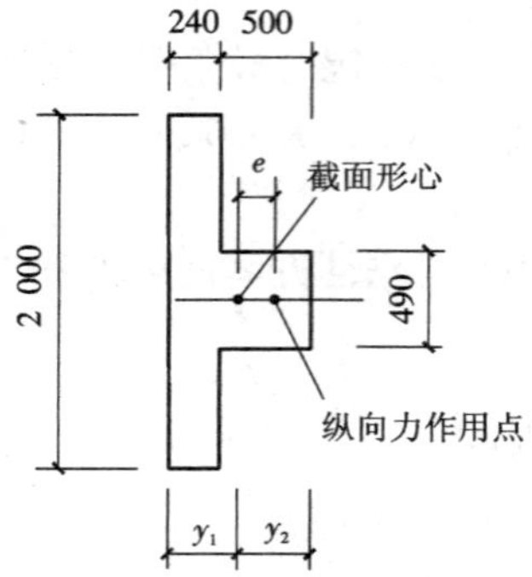

图 2.14　某带壁柱窗间墙的截面尺寸图

解　(1)计算截面几何特征

截面面积：

$$A = (2\,000 \times 240 + 490 \times 500)\ \text{mm}^2 = 725\,000\ \text{mm}^2$$

形心到截面边缘的距离：

$$y_1 = \frac{2\,000 \times 240 \times 120 + 490 \times 500 \times 490}{725\,000}\ \text{mm} = 245\ \text{mm}$$

$$y_2 = (500 + 240 - 245)\ \text{mm} = 495\ \text{mm}$$

截面惯性矩：

$$I = \left[\frac{2\,000 \times 240^3}{12} + 2\,000 \times 240 \times (245 - 120)^2 + \frac{490 \times 500^3}{12} + 490 \times 500 \times (495 - 250)^2\right]\text{mm}^4$$

$$= 296 \times 10^8\ \text{mm}^4$$

回转半径：

$$i = \sqrt{\frac{I}{A}} = \sqrt{\frac{296 \times 10^8}{725\,000}}\ \text{mm} = 202\ \text{mm}$$

T 形截面的折算高度：

$$h_T = 3.5i = 3.5 \times 202\ \text{mm} = 707\ \text{mm}$$

(2)计算偏心距

$$e = \frac{M}{N} = \frac{45}{360}\ \text{m} = 0.125\ \text{m}$$

$$\frac{e}{y_1} = \frac{0.125}{0.245} = 0.51 < 0.6$$

(3)计算承载力

由 $\beta = \gamma_\beta \frac{H_0}{h_T} = 1.0 \times \frac{5.8}{0.707} = 8.2$ 及 $\frac{e}{h_T} = \frac{0.125}{0.707} = 0.177$，查表 2.15 得 $\phi = 0.533$。

由烧结普通砖 MU10 及混合砂浆 M5，查表 2.8 得 $f = 1.5$ MPa，γ_α 为 1.0。则窗间墙的承载力为

$$\phi\gamma_\alpha fA = 0.533 \times 1.0 \times 1.5 \times 725\ 000\ \text{N} = 579\ 638\text{N} = 579.638\ \text{kN} > 360\ \text{kN}$$

3.2.2 砌体局部受压承载力计算

砌体的局部受压是指压力仅作用在砌体部分面积上的受力状态，如钢筋混凝土梁(或屋架)支承在墙砌体上即是局部受压的一种。其特点是砌体局部面积上支承着比自身强度高的上部构件，造成砌体局部支承面积上压力较大。

根据试验，砌体局部受压有以下三种破坏形态。

(1)在局部压力作用下，首先在距承压面 1～2 皮砖以下出现竖向裂缝，并随局部压力增加而发展，最后导致破坏。对于局部受压，这是常见的破坏形式。

(2)劈裂破坏。承压面压力达到较高值时局部承压面下突然产生较长的纵向裂缝，导致破坏。当砌体面积大而局部承压面积很小时，可能发生这种破坏。

(3)直接承压面下的砌体被压碎而导致破坏。当砌体强度较低时，可能发生这种破坏。

试验表明，砌体局部抗压强度比砌体抗压强度高。因为直接承压面下部的砌体，其横向应变受到周围砌体的约束，使承压面下部的核心砌体处于三向受压状态，因而使砌体抗压强度得以提高，即周围砌体对承压面下部的核心砌体起到了套箍一样的强化作用。

在实际工程中，往往出现按全截面验算砌体受压承载力满足，但局部受压承载力不足的情况。故在砌体结构设计中，还应进行局部受压承载力计算。根据实际工程中可能出现的情况，砌体的局部受压可分为以下几种情况。

局部均匀受压时，承载力计算公式为

$$N_l \leqslant \gamma f A_l \tag{2-6}$$

式中 N_l——作用在局部受压面积上的轴向力设计值；

f——砌体的抗压强度设计值，按表 2.8—表 2.12 选用，可不考虑调整系数的影响；

A_l——砌体受压面积；

γ——砌体局部抗压强度提高系数。

γ 可按下式计算：

$$\gamma = 1 + 0.35\sqrt{\frac{A_0}{A_l} - 1} \qquad (2-7)$$

式中 A_0——影响砌体局部抗压强度的计算面积,按图 2.15 确定。

图 2.15 中,a、b 为矩形局部受压面积 A_l 的边长;h、h_1 为墙厚或柱的较小边长;c 为矩形局部受压面积的外边缘至构件边缘的较小距离,当大于 h 时,应取为 h。

按式(2-7)计算所得的砌体局部抗压强度提高系数 γ 还应符合下列规定:

(1)属图 2.15(a)的情况,$\gamma \leqslant 2.5$;

(2)属图 2.15(b)的情况,$\gamma \leqslant 2.0$;

(3)属图 2.15(c)的情况,$\gamma \leqslant 1.5$;

(4)属图 2.15(d)的情况,$\gamma \leqslant 1.25$。

对多孔砖和按规定要求灌实的混凝土小型砌块砌体,取 $\gamma \leqslant 1.5$;对未灌孔的混凝土砌块砌体,取 $\gamma = 1.0$。

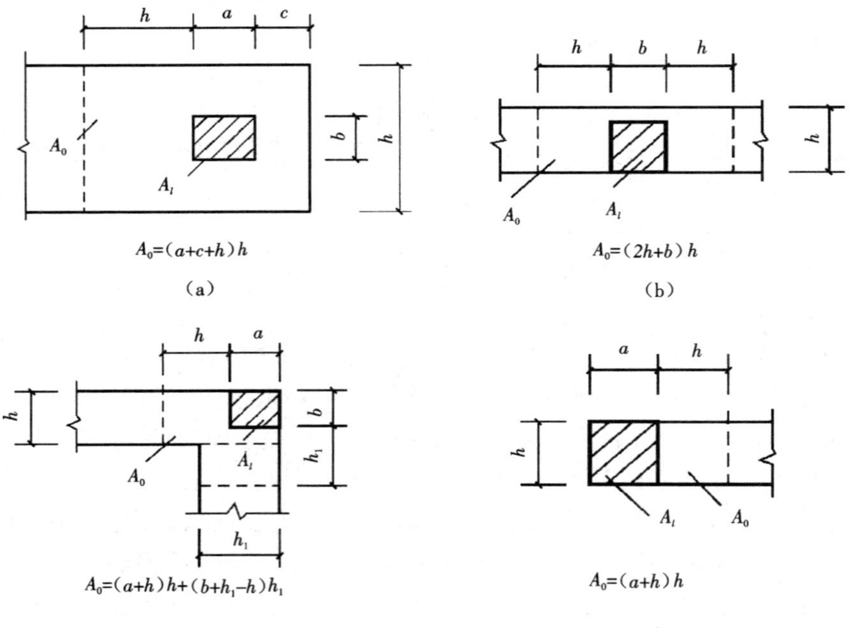

图 2.15 影响局部抗压强度的计算面积

(a)$\gamma \leqslant 2.5$ (b)$\gamma \leqslant 2.0$ (c)$\gamma \leqslant 1.5$ (d)$\gamma \leqslant 1.25$

3.2.3 梁端支承处砌体局部受压承载力计算

梁直接支承在砌体上属于局部非均匀受压,由于梁的弯曲使梁的末端有脱开砌体的趋势,梁端的有效支承长度可能小于梁的实际支承长度。此外,作用在梁端砌体上的轴向力,除了梁端支承压力外,还可能受到由上部传来的轴向力作用。由于支座下砌体的压缩会导致梁端顶部与上部砌体脱开,形成内拱作用,但随着上部压应力的增加,内拱作用逐渐减小。

《砌体结构设计规范》(GB 50003—2001)给出梁端支承处的局部受压承载力计算公式为

$$\psi N_0 + N_l \leqslant \eta\gamma f A_l \tag{2-8}$$

式中　ψ——上部载荷的折减系数，$\psi = 1.5 - 0.5\dfrac{A_0}{A_l}$，当$\dfrac{A_0}{A_l} \geqslant 3$时，取$\psi = 0$；

N_0——局部受压面积内上部轴向力设计值，$N_0 = \sigma_0 A_l$，且σ_0为上部平均压应力设计值；

N_l——梁端支承压力设计值；

η——梁端底面压应力图形的完整系数，一般取$\eta = 0.7$，对于过梁和墙梁取$\eta = 1.0$；

A_l——局部受压面积，$A_l = a_0 b$，b为梁宽，a_0为梁端有效支承长度，a_0大于a时，应取a_0等于a，$a_0 = 10\sqrt{\dfrac{h_c}{f}}$，且$h_c$为梁的截面高度(mm)；

f——砌体的抗压强度设计值(MPa)。

当梁端下砌体局部受压承载力不满足设计要求时，可通过梁端放大或在梁端下设置混凝土或钢筋混凝土垫块，增大局部受压面积，来防止砌体局部受压破坏。关于梁端设置垫块的砌体局压分析，请参阅相关资料。

【例 2.4】已知梁截面为 200 mm × 400 mm，支承长度为 240 mm，梁端承受的支承压力设计值$N_l = 80$ kN，上部荷载产生的轴向力设计值$N_u = 260$ kN，窗间墙截面为 1 200 mm × 370 mm(图 2.16)，采用 MU10 烧结普通砖及 M5 混合砂浆砌筑。试验算房屋处纵墙上梁端支承处砌体局部受压承载力。

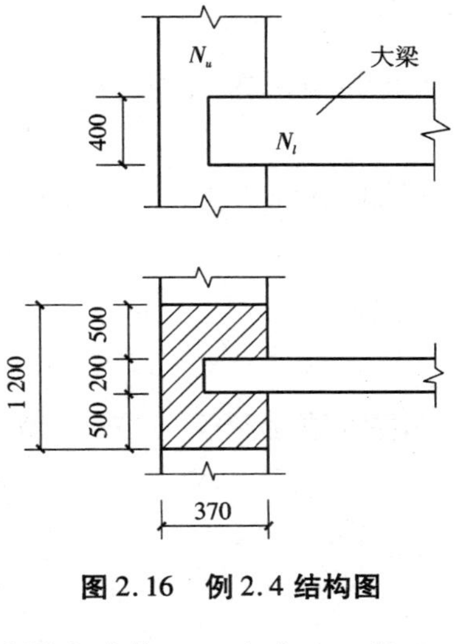

图 2.16　例 2.4 结构图

解　由烧结普通砖 MU10 及混合砂浆 M5，查表 2.8 得$f = 1.5$ MPa。

梁端底面压力图形的完整系数：

$$\eta = 0.7$$

梁有效支承长度：

$$a_0 = 10\sqrt{\frac{h_c}{f}} = 10\sqrt{\frac{400}{1.5}} = 163.3 \text{ mm}$$

梁端局部受压面积：

$$A_l = a_0 b = 163.3 \times 200 \text{ mm}^2 = 32\ 660 \text{ mm}^2$$

由图 2.15(b)可知，影响砌体局部抗压强度的计算面积：

$$A_0 = (b + 2h)h = (200 + 2 \times 370) \times 370 \text{ mm}^2 = 347\ 800 \text{ mm}^2$$

由于 $A_0/A_l = 347\ 800 \div 32\ 660 = 10.6 > 3$，取 $\psi = 0$，可不考虑上部荷载的影响。

砌体局部抗压强度提高系数：

$$\gamma = 1 + 0.35\sqrt{\frac{A_0}{A_l} - 1} = 1 + 0.35\sqrt{10.6 - 1} = 2.09 > 2$$

取 $\gamma = 2.0$。

局部受压承载力按式(2-8)验算：

$$\eta\gamma f A_l = 0.7 \times 2.0 \times 1.5 \times 32\ 660 = 68\ 586 \text{ N} = 68.586 \text{ kN}$$

$$\psi N_0 + N_1 = 80 \text{ kN}$$

$$\eta\gamma f A_l < \psi N_0 + N_1$$

故不满足要求。

实训练习

题目：观察、掌握实际工程中砌体结构的墙、柱的构造

1. 目的

通过本次练习，能掌握砌体结构墙、柱的构造处理及描述砌体和砂浆的类型。

2. 作业条件

正在施工的砌体主体施工工地现场。

3. 操作过程

随主体施工，对砌体和砂浆类型进行描述和分析，对墙、柱构造进行分析。

4. 实训要求

理论联系实际，工地现场实训与课本教学相结合。

5. 注意事项

注意施工现场人身安全。

思考题

1. 简述砖的定义。砖有哪些种类?

2. 简述砌块的定义。砌块有哪些种类?

3. 石材的特点是什么? 石材分为哪两类?

4. 简述砌体抗压强度与砖及砂浆强度的关系。

5. 砌体轴心受拉破坏有哪几种形式?

6. 砌体强度设计值的调整应考虑的因素有哪些?

7. 什么是配筋砌体? 配筋砖砌体有哪几类?

8. 什么是砌体局部受压? 梁端局部受压常采取的构造措施有哪些?

9. 截面为 490 mm×370 mm 的砖柱,采用强度等级为 MU10 的烧结普通砖及 M5 混合砂浆砌筑,柱计算高度 $H_0=5$ m,柱顶承受轴心压力设计值为 140 kN,试验算其承载力。

10. 截面尺寸为 1 000 mm×240 mm 的窗间墙,采用强度等级为 MU20 的蒸压粉煤灰砖和 M7.5 水泥砂浆砌筑,施工质量控制等级为 B 级,墙的计算高度 $H_0=3.75$ m,承受的轴向力设计值为 120 kN,载荷的偏心距为 60 mm(沿短边方向)。计算窗间墙的承载力是否满足要求。

第3章　砌体墙、柱的构造措施

【单元概述】

本章主要讲述墙、柱高厚比验算，构造柱、圈梁的设置及构造要求，墙、柱的一般构造要求，防止或减轻墙体开裂的主要措施等相关知识。

【学习目标】

能正确进行墙、柱高厚比验算，熟悉构造柱、圈梁的设置及构造要求，熟悉墙、柱的一般构造要求，熟悉防止或减轻墙体开裂的主要措施。

1　墙、柱高厚比的验算

墙、柱的计算高度与墙厚（或柱边长）的比值，称为高厚比。墙、柱的高厚比越大，其稳定性越差，越容易发生倾斜，在受到振动时易失稳破坏。因此，设计时必须对墙、柱的高厚比加以控制。

1.1　矩形截面墙、柱高厚比验算

矩形截面墙、柱高厚比应按下式验算：

$$\beta=\frac{H_0}{h}\leqslant\mu_1\mu_2[\beta] \tag{3-1}$$

式中　H_0——墙、柱的计算高度（mm），按表3.1采用；

h——墙厚或矩形柱与 H_0 相对应的边长（mm）；

$[\beta]$——墙、柱的允许高厚比，按表3.2采用，上端为自由端的$[\beta]$值除按 μ_1 修正外，尚可提高30%；

μ_1——非承重墙允许高厚比的修正系数；

μ_2——有门窗洞口墙允许高厚比的修正系数。

其中，μ_1 对于厚度 $h\leqslant240$ mm 的非承重墙，当 $h=240$ mm 时，$\mu_1=1.2$；当 $h=90$ mm 时，$\mu_1=1.5$；当 $90\text{ mm}<h<240\text{ mm}$ 时，μ_1 按插入法取值。

μ_2 按下式确定：

$$\mu_2 = 1 - 0.4 \times \frac{b_S}{S} \tag{3-2}$$

式中　S——相邻窗间墙或壁柱之间的距离(mm)；

b_S——在宽度 s 范围内的门窗洞口宽度(mm)。

当按公式(3-2)算得的 μ_2 值小于 0.7 时，应取 0.7；当洞口高度小于或等于墙高的 1/5 时，应取 $\mu_2 = 1.0$。

表 3.1　受压构件的计算高度 H_0

房屋类别			柱		带壁柱墙或周边拉结的墙		
			排架方向	垂直排架方向	$S>2H$	$2H \geq S > H$	$S \leq H$
有吊车的单层房屋	变截面柱上段	弹性方案	$2.5H_u$	$1.25H_u$	$2.5H_u$		
		刚性、刚弹性方案	$2.0H_u$	$1.25H_u$	$2.0H_u$		
	变截面柱下段		$1.0H_l$	$0.8H_l$	$1.0H_l$		
无吊车的单层和多层房屋	单跨	弹性方案	$1.5H$	$1.0H$	$1.5H$		
		刚弹性方案	$1.2H$	$1.0H$	$1.2H$		
	两跨或多跨	弹性方案	$1.25H$	$1.0H$	$1.25H$		
		刚弹性方案	$1.10H$	$1.0H$	$1.1H$		
	刚性方案		$1.0H$	$1.0H$	$1.0H$	$0.4S+0.2H$	$0.6S$

注：1. 表中 H_u 为变截面柱的上段高度，H_l 为变截面柱的下段高度；

2. 对于上端为自由端的物件，$H_0 = 2H$；

3. 独立砖柱，当无柱间支撑时，柱在垂直排架方向的 H_0 应按表中数值乘以 1.25 后采用；

4. S 为房屋横墙间距；

5. 自承重墙的计算高度应根据周边支撑或拉结条件确定。

表 3.1 中的构件高度 H 应按以下规定采用。

(1)在房屋底层，取楼板顶面到构件下端支点的距离，下端支点的位置可取在基础顶面；当埋置较深且有刚性地坪时，可取室外地面下 500 mm 处。

(2)在房屋其他层，取楼板或其他水平支点间的距离。

(3)对于无壁柱的山墙可取层高加山墙尖高度的 1/2，对于带壁柱的山墙可取壁柱处的山墙高度。

表 3.2　墙、柱的允许高厚比[β]

砂浆强度等级	墙	柱
M2.5	22	15
M5	24	16
M7.5	26	17

注:1. 毛石墙、柱允许高厚比应按表中数值降低 20% 计算;
2. 组合砖砌体构件的允许高厚比可按表中数值提高 20% 计算,但不得大于 28;
3. 验算施工阶段砂浆尚未硬化的新砌砌体高厚比时,允许高厚比对墙取 14、对柱取 11。

1.2 带壁柱墙体的高厚比验算

带壁柱墙如图 3.1 所示,其高厚比的验算应分两部分进行。首先,验算带壁柱墙的高厚比(即整片墙的高厚比),即把壁柱看成 T 形(或十字形)截面柱,验算其高厚比;其次,验算壁柱间墙的高厚比,即把壁柱看作壁柱间墙体的侧向支点,验算两壁柱间墙的高厚比。

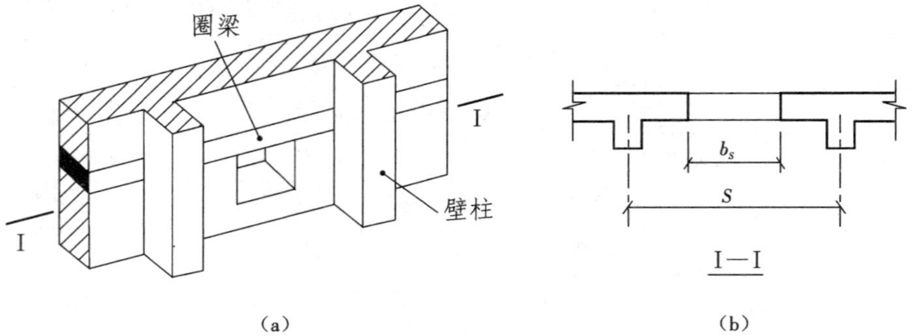

图 3.1 带壁柱墙
(a)立体图 (b)平面图

1.2.1 整片墙的高厚比验算

整片墙的高厚比验算公式如下:

$$\beta = \frac{H_0}{h_T} \leqslant \mu_1 \mu_2 [\beta] \tag{3-3}$$

式中 h_T——带壁柱墙截面的折算厚度(mm),当为 T 形截面时,可近似取 $h_T = 3.5i$ 计算。其中,i 为带壁柱墙截面的惯性半径(单位为 mm),$i = \sqrt{I/A}$;I 为带壁柱墙截面的惯性矩(单位为 mm^4);A 为带壁柱墙截面面积(单位为 mm^2)。

在确定带壁柱墙截面面积 A 时,墙截面翼缘宽度 b_f 可按下列规定采用:

(1)对于多层房屋,当有门窗洞口时可取窗间墙宽度,当无门窗洞口时可取相邻壁柱间的距离;

(2)对于单层房屋,可取壁柱宽加 2/3 墙高,但不大于窗间墙宽度和相邻壁柱间距离。

在确定带壁柱墙的计算高度 H_0时,S 应取相邻横墙间的距离。

1.2.2 壁柱间墙体的高厚比验算

壁柱间墙体的高厚比按厚度为 h 的矩形截面由式(3-1)进行验算,此时 S 应取相邻壁柱间的距离,且计算高度 H_0一律按刚性方案考虑。

设有钢筋混凝土圈梁的带壁柱墙，当 $b/S \geqslant 1/30$ 时（b 为圈梁宽度），圈梁可视作壁柱间墙的不动铰支点。如具体条件不允许增加圈梁宽度，可按等刚度原则（墙体平面外刚度相等）增加圈梁刚度，以满足壁柱间墙不动铰支点的要求。

【例 3.1】某教学楼底层平面图如图 3.2 所示，外承重墙厚 370 mm，内承重墙厚 240 mm，底层墙高 4.5 m（下端支点取基础顶面），120 mm 厚隔墙高 3.5 m，所有墙体均采用 MU10 砖和 M2.5 混合砂浆砌筑，楼盖为钢筋混凝土结构，试验算各墙的高厚比。

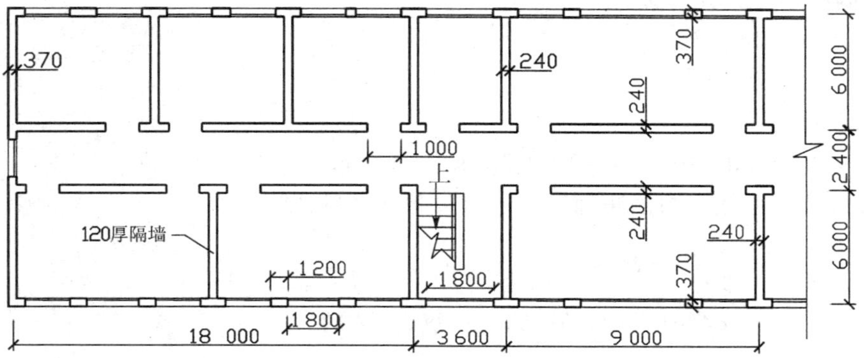

图 3.2　教学楼底层平面图

解　(1)确定房屋静力计算方案

房屋横墙的最大间距 $S=18$ m，由此可确定此建筑为刚性方案房屋。

(2)确定允许高厚比

根据砂浆的强度等级为 M2.5，由表 3.2 查得 $[\beta]=22$。

(3)外纵墙高厚比验算

由于 $S=18\ \text{m}>2H=9\ \text{m}$，由表 3.1 查得 $H_0=H=4.5$ m。

$$\mu_2=1-0.4\times\frac{b_S}{S}=1-0.4\times\frac{6\times1.8}{18}=0.76$$

承重墙取 $\mu_1=1$，则

$$\beta=\frac{H_0}{h}=\frac{4.5\times10^3}{370}=12.2$$

$$\mu_1\mu_2[\beta]=1\times0.76\times22=16.7>\beta\text{（满足要求）}$$

(4)内纵墙高厚比验算

$$\mu_2=1-0.4\times\frac{b_S}{S}=1-0.4\times\frac{4\times1}{18}=0.91$$

$$\beta=\frac{H_0}{h}=\frac{4.5\times10^3}{240}=18.75$$

$$\mu_1\mu_2[\beta]=1\times0.91\times22=20.02>\beta\text{（满足要求）}$$

(5)横墙高厚比验算

$$S=6\ \text{m}<2H=9\ \text{m}$$

$S=6\ \text{m}>H=4.5\ \text{m}$

由表3.1查得

$H_0=0.4S+0.2H=0.4\times6+0.2\times4.5=3.3\ \text{m}$

承重墙取$\mu_1=1,\mu_2=1$，则

$$\beta=\frac{H_0}{h}=\frac{3.3\times10^3}{240}=13.75<[\beta]\text{（满足要求）}$$

(6)隔墙高厚比验算

$S=6\ \text{m}<2H=7\ \text{m}$

$S=6\ \text{m}>H=3.5\ \text{m}$

由表3.1查得

$H_0=0.4S+0.2H=0.4\times6+0.2\times3.5=3.1\ \text{m}$

非承重墙修正系数由内插法确定为$\mu_1=1.44,\mu_2=1$，则

$$\beta=\frac{H_0}{h}=\frac{3.1\times10^3}{120}=25.83$$

$\mu_1\mu_2[\beta]=1.44\times1\times22=31.68>\beta$（满足要求）

2　构造柱、圈梁的设置及构造要求

2.1　构造柱

在砌体房屋墙体的规定部位，按构造配筋，并按先砌墙后浇灌混凝土柱的施工顺序制成的混凝土柱，通常称为混凝土构造柱，简称构造柱。

为提高多层建筑砌体结构的抗震性能，《建筑抗震设计规范》(GB 50011—2010)规定应在房屋的砌体内适宜部位设置钢筋混凝土柱并与圈梁连接，共同加强建筑物的稳定性。这种钢筋混凝土柱通常就被称为构造柱。构造柱的主要作用不是承担竖向荷载，而是抵抗剪力、振动等横向荷载。构造柱通常设置在楼梯间的休息平台处、纵横墙交接处、墙的转角处，墙长达到5 m的中间部位要设构造柱。为提高砌体结构的承载能力或稳定性而又不增大截面尺寸，墙中的构造柱已不仅仅设置在房屋墙体转角、边缘部位，而按需要设置在墙体的中间部位，圈梁应设置成封闭状。圈梁可以提高建筑物的整体刚度，抵抗不均匀沉降。圈梁的设置要求是宜连续设置在同一水平面上，不能截断；不可避免有门窗洞口堵截时，在门窗洞口上方设置附加圈梁；附加圈梁伸入支座不得小于两倍的圈梁高度，且不得小于1 000 mm；过梁设置在门窗洞口的上方，宜与墙同厚，每边伸入支座不小于240 mm。

从施工角度来讲，构造柱要与圈梁、基础梁整体浇筑。与砖墙体要在结构工程有水平拉结筋连接。如果构造柱在建筑物、构筑物中间位置，要与分布筋作连接。

2.1.1 构造柱的设置要求

1. 应根据砌体结构体系设置

应根据砌体结构或构件的受力或稳定要求以及其他功能或构造要求，在墙体中的规定部位设置现浇混凝土构造柱。

2. 根据开间或层高设置

对于大开间荷载较大或层数大于等于八层的砌体结构房屋宜按下列要求设置构造柱：

(1)在墙体的两端设置构造柱；

(2)在较大洞口的两侧设置构造柱；

(3)在房屋纵横墙交界处，设置构造柱；

(4)对于构造柱间距设计，当按组合墙考虑构造柱受力或考虑构造柱提高墙体的稳定性时，其间距不宜大于4 m，其他情况不宜大于墙高的1.5～2倍且不大于6 m，或按有关的规范执行；

(5)构造柱应与圈梁有可靠的连接。

3. 宜设置构造柱的情况及其作用

下列情况宜设构造柱：

(1)于受力或稳定性不足的小墙垛处设置；

(2)跨度较大的梁下墙体的厚度受限制时，于梁下设置；

(3)墙体的高厚比较大(如自承重墙或风荷载较大的墙)，可在墙的适当部位设置构造柱，以使形成带壁柱的墙体满足高厚比和承载力的要求(此时构造柱的间距不宜大于4 m，构造柱沿高度横向支点的距离与构造柱截面宽度之比不宜大于30，构造柱的配筋应满足水平受力的要求)。

在砌体结构中构造柱的主要作用：

(1)与圈梁一起作用形成整体性，增强砌体结构的抗震性能；

(2)减少、控制墙体裂缝的产生；

(3)增强砌体的强度。

在框架结构中构造柱的作用是当填充墙长超过两倍层高或开了比较大的洞口(墙体中间没有支撑，纵向刚度减弱)时，加强纵向刚度，防止墙体开裂。

4. 抗震设计中的设置要求

抗震设计中多层普通砖、多孔砖房屋的构造柱应符合下列要求。

(1)构造柱最小截面可采用240 mm×180 mm，纵向宜采用4ϕ12钢筋，箍筋间距不宜大于250 mm，且在柱上下端宜适当加密；抗震设防烈度为7度时(层高超过6层)、8度时(层高超过5层)和9度时，构造柱纵向宜采用4ϕ14钢筋，箍筋间距不应大于200 mm；房屋四角的构造柱可适当加大截面及配筋；构造柱与墙连接处应砌成马牙槎，并应沿墙高每隔500 mm设2ϕ6拉结钢筋，每边伸入墙内不宜小于1 m。

(2)构造柱与圈梁连接处，构造柱的纵筋应穿过圈梁，保证构造柱纵筋上下贯通。

(3)构造柱可不单独设置基础，但应伸入室外地面下500 mm，或与埋深小于500 mm的基础圈梁相连。

(4)房屋高度和层数接近限值时,纵、横墙内构造柱间距尚应符合:①横墙内的构造柱间距不宜大于层高的两倍,下部1/3楼层的构造柱间距应适当减小;②当外纵墙开间大于3.9 m时,应另设加强措施;③内纵墙的构造柱间距不宜大于4.2 m。

2.1.2 构造柱施工要求

构造柱能否充分发挥作用,主要看其工程质量的好坏。但是在目前的砖混结构房屋施工中,钢筋混凝土构造柱工程质量存在不少问题,有些已形成质量通病,严重影响其抗震能力和结构安全。下面就讨论一下构造柱的施工方法问题。

1. 施工程序

构造柱的正确施工顺序是:绑扎钢筋、砌筑砖墙、支模、浇灌混凝土柱。

1)绑扎钢筋

构造柱钢筋的正确绑扎方法是:

(1)钢筋首先应除锈调直,然后绑扎骨架;

(2)钢筋骨架支立后要加设临时支撑,确保稳固,拉结筋应与钢筋骨架绑扎牢固,不使钢筋骨架歪斜移位;

(3)纵向钢筋搭接长度应满足35倍直径,并且应在圈梁上面绑扎搭接;

(4)严格保证箍筋加密处范围内的箍筋间距;

(5)绑扎好控制混凝土内钢筋保护层的垫块。

2)砌筑砖墙

砖墙与构造柱连接处应砌成马牙槎,每一马牙槎高度不宜超过300 mm(五皮砖),在墙体施工中,从每层柱脚(圈梁上皮或楼板面)开始先退后进,槽深不少于60 mm。应沿墙高每500 mm设置2ϕ6水平拉结筋(两端做成180°弯钩),每边伸入墙内不宜小于1 000 mm。当墙上门窗洞边到构造柱边(即墙马牙槎外齿边)的长度小于1 000 mm时,则伸至洞边为止。拉结筋的水平灰缝砂浆应有足够强度并必须饱满,确保黏结牢固。

3)支模

钢筋混凝土构造柱的模板可用木模或钢模,支设模板时要注意以下事项。

(1)首先检查构造柱马牙槎两侧墙面平整度,若发现局部平整度差,可采取局部砂浆刮糙后再支模,确保模板紧贴墙面。

(2)模板与墙面马牙槎的搭接宽度以50~80 mm为宜,宽度过小,将直接影响止浆效果。

(3)模板应设立牢固,特别要确保模板的刚度,以防模板炸模。

(4)在砌墙时,应在各层柱底部(圈梁面上)以及该层二次浇灌段的下端位置,留出两皮砖的洞眼作清扫口。清扫口用来清除构造柱底部的残留砂浆、碎砖、垃圾等落物和底部松动石子。清除完毕应立即封闭洞眼。

4)浇灌混凝土柱

在浇灌混凝土柱前,必须将砖砌体和模板浇水润湿,然后浇灌10~15 mm厚水泥砂浆,振捣密实,防止烂根。

浇灌混凝土时,应注意以下事项。

(1)构造柱的骨料的最大料径不宜大于20 mm,混凝土坍落度最好控制在50～70 mm,以保证浇捣密实;也可以根据施工条件、天气等具体情况加以调整,但必须保证浇捣密实。混凝土应随拌随用,拌和好的混凝土应在1.5 h内浇灌完,超过1.5 h的混凝土不得使用,并不得再次拌和使用。

(2)构造柱的混凝土浇灌可以分段进行,每段高度不宜大于2.0 m,或每层分两次浇灌。在施工条件好并能确保浇灌密实时,也可以一次浇灌。预制大梁、圈梁和构造柱的接头处,则必须在同一层内一次浇灌完毕。

(3)浇捣构造柱混凝土时,宜用插入式振捣棒分层捣实。振捣棒随振随拔,每次振捣,层的厚度不应超过振捣棒长度的1.25倍。振捣时,振捣棒应避免直接碰触砖墙,并严禁通过砖墙传振,更不能采取摇晃钢筋骨架和敲打模板的方法来代替振捣,否则会造成严重质量问题。

(4)冬季施工期,一般不宜浇捣混凝土。如果要施工,要注意清除模板内和砖上的冰渣。混凝土外加抗冻剂的选择和掺量须按有关规定确定,并经有关技术部门批准后,才能施工。对已浇捣好的混凝土,要采取保温措施,避免受冻。

(5)雨季施工时应有防雨措施,下雨时不宜露天浇灌混凝土。未下雨而露天浇灌的混凝土也要及时覆盖,以防雨水冲刷。

(6)浇灌混凝土的同时,应按规定留好混凝土试块,并做好混凝土养护工作。

(7)在砌完一层墙后和浇灌该层构造柱混凝土前,应及时对已砌好的独立墙片加稳定支撑。必须在该层构造柱混凝土浇完以后,才能进行上一层的施工。

2. 构造柱的配筋

构造柱纵筋不宜小于4ϕ12,对于边柱、角柱不宜小于4ϕ14。抗震设防烈度为7度(层高超过6层)、8度(层高超过5层)、9度时纵向钢筋宜采用4ϕ14。构造柱的竖向受力钢筋的直径也不宜小于16 mm。构造柱的竖向受力钢筋应在基础梁和楼层圈梁中锚固,并应符合受拉钢筋的锚固要求。不均匀土质上的基础内的圈梁,其截面高度不应小于180 mm。

构造柱箍筋最小直径应采用ϕ6,间距不宜大于250 mm,柱上下端不小于$h/6$(h为层高)且不小于450 mm范围内箍筋间距加密至100 mm。

2.2　圈梁

2.2.1　圈梁的设置

混合结构房屋中应按下列要求设置圈梁。

(1)车间、仓库、食堂等空旷的单层房屋,当墙厚$h \leqslant 240$ mm时,应按下述规定设置圈梁:

①砖砌体房屋,当檐口标高为5～8 m时应设置圈梁一道,檐口标高大于8 m时宜适当增设;

②砌块及石砌体房屋,檐口标高为4～5 m时应设置圈梁一道,檐口标高大于5 m时宜适当增设;

③对有吊车或有较大振动设备的单层工业房屋,除在檐口或窗顶标高处设置钢筋混凝土圈梁外,尚宜在吊车梁标高处或其他适当位置增设。

(2)多层砖砌房屋圈梁,应按下述规定设置圈梁:

①宿舍、办公楼等多层砖砌民用房屋,当墙厚 $h \leqslant 240$ mm 且层数为三、四层时宜在檐口标高处设置一道圈梁,当层数超过四层时可适当增设;

②多层砖砌体工业房屋圈梁可隔层设置,对有较大振动设备的多层房屋宜每层设置钢筋混凝土圈梁。

(3)多层砌块和料石砌体房屋,应按下列规定设置圈梁:

①对外墙及内纵墙,在屋盖处应设置圈梁,楼盖处宜隔层设置;

②对横墙,在屋盖处应设置圈梁,楼盖处宜隔层设置,水平间距不宜大于 15 m;

③对有较大振动设备或承重墙厚度 $h \leqslant 180$ mm 的多层房屋,宜每层设置圈梁;

④屋盖处圈梁宜现浇,预制圈梁安装时应坐浆,并应保证接头可靠。

(4)外墙和内纵墙的设置:屋盖处及每层楼盖处均设置。

(5)内纵墙的设置:抗震设防烈度为 6 度或 7 度地区,在屋盖及楼盖处设置,屋盖处间距不应大于 7 m,楼盖处间距不应大于 15 m,还包括构造柱对应部位;抗震设防烈度为 8 度地区,在屋盖及楼盖处设置,屋盖处沿所有横墙且间距不应大于 7 m,楼盖处间距不应大于 7 m,还包括构造柱对应部位;抗震设防烈度为 9 度地区,在屋盖及每层楼盖处设置,并沿各层所有横墙。在内纵墙高度超过 5 m 时要设置圈梁。

(6)空旷的单层房屋的设置:砖砌体房屋,檐口标高为 5 ~ 8 m 时,应在檐口标高处设置一道圈梁,檐口标高大于 8 m 时应增加圈梁数量;砌块机料石砌体房屋,檐口标高为 4 ~ 5 m 时,应在檐口标高处设置一道圈梁,檐口标高大于 5 m 时,应增加圈梁数量;对有吊车或较大振动设备的单层工业房屋,除在檐口和窗顶标高处设置现浇钢筋混凝土圈梁外,尚应增加设置数量。

(7)对建造在软弱地基或不均匀地基上的多层房屋,应在基础和顶层各设置一道圈梁,其他各层可隔层或每层设置。

(8)多层房屋基础处设置圈梁一道。

(9)在填充墙中应在高度不超过 4 m 处设置圈梁。

2.2.2 圈梁的构造要求

(1)圈梁宜连续地设在同一水平面上,并形成封闭状;当圈梁被门窗洞口截断时,应在洞口上部增设相同截面的附加圈梁,附加圈梁的搭接长度应不小于其垂直间距 a 的两倍且不小于 1 m,如图 3.3 所示。

(2)刚性方案房屋,圈梁应与横墙连接,其间距不得大于表 3.1 规定的相应横墙间距。连接方式可将圈梁伸入横墙 1.5 ~ 2 m,或在该横墙上设置贯通圈梁。刚弹性和弹性方案房屋,圈梁应与屋架、大梁等构件可靠连接。

(3)钢筋混凝土圈梁的宽度宜与墙厚相同,当墙厚 $h \geqslant 240$ mm 时,其宽度不小于 $2h/3$。圈梁高度不小于 120 mm,纵向钢筋不小于 $4\phi 8$,绑扎接头的搭接长度按受拉钢筋考虑,箍筋间距不大于 300 mm。

(4)钢筋砖圈梁应采用不低于 M5 的砂浆砌筑,圈梁高度为 4 ~ 6 皮砖。纵向钢筋不宜小于 $6\phi 6$,水平间距不大于 120 mm,分上、下两层设在圈梁顶部和底部的水平灰缝中。

(5)圈梁兼作过梁时,过梁部分的钢筋应按计算用量单独配置。

(6)房屋转角及丁字交叉处,圈梁连接构造如图 3.4 所示。横墙圈梁的纵向钢筋应伸入纵墙圈梁,并不少于受拉钢筋的锚固长度要求。

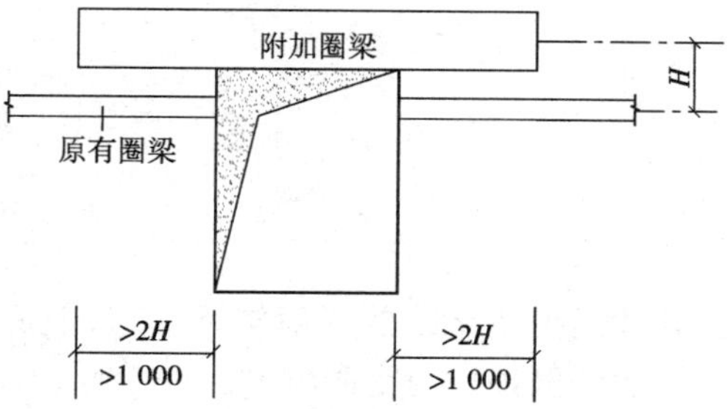

图 3.3　附加圈梁

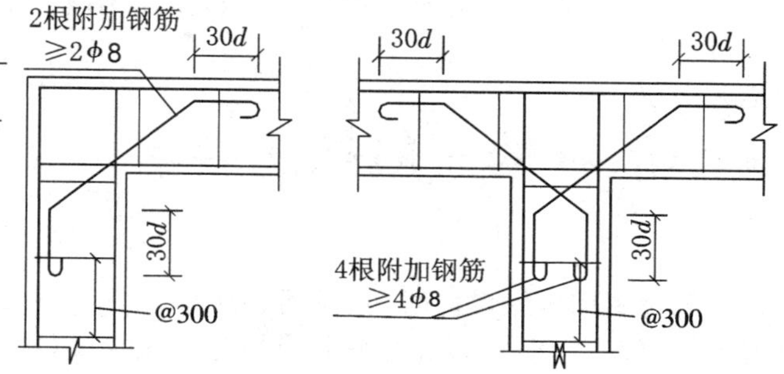

图 3.4　房屋转角及丁字交叉处圈梁的构造

(7)现浇圈梁的混凝土强度等级不宜低于 C15,钢筋级别一般为 1 级钢,混凝土保护层厚度为 20 mm,并不得小于 15 mm,也不宜大于 25 mm。

(8)内走廊房屋沿横向设置的圈梁,均应穿过走廊拉通,并隔一定距离(7 度时为 15 m,8 度时为 11 m,9 度时为 7 m)将穿过走廊部分的圈梁局部加强,其最小高度一般不小于 300 mm。

(9)当有抗震要求时,多层砖房的圈梁还应满足表 3.3 的要求。

表 3.3　抗震设防时圈梁的设置与构造要求

抗震设防烈度		6~7 度	8 度	9 度
圈梁设置	内墙及内纵墙	屋盖处及隔层楼盖处	屋盖处及每层楼盖处	屋盖处及每层楼盖处
	内横墙	屋盖处及隔层楼盖处间距不大于 7 m;楼盖处间距不大于 15 m;构造柱对应部位	屋盖处及每层楼盖处;屋盖处沿所有横墙,且间距不大于 7 m;楼盖处间距不大于 7 m;构造柱对应部位	屋盖处及每层楼盖处;各层所有横墙
配筋要求	最小纵筋	4ϕ8	4ϕ10	4ϕ12
	最大箍筋间距/mm	250	200	150

2.2.3　圈梁的配筋

圈梁的最小纵筋不应小于 4ϕ10,箍筋最大间距不应大于 250 mm。钢筋混凝土圈梁的宽度宜与墙厚相同,当墙厚大于 240 mm 时,其宽度不宜小于墙厚的 2/3,圈梁高度不应小于 120 mm。纵向钢筋不小于 4ϕ10,绑扎接头搭接长度按照受拉钢筋考虑,箍筋间距不应大于 300 mm。

圈梁兼过梁的配筋如果不合理,对工程质量有一定影响。在有些砖混结构房屋的设计中,存在着圈梁兼过梁配筋不合理的情况,主要有以下两种:

(1)当过梁钢筋大于圈梁钢筋时,用过梁钢筋取代圈梁钢筋;

(2)当过梁钢筋小于圈梁钢筋时,只设置圈梁钢筋。

3 墙、柱的一般构造要求

混合结构房屋设计时,除应满足高厚比要求外,还应满足砌体结构的一般构造要求,使房屋中的墙、柱与楼(屋)盖之间具有可靠的拉结,以保证房屋的整体性与空间刚度。

3.1 墙、柱的一般构造要求

3.1.1 材料的强度要求

六层及六层以上的房屋的外墙、潮湿房间的墙以及受震动或层高大于6 m的墙、柱所用材料的最低强度等级应符合:①砖采用MU10;②砌块采用MU5;③石材采用MU20;④砂浆采用M2.5。

3.1.2 防潮层的设置要求

在室内地面以下和室外散水坡顶面以上的砌体中,应铺设防潮层。防潮层材料一般采用防水水泥砂浆,勒脚部位应采用水泥砂浆覆盖。

地面以下或防潮层以下的砌体,所用材料的最低强度等级应符合表3.4的规定。

表3.4 地面以下或防潮层以下的砌体所用材料的最低强度等级

基土的潮湿程度	黏土砖		混凝土砌块	石材	混合砂浆	水泥砂浆
	严寒地区	一般地区				
稍潮湿的	MU10	MU10	MU5	MU20	M5	M5
很潮湿的	MU15	MU10	MU7.5	MU20	—	M5
含水饱和的	MU20	MU15	MU7.5	MU30	—	M7.5

注:1. 石材的重力密度不应低于18 kN/m^3;

2. 地面以下或防潮层以下的砌体,不宜采用空心砖,当采用混凝土中、小型空心砌块砌体时,其孔洞应采用强度等级不低于C15的混凝土灌实;

3. 各种硅酸盐材料及其他材料制作的块体,应根据相应材料标准的规定选择采用。

3.1.3　墙、柱的尺寸要求

承重的独立砖柱的截面尺寸不小于240 mm×370 mm，毛石墙的厚度不小于350 mm，毛石柱截面较小边长不小于400 mm。当有振动荷载时，墙、柱不宜采用毛石砌体。

3.1.4　空斗墙的设置要求

空斗墙的下列部位宜实砌。

（1）纵横墙交接处，其实砌宽度距墙中心线每边不大于370 mm。

（2）室内地面以下及地面以上高度为180 mm的砌体。

（3）搁栅、檩条和钢筋混凝土板等构件的支承面下，高度为120～180 mm的通长砌体（所用砂浆不应低于M2.5）。

（4）屋架、大梁等构件的垫块底面以下，高度为240～360 mm，长度不小于740 mm的砌体（所用砂浆不得低于M2.5）。

（5）跨度大于6 m的屋架以及跨度大于4.8 m（砖砌体）或4.2 m（砌块和料石砌体）的梁，其支承面下的砌体应设置混凝土或钢筋混凝土垫块（当墙中设有圈梁时，垫块与圈梁宜浇成整体）。

3.1.5　其他要求

（1）对厚度不大于240 mm的墙，当大梁跨度不小于6 m（砖墙）或4.8 m（砌块和料石墙）时，其支承处宜加设壁柱或采取其他加强措施。

（2）预制钢筋混凝土板在墙上的支承长度不小于100 mm，在钢筋混凝土圈梁上不小于80 mm。

（3）骨架房屋的填充墙，应分别采用拉结筋或其他措施与框架的柱和横梁连接。山墙处的壁柱，宜砌至山墙顶部。风压较大的地区，檩条应与山墙锚固，屋盖不宜挑出山墙。

（4）砌块的两侧宜设置灌缝槽，当无灌缝槽时，墙体应采用两面粉刷。

（5）砌块砌体应分皮错缝搭砌。中型砌块上下皮搭砌长度不小于砌块高度的1/3，且不小于150 mm；小型空心砌块上下皮搭砌长度不小于90 mm。当搭砌长度不满足上述要求时，应在水平灰缝内设置不小于2ϕ4的钢筋网片，网片每端均应超过该垂直缝，其长度不小于300 mm。

（6）砌块墙与后砌隔墙交接处，应沿墙高每400～800 mm在水平灰缝内设置不小于2ϕ4的网片，如图3.5所示。

（7）混凝土中型砌块房屋，宜在外墙转角处、楼梯间四角的砌体孔洞内设置障碍不小于1ϕ12的竖向钢筋，并用C20细石混凝土灌实。竖向钢筋应贯通墙高并锚固于基础和楼盖或屋盖圈梁内，锚固长度不小于30倍钢筋直径。

混凝土小型空心砌块房屋，宜将上述部位纵横墙交接处，距墙中心线每边不小于300 mm范围内的孔洞，用不低于砌块材料强度等级的混凝土灌实，灌实高度应为全部墙身高度。

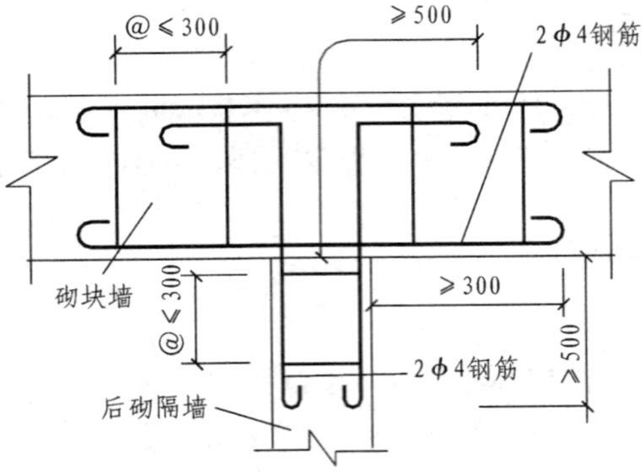

图 3.5　砌块墙与后砌隔墙交接处的构造

(8)混凝土小型空心砌块的下列部位,如砌块墙与后砌隔墙交接处钢筋网片未设圈梁或混凝土垫块,应将孔洞用不低于砌块材料强度等级的混凝土灌实:

①搁栅、檩条和钢筋混凝土楼板的支承面下,高度不小于 200 mm 的砌体;

②屋架、大梁等构件的支承面下,高度不小于 400 mm、长度不小于 600 mm 的砌体;

③挑梁支承面下,纵横墙交接处距墙中心线每边不小于 300 mm、高度不小于 400 mm 的砌体。

(9)设计要求的洞口、管道、沟槽和预埋件等,应于砌筑时正确留出或预埋。宽度超过 300 mm 的洞口,应砌筑平拱或设置过梁。

(10)施工中不得在下列墙体或有关部位中设置脚手眼:

①空斗墙,120 mm 厚砖墙,料石清水墙和砖、石独立柱;

②砖过梁上与过梁成 60°角的三角形范围内及过梁净跨度 1/2 的高度范围内;

③宽度小于 1 m 的窗间墙;

④梁或梁垫下及其左右各 500 mm 的范围内;

⑤砖砌体的门窗洞口两侧 200 mm 和转角处 450 mm 的范围内,或石砌体的门窗洞口两侧 300 mm 和转角处 600 mm 的范围内;

⑥设计不允许设置脚手眼的部位。

3.2　多层砖砌房抗震构造要求

对处于地震区的多层砖砌房屋除应满足墙、柱的一般构造要求外,还应满足下列构造要求。

3.2.1　构造柱的设置

多层砖砌房应根据房屋的层数、地震设计烈度,按表 3.5 的要求设置钢筋混凝土构造柱(简称构造柱,用 GZ 表示)。多层黏土砖房构造柱应满足以下要求。

表3.5　多层砖房构造柱设置要求

房屋层数				各种层数和抗震设防烈度均设置的部位	随层数或抗震设防烈度变化而增设的部位
6度	7度	8度	9度		
四、五	三、四	二、三		外墙四角、错层部位横墙与外纵墙交接处，较大洞口两侧、大房间内外墙交接处	7~9度时，楼、电梯间的横墙与外墙交接处
六至八	五、六	四	二		隔开间横墙（轴线）与外墙交接处，山墙与内纵墙交接处；8度和9度时，楼、电梯间横墙与外墙交接处
一	七	五、六	三、四	外墙四角、错层部位横墙与外纵墙交接处，较大洞口两侧、大房间内外墙交接处	内墙（轴线）与外墙交接处，内墙局部较小墙垛处；7~9度时，楼、电梯间横墙与外墙交接处；9度时，内纵墙与横墙（轴线）交接处

（1）构造柱最小截面可采用240 mm×180 mm，纵向钢筋宜采用4ϕ12，箍筋间距不大于250 mm，且在柱上下端宜适当加密；7度时超过六层、8度时超过五层和9度时，构造柱纵向钢筋宜采用4ϕ14，箍筋间距不大于200 mm；房屋四角的构造柱可适当加大截面及配筋。

（2）构造柱与墙连接处宜砌成马牙槎，并应沿墙高每隔500 mm设2ϕ6拉结钢筋，每边伸入墙内不小于1 m。

（3）构造柱应与圈梁连接；隔层设置圈梁的房屋，应在无圈梁的楼层增设配筋砖带，仅在外墙四角设置构造柱时，在外墙上应伸过一个开间，其他情况应在外纵墙和相应横墙上拉通，其截面高度不小于四皮砖，砂浆强度等级不小于M5。

（4）构造柱可不单独设置基础，但应伸入室外地面下500 mm，或锚入浅于500 mm的基础圈梁内。

3.2.2　拉结钢筋的设置

7度时层高不小于3.6 m或长度不小于7.2 m的大房间及8度和9度时外墙转角及内外墙交接处，当未设构造柱时，应沿墙高每隔500 mm配置2ϕ6拉结钢筋，并每边伸入墙内不小于1 m。

3.2.3　后砌非承重砌体隔墙的构造要求

后砌的非承重砌体隔墙应沿墙高每隔500 mm配置2ϕ6钢筋与承重墙或柱拉结，并每边伸入墙内不小于500 mm；8度和9度时长度大于5.1 m的后砌非承重砌体隔墙的墙顶，尚应与楼板或梁拉结。

3.2.4　楼梯间的构造要求

楼梯间的构造应符合下列要求。

（1）8度和9度时，顶层楼梯间横墙和外墙宜沿墙高每隔500 mm设置2ϕ6通长钢筋；9度时其他各层楼梯间可在休息平台或楼层半高处设置60 mm厚的配筋砂浆带，砂浆强度等级不宜低于M5，钢筋不宜少于2ϕ10。

（2）8度和9度时，楼梯间及门厅内墙阳角处的大梁支承长度不小于500 mm，并应与圈梁连接。

(3)装配式楼梯段应与平台板的梁可靠连接,不应采用墙中悬挑式踏步或踏步竖筋插入墙体的楼梯,不应采用无筋砖砌栏板。

(4)突出屋顶的楼、电梯间,构造柱应伸到顶部,并与顶部圈梁连接,内外墙交接处应沿墙高每隔 500 mm 设置 2ϕ6 拉结钢筋且每边伸入墙内不小于 1 m。

4 防止或减轻墙体开裂的主要措施

4.1 砌体结构墙体裂缝产生原因

砌体结构是指用砖、石或砌块为块材,用砂浆砌筑的结构。由于价格便宜、方便就地取材,砌体结构在工程上有广泛的应用。但是由于一些原因,砌体结构使用不当的话,容易在以下部位产生裂缝:房屋的高度、重量、刚度有较大变化处,地质条件变化处,基础底面或埋深变化处,房屋平面形状复杂的转角处,整体式屋盖或装配整体式房屋的顶层的墙体,房屋底层梁端部的纵墙,老房屋中相邻于新建房屋的墙体等。

产生裂缝的一个主要因素是温度变形和收缩变形。结构由于温度的变化引起热胀冷缩的变形称为温度变形。混凝土的线膨胀系数为 1.0×10^{-5},而砖墙的线膨胀系数为 0.5×10^{-5},当气温变化或材料收缩时,钢筋混凝土屋盖、楼盖和砖墙由于线膨胀系数和收缩率不同,将产生各自不同的变形,引起彼此的约束作用而产生应力。当温度升高时,由于钢筋混凝土温度变形大,砖砌体温度变形小,砖墙阻碍了屋盖或楼盖的伸长,必然在屋盖和楼盖中产生压应力和剪应力,在墙体中产生拉应力和剪应力,当墙体中的主拉应力超过砌体的抗拉强度时,将产生裂缝。反之,当温度降低或钢筋混凝土收缩时,将在砖墙中产生压应力和剪应力,在屋盖或楼盖中产生拉应力和剪应力,当主拉应力超过混凝土的抗拉强度时,在屋盖或楼盖中将出现裂缝。采用钢筋混凝土屋盖或楼盖的砌体结构房屋的顶层墙体常出现的裂缝通常为内外纵墙和横墙的“八”字形裂缝、沿屋盖支承面的水平裂缝和包角裂缝以及女儿墙水平裂缝等,这些裂缝均是由上述原因产生的。

产生裂缝的另一个重要原因就是地基产生过大的不均匀沉降。当地基为均匀分布的软土,而房屋长高比较大时,或地基土层分布不均匀、土质差别很大时,或房屋体型复杂或高差较大时,都有可能产生过大的不均匀沉降,从而使墙体产生附加应力。当不均匀沉降在墙体内引起的拉应力和剪应力一旦超过砌体的抗拉强度时,就会产生裂缝。

4.2 砌体结构墙体裂缝防止措施

1. 防止或减轻由温差和砌体干缩引起的墙体竖向裂缝

为了防止或减轻房屋在正常使用条件下,由温差和砌体干缩引起的墙体竖向裂缝,应在墙体中设置伸缩缝。伸缩缝应设在因温度和收缩变形可能引起应力集中、砌体产生裂缝可能性最大的地方。砌体房屋伸缩缝的间距可按表 3.6 采用。

表 3.6　砌体房屋伸缩缝的最大间距　m

屋盖或楼盖类别		间距
整体式或装配整体式钢筋混凝土结构	有保温层或隔热层的屋盖、楼盖	50
	无保温层或隔热层的屋盖	40
装配式无檩体系钢筋混凝土结构	有保温层或隔热层的屋盖、楼盖	60
	无保温层或隔热层的屋盖	50
装配式有檩体系钢筋混凝土结构	有保温层或隔热层的屋盖	75
	无保温层或隔热层的屋盖	60
瓦材屋盖、木屋盖或楼盖、轻钢屋盖		100

注:1. 对烧结普通砖、多孔砖、配筋砌块砌体房屋取表中数值;对石砌体、蒸压灰砂砖、蒸压粉煤灰砖和混凝土砌块房屋取表数值乘以 0.8 的系数。(当有实践经验并采取有效措施时,可不遵守本表规定)

2. 在钢筋混凝土屋面上挂瓦的屋盖应按钢筋混凝土屋盖采用。

3. 按本表设置的墙体伸缩缝,一般不能同时防止由于钢筋混凝土屋盖的温度变形和砌体干缩变形引起的墙局部裂缝。

4. 层高大于 5 m 的烧结普通砖、多孔砖、配筋砌块砌体结构单层房屋,其伸缩缝间距可按表中数值乘以 1.3。

5. 温差较大且变化频繁地区和严寒地区不采暖的房屋及构筑物墙体的伸缩缝的最大间距,应按表中数值予以适当减小。

6. 墙体的伸缩缝应与结构的其他变形缝相重合,在进行立面处理时,必须保证缝隙的伸缩作用。

2. 防止或减轻房屋顶层墙体的裂缝

为了防止或减轻房屋顶层墙体的裂缝,应采取以下措施。

(1)屋面应设置保温、隔热层。

(2)屋面保温(隔热)层或屋面刚性面层及砂浆找平层应设置分隔缝,分隔缝间距不宜大于6 m,并与女儿墙隔开,其缝宽不小于 30 mm。

(3)采用装配式有檩体系钢筋混凝土屋盖和瓦材屋盖。

(4)在钢筋混凝土屋面板与墙体圈梁的接触面处设置水平滑动层,滑动层可采用两层油毡夹滑石粉或橡胶片等;对于长纵墙,可只在其两端的 2 ~3 个开间内设置,对于横墙可只在其两端各 $l/4$ 范围内设置(l 为横墙长度)。

(5)顶层屋面板下设置现浇钢筋混凝土圈梁,并沿内外墙拉通,房屋两端圈梁下的墙体内宜适当设置水平钢筋。

(6)顶层挑梁末端下墙体灰缝内设置三道焊接钢筋网片或 2ϕ6 钢筋,钢筋网片或钢筋应自挑梁末端伸入两边墙体不小于 1 m。

(7)顶层墙体有门窗等洞口时,在过梁上的水平灰缝内设置 2 ~3 道焊接钢筋网片或 2ϕ6

钢筋,并应伸入过梁两端墙内不小于 600 mm。

(8)顶层及女儿墙砂浆强度等级不低于 M5。

(9)女儿墙应设置构造柱,构造柱间距不宜大于 4 m,构造柱应伸至女儿墙顶并与现浇钢筋混凝土压顶整浇在一起。

(10)房屋顶层端部墙体内适当增设构造柱。

3. 防止或减轻房屋底层墙体裂缝

为了防止或减轻房屋底层墙体裂缝,应采取以下措施。

(1)增大基础圈梁的刚度。

(2)在底层的窗台下墙体灰缝内设置 3 道焊接钢筋网片或 2ϕ6 钢筋,并伸入两边窗间墙内不小于 600 mm。

(3)采用钢筋混凝土窗台板,窗台板嵌入窗间墙内不小于 600 mm。

4. 防止墙体交接处裂缝

墙体转角处和纵横墙交接处宜沿竖向每隔 400 ~ 500 mm 设拉结钢筋,其数量为每 120 mm 墙厚不少于 1ϕ6 或焊接钢筋网片,埋入长度从墙的转角或交接处算起,每边不小于 600 mm。

5. 对非烧结块材墙体防裂加强措施

对灰砂砖、粉煤灰砖、混凝土砌块或其他非烧结砖,宜在各层门、窗过梁上方的水平灰缝内及窗台下第一道和第二道水平灰缝内设置焊接钢筋网片或 2ϕ6 钢筋,焊接钢筋网片或钢筋应伸入两边窗间墙内不小于 600 mm。

当灰砂砖、粉煤灰砖、混凝土砌块或其他非烧结砖实体墙长大于 5 m 时,宜在每层墙高度中部设置 2 ~ 3 道焊接钢筋网片或 3ϕ6 的通长水平钢筋,竖向间距宜为 500 mm。

6. 防止或减轻混凝土砌块房屋顶层两端和底层第一、第二开间门窗洞处的裂缝

为了防止或减轻混凝土砌块房屋顶层两端和底层第一、第二开间门窗洞处的裂缝,应采取以下措施。

(1)在门窗洞口两侧不少于一个孔洞中设置不小于 1ϕ12 钢筋,钢筋应在楼层圈梁或基础锚固,并采用不低于 Cb20 灌孔混凝土灌实。

(2)在门窗洞口两边墙体的水平灰缝中,设置长度不小于 900 mm、竖向间距为 400 mm 的 2ϕ4 焊接钢筋网片。

(3)在顶层和底层设置通长钢筋混凝土窗台梁,窗台梁的高度宜不小于 180 mm。

实训练习

某四层教学楼,教室横墙间距为 9.6 m,底层层高 3.6 m,其余层高均为 3.3 m,楼盖采用预应力空心板沿纵向布置,横墙厚度为 240 mm,纵墙厚度为 370 mm,采用 M5 混合砂浆砌筑,每个教室的窗洞尺寸,基础顶标高为 0.5 m。试验算外纵墙高厚比。

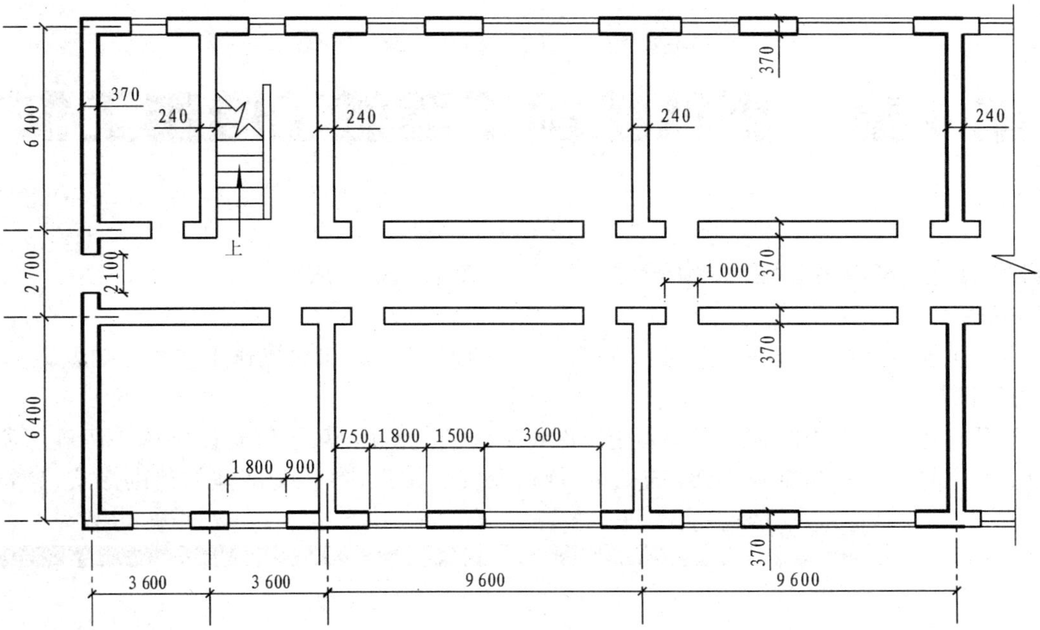

图 3.6　教学楼平面图

思考题

1. 为什么要验算高厚比？写出验算公式。
2. 为什么要设置圈梁？怎样设置？设置圈梁有哪些主要的构造要求？
3. 简述构造柱的施工要求。
4. 简述墙柱的一般构造要求。
5. 墙体开裂的主要原因是什么？可采取什么措施防止或者减轻？

第4章　砌体结构工程施工准备工作

【单元概述】

本章主要讲述施工准备工作、砌筑机具设备、砌筑脚手架、砌筑操作工艺相关知识。

【学习目标】

熟悉砌体结构工程的施工程序和施工准备工作的主要内容；了解砌体结构工程施工所涉及的主要机具、设备（包括脚手架）的类型、规格及安装架设；熟悉砖砌体的组砌形式、砌筑操作工艺。

1　施工准备工作

1.1　砌体结构工程的施工程序

施工准备阶段流程图如图4.1所示。

1.2　施工准备工作的内容

1. 施工准备工作计划

做好施工准备工作计划是顺利实施项目的前提和基础。施工准备工作计划如表4.1所示。

表4.1　施工准备工作计划

序号	施工准备工作内容	负责人	时间安排
1	项目主要管理人员调动	总经理	中标后3日内
2	施工规划大纲	项目经理、项目工程师	投标施工组织设计编制之前

续表

序号	施工准备工作内容	负责人	时间安排
3	工程合同签订	总经理	接到中标通知书之日起
4	项目机构的组建运作	总经理	领标后组织，中标后运作
5	技术、合同交底	工程师、经营部	合同签订后 3 日内
6	项目配套规范、规程准备	资料室	中标后 2 日内
7	图纸会审及设计进度要求	项目工程师	按业主安排
8	施工机械及周转材料的准备	材料设备部及经济师	中标后组织，合同签订后执行
9	工程预算编制	经济师及公司经营部	中标后 10 日内
10	劳动力组织	项目经理	中标后计划
11	项目部人员教育与培训	公司人力资源部	合同签订后 3 日内
12	定位复核放线	项目工程师	业主安排 5 日内结束
13	施工组织设计	项目工程师	施工图设计交底后 3 日
14	现场临时设施的搭建	项目经理	合同签订后立即执行
15	材料采购总计划	经营部、项目经理	开工后 5 日内
16	工程预定详细网络计划	项目经理、项目工程师	中标后业主通知 7 日内
17	施工平面布置	项目经理	中标后立即执行

2. 项目管理机构准备

为确保各项管理目标的实现，公司应根据工程特点，精选施工经验丰富、责任心强的优秀管理人员和操作工人组成项目经理部。

公司应按项目分级管理，组建管理幅度和管理深度与本工程规模相匹配的精干的项目经理部进驻现场，代表企业全面履行承包合同，对工期、质量、安全、文明施工等进行有效管理。

3. 物资准备工作计划

(1)工程主要材料均在招标文件中载明的品牌范围内采购，其他未作注明品牌的材料必须选用市场环保型优质品牌或市场主流品牌及厂家的产品。

(2)对所有材料按国家有关规定进行检查验收，需要进行复试的材料使用前提前进行监理、甲方现场代表和施工单位三方见证取样复试，合格后方可使用。

(3)对于特种材料，根据施工进度计划、工程设计要求以及工程项目质量目标，及时向业主及设计师提交设计书或使用方案，在经设计师及业主审核批准后，实施材料采购及施工作业。

(4)对工程施工所需周转材料、安全物资等亦应按施工组织设计、施工方案及施工进度要求及时组织进场。

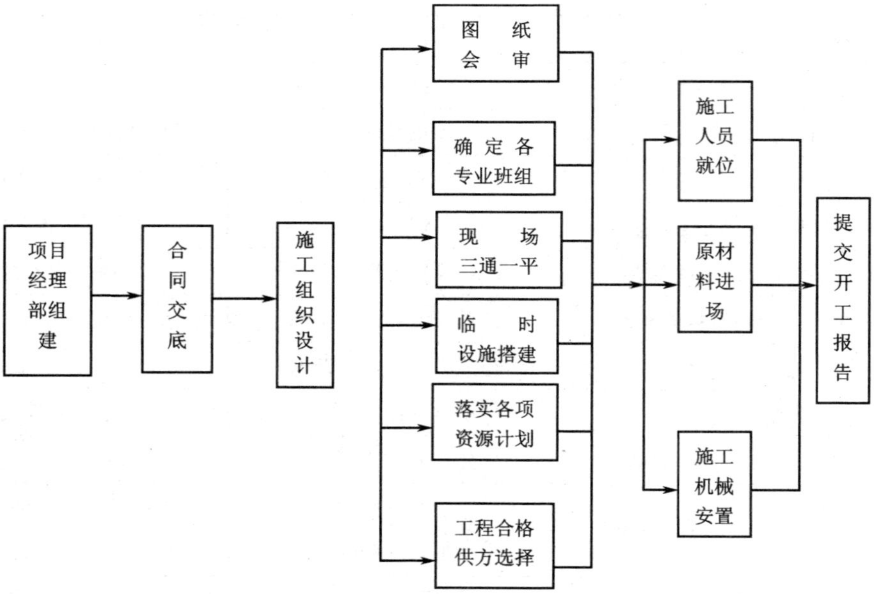

图 4.1　施工准备阶段流程图

4. 施工技术准备

施工技术是确保本工程顺利实施、实现工程施工目标的基础，主要包括以下内容。

1）技术人员配备、培训准备

（1）技术管理人员（项目工程师、施工员、专职质检员、专职安全员、专职试验员、专职资料员、材料员等）的配备必须按有关规定进行岗前培训，学习相关技术标准规程及技术文件、合同条款以实现项目目标，并持证上岗。

（2）施工技术人员应具有精深的专业技术知识、知识面广，同时具有较强的组织协调能力。

2）图纸会审、技术交底准备

工程开工前由项目技术负责人组织相关专业技术人员熟悉图纸，开展图纸自审工作，积极组织参加由业主组织的图纸会审，参加业主进行的设计交底。项目开工后由分公司对项目进行书面技术交底，对工程复杂结构、关键工序、特殊过程编写有针对性的施工方案、作业指导书，做好充分的技术准备。

3）施工规范、标准、规程的准备

施工规范、标准、规程的准备见国家、行业、地方法律法规。

4）实施方案制定

根据工程投标方案，结合工程的特点，编制指导现场施工的操作性强的施工组织设计，并按公司有关规定程序进行审核、批准后再报监理和业主审批。同时根据本工程特殊性工序，如定位放线、大体积混凝土、地下室防裂抗渗、屋面、门窗、厨卫间防水工程、钢筋机械连接、外墙保温施工等特殊过程、关键工序编制相应的特殊过程施工方案及作业指导书，并报施工、监理、业主审批后实施。

5. 施工现场准备

施工现场准备主要包括施工现场平面布置和临时设施、临时道路布置，现场给、排水及临时用电布置。

6. 外围批件、证件、手续办理准备

(1)配合业主有关管理规定及时做好现场出入证和职工上岗证的办理工作。

(2)及时到有关部门缴纳民工工资支付保障金，办理民工工资支付保障金缴纳证明书，并办理民工劳动计酬手册。

(3)配合业主办理施工许可证、质量报监等各项开工手续。

(4)及时向政府相关部门申请办理项目安全施工许可证、临时劳动用工证、职工劳动保险、意外工伤保险等手续。

(5)及时与工程所在地市容、工商、交通、环卫、派出所等单位、部门联系，办理相关手续。

7. 施工机械准备

砌筑前，必须按施工组织设计要求组织垂直和水平运输机械、砂浆搅拌机械进场、安装、调试等工作。同时，还要准备脚手架、砌筑工具(如皮数杆、托线板)等。

8. 现场通信、监控装置及计算机管理

(1)现场办公室配备一定数量程控电话，保证内外联系。

(2)塔吊作业及楼层间施工采用对讲机联系和指挥。

(3)项目部施工、劳动力、材料、机械设备、施工技术及计划调整、来往文书等均用计算机管理。

(4)在塔式起重机上安装监控设备，实时监控现场操作层的情况。

9. 其他施工准备

(1)现场配备小轿车和卡车，以方便工程施工业务和施工物资运输。

(2)由公司劳动人事安全部门组织，对项目管理人员进行上岗、工程施工前的培训与教育工作。

(3)确定工程管理网络，明确具体责任人。

(4)制订好施工进度计划、机械投入使用计划、周转材料投入计划等。

(5)由公司劳资部按施工计划组织施工所需劳务，劳务队伍均是参加过本公司优质工程施工的作业班组，特种作业人员均需持证上岗。对于危险作业人员，及时办理相关保险手续。

(6)工程开工前由项目预算员编制好工程预算，根据工程预算书来编制主要材料进场计划、劳动力各工种各阶段进场计划、主要施工机械进场计划等。认真进行钢筋、模板、预埋件的翻样，有关钢筋的配料单，模板图的配制，大样图的绘制等工艺工作。

10. 砖的准备

用于清水墙、柱表面的砖，应边角整齐、色泽均匀。砖应有出厂合格证明。砖的品种、强度等级必须符合设计要求，同时应符合相关质量要求。

11. *砌筑砂浆的准备*

做好配制砂浆的材料准备和砂浆的拌制工作。

12. *砌块施工准备*

砌块一般以天然材料或工业废料为原料制作。由于其尺寸较普通砖大,施工速度大大提高,减轻了工人的劳动强度,提高了生产率,是墙体改革的重要途径。

砌块分为小型砌块、中型砌块、大型砌块。中大型砌块是采用各种吊装机械及夹具将砌块安装在设计位置,一般要按建筑物的平面尺寸及预先设计的砌块排列图逐块按次序吊装、就位、固定。小型砌块砌筑方式与传统的砖砌体砌筑工艺相似,但在形状、构造上有一定的差异。

1)砌块施工排列图的编制

Ⅰ. 编制依据

砌块在吊装前应先绘制砌块排列图,以纵横立面图、剖面图中墙体尺寸为依据进行编排。砌块排列图按每片纵横墙分别绘制,如图 4.2 所示。其绘制方法是:①用 1∶50 或 1∶30 的比例绘制出纵横墙的立面图;②将过梁、平板、大梁、楼梯、混凝土垫块等在图上标出,再将水盘、管道等孔洞标出;③在纵墙和横墙上按砌块高度画出水平灰缝线;④按砌块错缝搭接的构造要求和竖缝的大小进行排列。

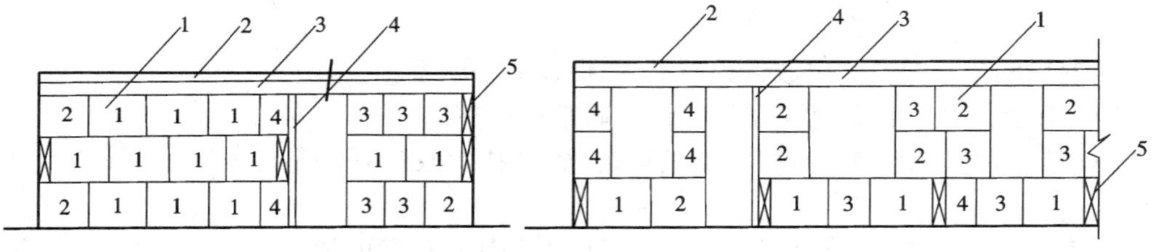

图 4.2　混凝土空心砌块排列图

(a)内横墙　(b)纵墙

1—空心砌块顺砌;2—楼板;3—圈梁;4—立柱;5—空心砌块顶砌

Ⅱ. 编制原则

砌块排列应遵守下列技术要求:①尽量以主规格砌块为主,各种副规格型号砌块为辅,在图上编号,以减少吊装次数,提高台班产量;②由于砌块体积较大,不能像烧结砖那样随意砍断使用,所以绘制砌块排列图时,凡遇到两墙垂直交接、墙上有预留洞以及建筑物的墙角处都应按模数处理。对于空心砌块的排列,最好使上下皮砌块孔洞的壁、肋垂直对齐,以提高砌体的强度。绘制砌块排列图应考虑增强砌体的稳定性,外墙转角处必须相互搭砌,上下皮必须排列错缝。尽量考虑不镶砖或少镶砖。需要镶砖时,应尽量对称分散布置,使墙体受力均匀,还应尽量避免在砖与砌块混合砌体的层高中部水平地整条镶砖。在砌块排列时应以窗下皮为准,还应注意墙体的大小以及门窗过梁、楼梯和其他构件在墙体中的位置,便于合理使用砌块。

砌块搭接、补强措施:①上下皮砌块错缝搭接长度一般为砌块长度的 1/2,不得小于砌块高度的 1/3,也不应小于 150 mm,以保证砌块牢固搭接;②如果上下皮砌块错缝搭接长度不足时，应在水平灰缝内设置2ϕ4的钢筋网片予以加强，网片两端离该垂直缝的距离不得小于300 mm，如图4.3所示；③外墙转角处及纵横墙交接处应用砌块相互搭接，如图4.4所示；④如纵横墙不能互相搭接，则每两皮砌块应设置一道钢筋网片，如图4.5所示；⑤砌块中水平灰缝厚度应为10～20 mm，当水平灰缝有配筋或柔性拉结条时，其灰缝厚度应为20～25 mm；⑥竖缝的宽度为15～20 mm，当竖缝宽度大于30 mm时，应用强度等级不低于C20的细石混凝土填实，当竖缝宽度大于或等于150 mm或楼层高不是砌块加灰缝的整数倍时，都要用黏土砖镶砌，如图4.6所示。

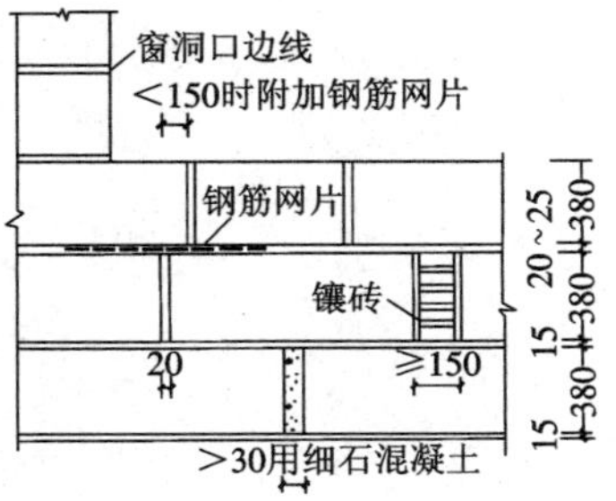

图4.3　砌块水平灰缝拉接措施

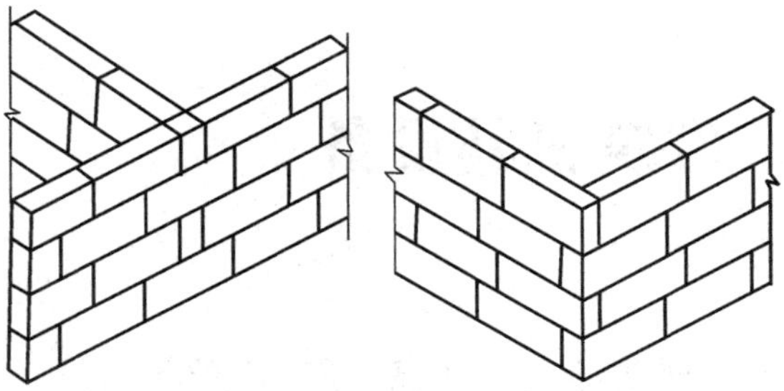

图4.4　砌块搭接

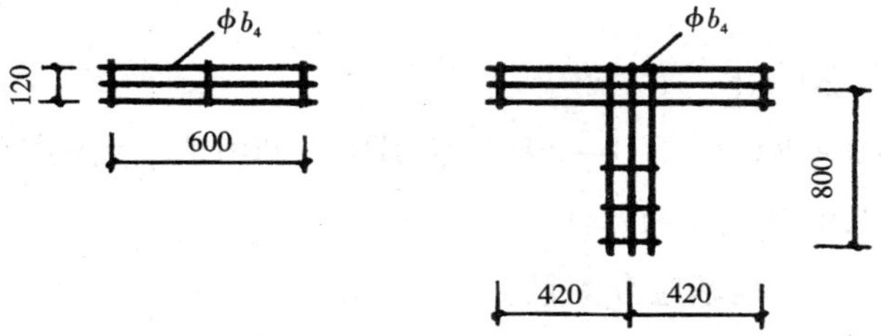

图4.5　钢筋网片

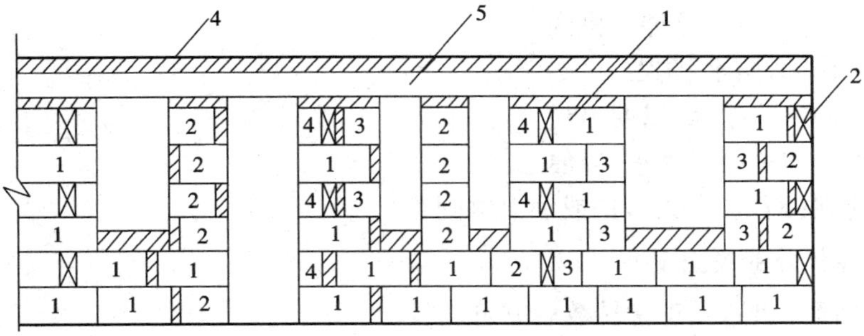

图4.6　某工程粉煤灰砌块排列图

1—顺砌砌块；2—顶砌砌块；3—过梁；4—镶砖；5—圈梁

2）砌块的准备

砌块在吊装前应浇水润湿。夏季在酷热、干燥和多风的条件下，必须严格掌握砌块的润湿程度,以保证砌体质量。冬季施工时,不可浇水润湿砌块,可在砂浆中加入一定的氯盐来提高砂浆的早期强度和降低砂浆的冰点。雨季施工时,在砌块堆垛上面宜用油布或芦席等遮盖,尽量使砌块保持干燥。凡淋在雨中、浸在水中的砌块一般不宜立即使用。

3)施工现场的准备

砌块堆放位置最好在机械起吊范围内,应使场内运输路线最短,以减少两次搬运;砌块的规格、数量必须配套,不同类型分别堆放。堆置场地平整夯实,有一定泄水坡度,必要时开挖排水沟。砌块不宜直接堆放在地面上,应堆在草袋、煤渣热层或其他垫层上,以免砌块底面沾污。砌块的水平运输可用专用砖块小车、普通平板车等。

2 砌筑机具设备

2.1 砂浆制备设备(灰浆搅拌机)

1. 灰浆搅拌机的分类

规格:0.2 m^3和0.325 m^3。

型号:倾翻料式HJ-200型、HJ1-200A型、HJ1-200B型,活门式HJ-325型。

2. 灰浆搅拌机使用的注意事项

(1)安装应平稳、牢固、地基应夯实且平整。

(2)检查电气设备。

(3)先空转一分钟,检查是否正常。

(4)料口需安防护钢筋网片。

(5)运转时,不得将机具伸入机内。

(6)搭设工作棚,防水、防雷。

(7)有轮子的要垫起来,以便出料。

(8)上料平台与进料口水平,以便上料。

(9)注意清理(断电、专人看护或锁上电闸箱)。

3. 灰浆搅拌机作业安全要点

(1)必须待搅拌机达到正常转数后方可加料。

(2)加入搅拌筒内的工料应符合要求,并且不可超过规定容量。

(3)严防块状硬物和金属丝、网、绳索等物进入搅拌筒,以免损坏叶片。

(4)搅拌机转动时,不准用手或木棒等物伸进搅拌筒内清理筒口的灰浆、材料。

(5)出灰浆时,必须使用摇手柄,不准用手扳转搅拌筒。

(6)机械开动时,禁止进行任何修理作业。

(7)作业中如遇故障或停电时,应立即断开电源并将灰浆倒出。

(8)随时观察各部件工作是否正常,若有异常,应立即停车检修。

4. 灰浆输送作业安全要点

(1)机械启动待运输正常后,才能向泵内放砂浆,灰浆泵需连续运转。短时间不用灰浆时,应打开回浆阀使灰浆在泵体内循环运行;如停机时间较长,应每隔 3 ~5 min 泵送一次,使灰浆在管道和泵体内流动,以防凝结、阻塞。

(2)随时注意压力表指示,如超过规定压力时,应立即查明原因、排除故障。

(3)应注意检查球阀、阀座和挤压管的磨损情况,如发现漏浆应停止输送,停机检查修复或更换后,方可继续作业。

(4)因故障停机时,应打开泄浆阀使压力下降,然后排除故障。灰浆泵压力未降到零时,不得拆卸空气室、压力安全阀和管道。

(5)在机器运转中,禁止进行任何调整与保养工作。

2.2　垂直运输设备

1. 井字架

井字架(图 4.7)为多层建筑施工垂直运输设备,一般用钢管、型钢制作,规格如表 4.2 所示,常与吊篮、天梁、卷扬机形成垂直运输系统。

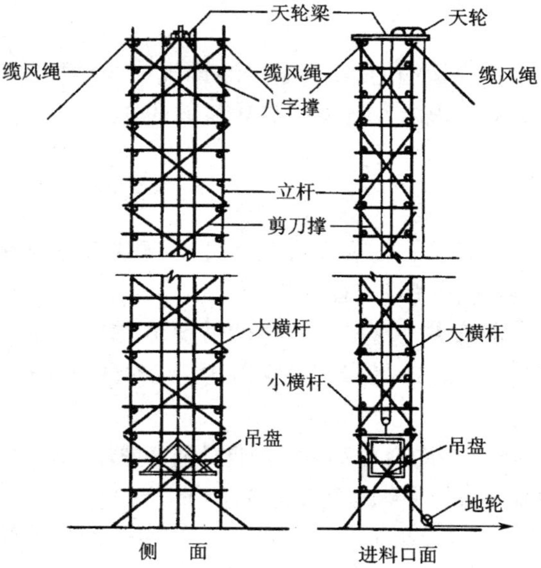

图 4.7　井字架

表4.2　井字架规格

规格	四柱	六柱	八柱
起吊能力	0.5 t	1.0 t	1.0 t
井孔尺寸	1.9 m×1.9 m	3.6 m×1.3 m	3.8 m×1.7 m

1)缆风绳

井架缆风绳设置要求:高 15 m 以下一道,15 m 以上每 10 m 增设一道,每道 4 根,水平角为 30°~45°,使用 7~9 mm 钢丝绳或 ϕ8 筋。

2)井字架使用注意事项

(1)基础要埋在一定厚度的底板内,底板中预埋螺栓应当与井字架底盘牢固连接。

(2)其顶部、中部应设数道缆风绳,以保稳定。

(3)顶部应设避雷针。

2. 龙门架

龙门架是以地面卷扬机为动力,由两根立杆与天轮梁(横梁)构成门式架体的提升机,吊篮(吊笼)在两立柱中间沿轨道作垂直运动,立杆是用角钢或用 ϕ200 ~ ϕ250 的钢管制作。龙门架设有滑轮、导轨、吊篮、安全装置以及起重索、缆风绳等。

3. 卷扬机

卷扬机是井字架和龙门架上升下降吊篮的动力装置,按其运转速度分为快速卷扬机(钢丝绳的牵引速度为 25 ~ 50 m/min)和慢速卷扬机(钢丝绳牵引速度为 7 ~ 13 m/min)。

4. 施工电梯

电梯的设置原则:满足垂直运输的需要,满足装饰施工与结构施工穿插进行的高峰运输。施工电梯尽量靠近建筑物,同时电梯基础不妨碍建筑物的施工。

5. 塔吊

塔吊具有水平及垂直运输功能。

从土方开挖阶段配备使用塔吊,在现场人工清理基槽时,充分利用塔吊调运土方,可提高施工效率,减少施工时间,避免天气对工程的影响。

平面布置原则:在塔吊能够完全覆盖建筑物的情况下,臂展也应当覆盖大部分加工场地;塔吊基础不应当妨碍建筑物施工,塔吊应利于安装拆除;塔身应在建筑物合适的距离内,满足附墙的搭设。

当工程建筑物高度超出塔吊的自由高度,由于安全考虑塔吊需要附着墙体,根据 QTZ 160(6024/6518)型塔吊的附墙要求,塔身距离墙为 3 ~ 6 m。

塔吊基础持力层应满足 $f_{ak}\geqslant 220$ kPa。为防止雨水冲刷,塔吊基础上标高不低于地下室底板下标高。

为避免雨水造成的塔吊基础积水,塔吊基础上表面设置自动排水潜水泵,同时塔吊基础设置容纳潜水泵的 0.5 m×0.5 m 的积水坑。

塔吊具有以下特点：

(1)起重高度空间大，工作空间大；

(2)有固定式、行走式、附着式、自爬式四种；

(3)可按起重量(Q)、自塔吊中心至安装点最大半径(R)、安装点离地面高度(H)自行选用适合类型。

塔吊型号，如 QTZ40(4208)的含义：

QTZ——自升式塔式起重机；

40——公称起重力力矩为 400 kN · m；

42——臂长 42 m；

08——在臂端 42 m 处起重量为 0.8 t。

塔吊“十不吊”：

①被吊物重量超过力学性能允许范围内不吊；

②指挥信号不明、重量不明、光线暗淡不吊；

③被吊物上站人或工作面浮置活动物不吊；

④结构或零部件影响安全工作的缺陷或损伤时，埋在地下的物体不拔不吊；

⑤斜拉斜牵物、散物捆扎不牢不吊；

⑥吊索和附件捆绑不牢或不平衡可能引起吊物滑动时不吊；

⑦行车吊挂重物直接进行加工时不吊；

⑧氧气瓶、乙炔发生器等具有爆炸性物品不吊；

⑨机械安全装置失灵或带病时不准吊；

⑩天气恶劣、六级以上强风不准吊。

3　砌筑操作工艺

3.1　砌筑操作基本术语

砌筑工程一般是指砌筑砂浆与各种砌块的组砌物，即应用砌筑砂浆，采用一定的工艺方法将普通黏土砖、硅酸盐类砖、石块和各种砌块砌筑成为各种砌体。

砌筑工程施工是一个传统施工项目，施工过程具有就地取材、不需要大型施工机械、以手工操作为主等特点。

砌筑工程常见的基本术语如下。

(1)混水墙：指墙体砌成之后，墙面需进行装饰处理才能满足使用要求的墙体。

(2)清水墙：指表面墙面不加其他覆盖装饰面层，只作勾缝处理，保持砖本身质地的一种做法。

混水墙和清水墙两种砌体施工工艺方法相近,但清水墙的技术要求及质量要求比较高。

(3)包心砌法:砖柱采用先砌四周后填心的砌法,里外皮砖层互不相咬,形成周围通天缝的不良砌法。

(4)通缝:上下层砖的搭砌长度小于或等于 25 mm 时,称为通缝。

(5)螺丝墙:由组砌层数不一致造成,又叫做"打楔子"。螺丝墙问题出现在内外墙交接处将无法处理,会造成大量返工。其原因是升线时左右不一致或标高测定出现错误。防治办法是认真做好抄平弹线工作,立皮数杆挂线砌筑,升线时左右相互通知并统一层数。

(6)百格网:检查块材底面砂浆的黏结痕迹面积(即水平灰缝饱满度)的工具。

3.2 砖砌体的组砌形式

3.2.1 砖砌体砌筑的技术要求

1. *砖砌墙体组砌形式*

砖墙根据其厚度不同,可采用全顺、二平一侧、全丁、一顺一丁、梅花丁或三顺一丁的砌筑形式,如图 4.8 所示。

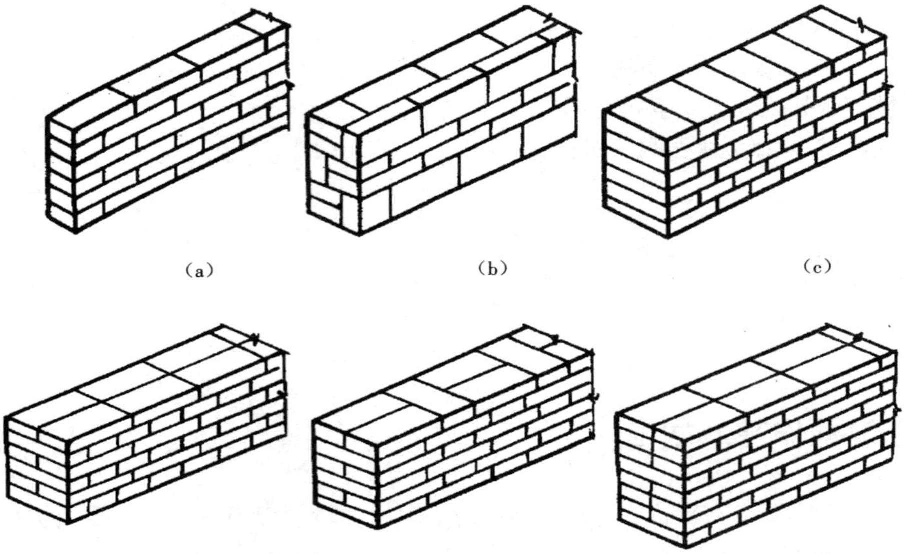

(a) (b) (c)

(d) (e) (f)

图 4.8 砖墙组砌形式

(a)全顺 (b)二平一侧 (c)全丁 (d)一顺一丁 (e)梅花丁 (f)三顺一丁

(1)全顺是指各皮砖均匀顺砌,上下皮垂直灰缝相互错开 1/2 砖长(120 mm),适合砌半砖墙。

(2)二平一侧是指两皮顺砖与一皮侧砖相间,上下皮垂直灰缝相互错开 1/4 砖长(60 mm)

以上，适合砌 3/4 砖墙。

(3)全丁是指把各皮砖均匀丁砌，上下皮垂直灰缝相互错开 1/4 砖长，适合砌一砖墙。

(4)一顺一丁是指一皮顺砖与一皮丁砖相间，上下皮垂直灰缝相互错开 1/4 砖长，适合砌一砖及一砖以上墙。

(5)梅花丁是指同皮中顺砖与丁砖相间，上下皮垂直灰缝相互错开 1/4 砖长，适合砌一砖及一砖以上墙。

(6)三顺一丁是指三皮顺砖与一皮丁砖相间，顺砖与顺砖上下皮垂直灰缝相互错开 1/2 砖长，顺砖与丁砖上下皮垂直灰缝相互错开 1/4 砖长，适合砌一砖及一砖以上墙。

一砖厚承重墙的每层墙的最上一皮砖、砖墙的阶台水平面上及挑出层，应整砖丁砌；砖墙的转角处、交接处，为错缝需要加砌配砖。

图 4.9 所示是一砖厚墙一顺一丁转角处分皮砌法，配砖为 3/4 砖，位于墙外角。图 4.10 所示是一砖厚墙一顺一丁交接处分皮砌法，配砖为 3/4 砖，位于墙交接处外面，仅在丁砌层设置。

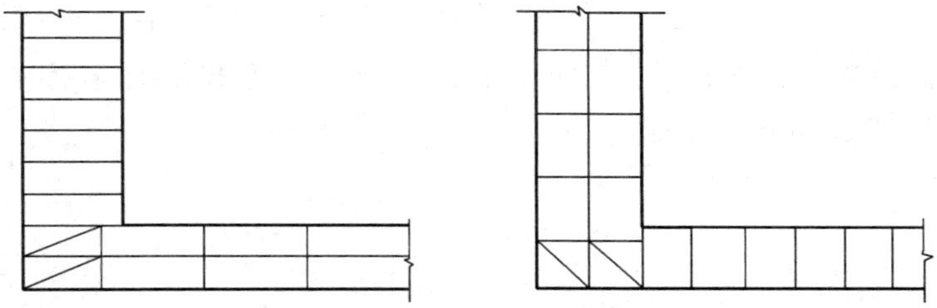

图 4.9　一砖厚墙一顺一丁转角处分皮砌法

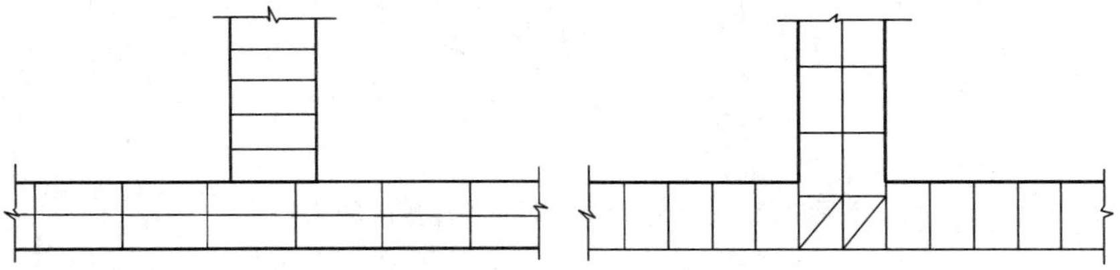

图 4.10　一砖厚墙一顺一丁交接处分皮砌法

2. 砖基础的砌筑

砖基础的下部为大放脚、上部为基础墙，大放脚有等高式和间隔式两种。等高式大放脚是每砌两皮砖，两边各收进 1/4 砖长(60 mm)；间隔式大放脚是每砌两皮砖及一皮砖，轮流两边各收进 1/4 砖长(60 mm)，最下面应为两皮砖，如图 4.11 所示。

砖基础大放脚一般采用一顺一丁砌筑形式，即一皮顺砖与一皮丁砖相间，上下皮垂直灰缝相互错开 60 mm。砖基础的转角处和交接处，为错缝需要应加砌配砖(3/4 砖、半砖或 1/4 砖)。砖基础的水平灰缝和垂直灰缝宽度宜为 10 mm。水平灰缝的砂浆饱满度不得小于 80%。砖基础底部标高不同时，应从低处砌起，并应由高处向低处搭砌。当设计无要求时，搭

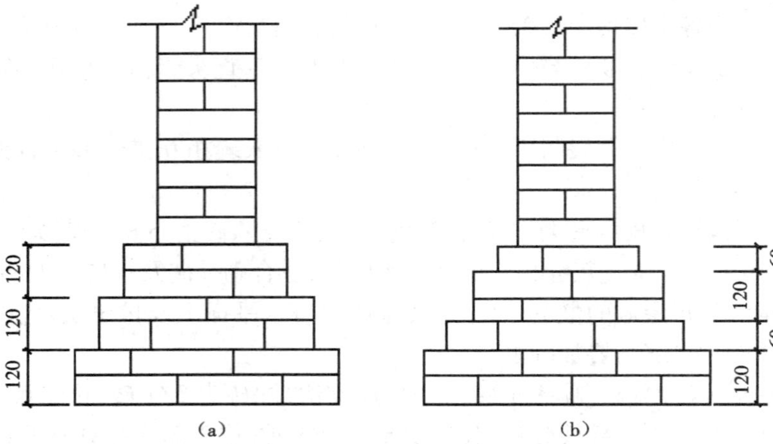

图 4.11　砖基础大放脚形式

(a)等高式　(b)间隔式

砌长度不应小于砖基础大放脚的高度,如图 4.12 所示。砖基础的转角处和交接处应同时砌筑,当不能同时砌筑时,应留置斜槎。

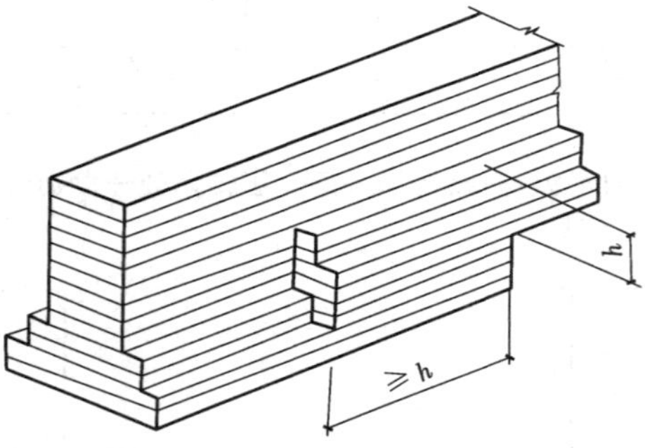

图 4.12　基底标高不同时,砖基础的搭接

基础墙的防潮层,当设计无具体要求,宜用 1:2水泥砂浆加适量防水剂铺设,其厚度宜为 20 mm。防潮层位置宜在室内地面标高以下一皮砖处。

3.2.2　砖砌墙体的技术要求

在砌砖前一日应将砖堆浇水湿润,以免在砌筑时干砖吸收砂浆中大量的水分,使砂浆流动性降低、砌筑困难,并影响砂浆的黏结力和强度。也不能将砖浇得过湿,否则砖不能吸收砂浆中的多余水分,会影响砂浆的密实性、强度和黏结力,同时还会产生堕灰和砖块滑动现象,使墙面不洁净,灰缝不平直。要求普通黏土砖、空心砖含水率为 10% ~15%。施工中可将砖砍断,看其断面四周的吸水深度,达 10 ~20 mm 即认为合适。灰砂砖、粉煤灰砖含水率宜为 5% ~8%。应尽量不在脚手架上浇水,如砌筑时砖块干燥、操作困难,可用喷壶适当补充浇水。

砌筑基础前,应先检查垫层施工是否符合质量要求,然后清扫垫层。用钢尺校核放线尺寸,其允许偏差应符合表 4.3 的规定。

表 4.3 放线尺寸允许偏差

长度 L(或宽度 B)/m	允许偏差/mm	长度 L(或宽度 B)/m	允许偏差/mm
L(或 B)≤30	±5	60 < L(或 B)≤90	±15
30 < L(或 B)≤60	±10	L(或 B) >90	±20

砌筑宜采用"三一"砌筑法,即"一铲灰、一块砖、一揉压"的砌筑方法。当采用铺浆法砌筑时,铺浆长度不得超过 0.75 m;施工期间气温超过 30 ℃时,铺浆长度不得超过 0.5 m。在砖砌体转角处和交接处应设置皮数杆,皮数杆上标明砖皮数、灰缝厚度以及竖向构造的变化部位。皮数杆间距不应大于 15 m,在相对两皮数杆上砖上边线处拉准线。水平灰缝厚度和垂直灰缝宽度宜为(10 ±2)mm。砖墙的水平灰缝砂浆饱满度不得小于 80%,垂直灰缝宜采用挤浆或加浆方法,不得出现透明缝、瞎缝和假缝。在墙上留置临时施工洞口,其侧边离交接处墙面不应小于 500 mm,洞口净宽度不应超过 1 m。临时施工洞口应做好补砌。

不得在下列墙体或部位设置脚手眼:①半砖厚墙;②过梁上与过梁成 60°角的三角形范围及过梁净跨度 1/2 的高度范围内;③宽度小于 1 m 的窗间墙;④墙体门窗洞口两侧 200 mm 和转角处 450 mm 范围内;⑤梁或梁垫下及其左右 500 mm 范围内;⑥设计不允许设置脚手眼的部位。施工脚手眼补砌时,灰缝应填满砂浆,不得用干砖填塞。设计要求的洞口、管道、沟槽应于砌筑时正确留出或预埋,未经设计同意,不得打凿墙体和墙体上开凿水平沟槽。宽度超过 300 mm 的洞口上部,应设置过梁。

砖墙工作段的分段位置,宜设在变形缝、构造柱或门窗洞口处;相邻工作段的砌筑高度不得超过一个楼层高度,也不宜大于 4 m。砖墙每日砌筑高度不得超过 1.5 m。

3.2.3 砖柱砌筑的要求

砖柱应选用整砖砌筑。砖柱断面宜为方形或矩形,最小断面尺寸为 240 mm×365 mm。砖柱砌筑应保证砖柱外表面上下皮垂直灰缝相互错开 1/4 砖长,砖柱内部少通缝,为错缝需要应加砌配砖,不得采用包心砌法。图 4.13 所示是几种断面的砖柱分皮砌法。砖柱的水平灰缝厚度和垂直灰缝宽度宜为(10 ±2)mm。砖柱水平灰缝的砂浆饱满度不得小于 80%。

成排同断面砖柱,宜先砌成两端的砖柱,以此为准,拉维线砌中间砖柱,这样可保证各砖柱皮数相同,水平灰缝厚度相同。砖柱中不得留脚手眼,砖柱每日砌筑高度不得超过 1.5 m。

4.2.4 砖垛砌筑的要求

砖垛应与所附砖墙同时砌起。砖垛最小断面尺寸为 120 mm×240 mm。砖垛应隔皮与砖墙搭砌,搭砌长度应不小于 1/4 砖长。砖垛外表面上下皮垂直灰缝应相互错开 1/2 砖长,砖垛内部应尽量少通缝,为错缝需要应加砌配砖。图 4.14 所示是一砖半厚墙附 120 mm×490 mm

砖垛和附 240 mm×365 mm 砖垛的分皮砌法。

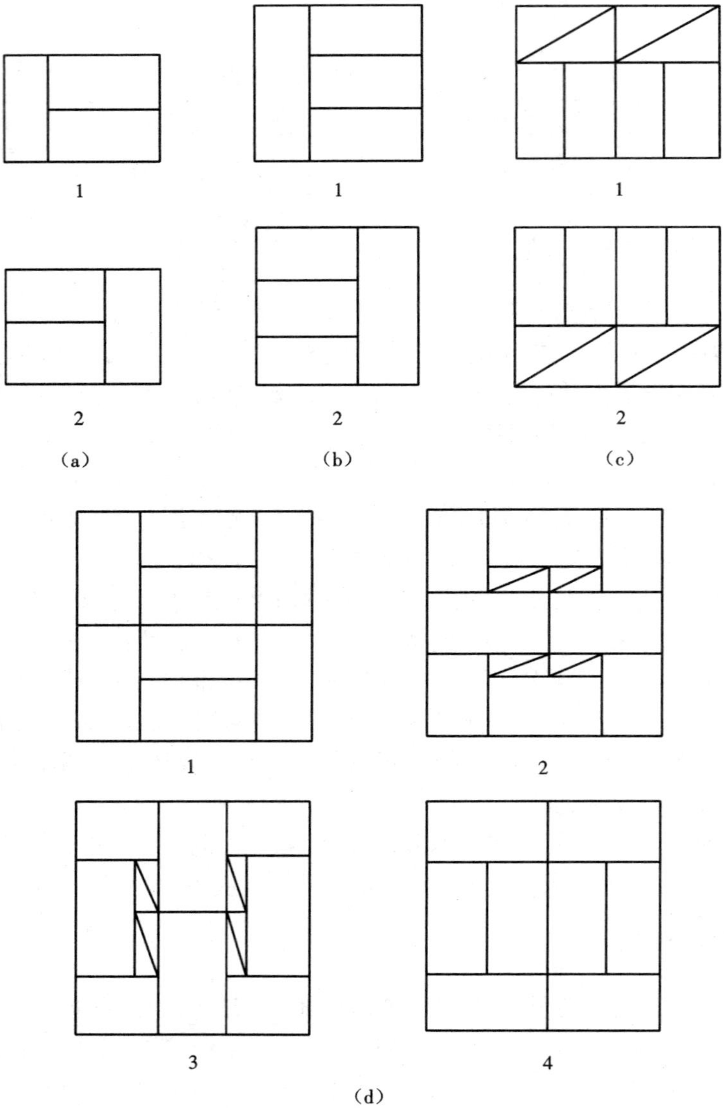

图 4.13　不同断面砖柱分皮砌法

(a)240 mm×365 mm　(b)365 mm×365 mm

(c)365 mm×490 mm　(d)490 mm×490 mm

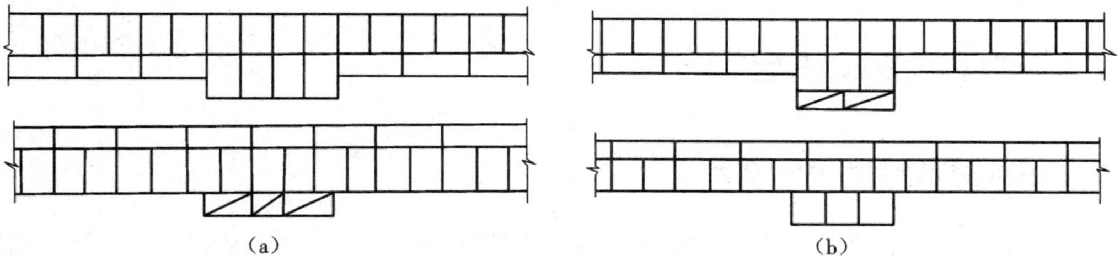

图4.14　砖垛分皮砌法

(a)120 mm×490 mm　(b)240 mm×365 mm

3.3　砌筑用工具

3.3.1　砌筑常用工具

(1)台灵架:用于起吊和安装砌块。

(2)夹具:夹取砌块进行安装和就位,分为单块夹和多块夹。

3.3.2　小型工具

砌筑常用小型工具有:瓦刀(以前用于白灰条砌筑)、小线、大铲、刨锛、拖线板、线坠、卷尺、皮数杆、墨斗(包括墨汁)、红蓝铅(包括小刀)、水准仪、大尺(50 m)、灰车、灰斗、砌筑脚手架、铁锹、砂浆搅拌机(搅拌机)、物料提升机(卷扬机、龙门架)、卸料钢板(卸料灰槽),如图4.15所示。

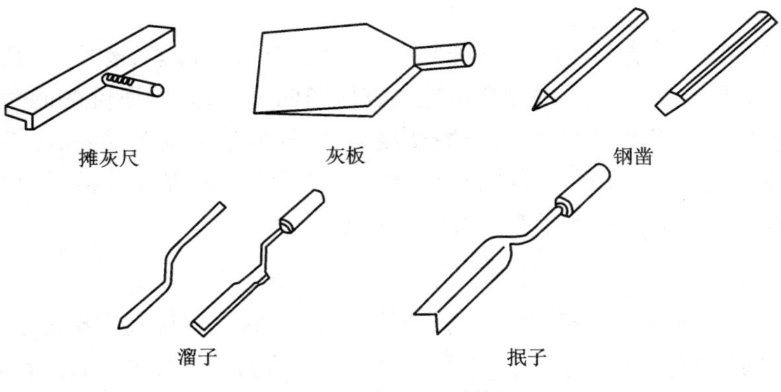

图4.15　砌筑常用小型工具

3.4 砖砌墙体施工工艺

3.4.1 砖砌墙体施工工艺分类

砖砌墙体施工工艺可分为抄平、放线、摆砖、立皮数杆、盘角、挂线、砌砖、勾缝及检查砌体等。

1. 抄平

砌墙前应在基础防潮层或楼面上定出各层标高，并用 M7.5 水泥砂浆或 C10 细石混凝土找平，使各段砖墙底部标高符合设计要求。找平时，需使上下两层外墙之间不致出现明显的接缝。

2. 放线

根据龙门板上给定的轴线及图纸上标注的墙体尺寸，在基础顶面上用墨线弹出墙的轴线和宽度线，并分出门洞位置线。二层以上墙的轴线可用经纬仪或垂球将轴线引上，并弹出各墙的宽度线，划出门洞位置线。

3. 摆砖

在放好线的基面上按选定的组砌方式用干砖试摆。一般在房屋外纵墙方向摆顺砖，在山墙方向摆丁砖，由一个大角摆到另一个大角，砖与砖留 10 mm 缝隙。摆砖的目的是为了校对所弹出的墨线在门窗洞口、附墙垛等处是否符合砖的模数，以尽可能减少砍砖，并使砌体灰缝均匀、组砌得当。

4. 立皮数杆

皮数杆是指在其上划有每皮砖和砖缝厚度以及门窗洞口、过梁、楼板、梁底、预埋件等标高位置的一种木制标杆。砌筑时用皮数杆可控制砌体竖向尺寸，同时还可保证砌体的垂直度。

皮数杆一般立于房屋的四大角、内外墙交接处、楼梯间以及洞口多的地方，每隔10 ~ 15 m立一根。皮数杆的设立，应由两个方向斜撑或锚钉加以固定，以保证其牢固和垂直。一般每次开始砌砖前应检查一遍皮数杆的垂直度和牢固程度。

5. 砌砖

一般宜用“三一”砌砖法。砌砖时，先挂通线，按所排的干砖位置把第一皮砖砌好，然后盘角，每次盘角不得超过六皮砖。在盘角过程中应用托线板检查墙角垂直度、平整度及砖层灰缝位置，符合皮数杆标志要求时，即可在墙角安装皮数杆，挂线砌第二皮砖。砌筑过程中应三皮一吊，五皮一靠，把砌筑误差消灭在操作过程中，以保证墙面的垂直度和平整度。砌一砖半厚以上的砖墙必须双面挂线。

6. 清理

当该层砖砌体施工完毕后，应及时清理墙面、柱面和落地灰。

3.4.2　砖砌墙体质量要求

1. 烧结普通砖砌体质量要求

烧结普通砖砌体的质量分为合格与不合格两个等级。烧结普通砖砌体质量合格应达到以下规定：主控项目应全部符合规定；一般项目应有 80% 及以上的抽检处符合规定，或偏差值在允许偏差范围以内。达不到上述规定，则为质量不合格。

1）烧结普通砖砌体的主控项目

（1）砖和砂浆的强度等级必须符合设计要求。

抽检数量：每一生产厂家的砖运到现场后，按烧结普通砖每 15 万块为一验收批，抽检数量为一组；砂浆试块每一检验批且不超过 250 m^3 砌体的各种类型及强度等级的砌筑砂浆，每台搅拌机应至少抽检一次。

检验方法：查砖和砂浆试块试验报告。

（2）砌体水平灰缝的砂浆饱满度不得小于 80%。

抽检数量：每检验批抽查不应少于五处。

检验方法：用百格网检查砖底面与砂浆的黏结痕迹面积；每处检测三块砖，取其平均值。

（3）砖砌体的转角处和交接处应同时砌筑，严禁无可靠措施的内外墙分砌施工。对不能同时砌筑而又必须留置的临时间断处应砌成斜槎，斜槎水平投影长度不应小于高度的 2/3，如图 4.16 所示。

抽检数量：每一检验批抽 20% 接槎，且不应少于五处。

检验方法：观察检查。

（4）非抗震设防及抗震设防烈度为 6 度、7 度地区的临时间断处，当不能留斜槎时，除转角处外，可留直槎，但直槎必须做成凸槎。留直槎处应加设拉结钢筋，拉结钢筋的数量为每 120 mm 墙厚放置 1ϕ6 拉结钢筋（120 mm 厚墙放置 2ϕ6 拉结钢筋），间距沿墙高不应超过 500 mm；埋入长度从留槎处算起每边均不应小于 500 mm，对抗震设防烈度 6 度、7 度的地区，不应小于 1 000 mm；末端应有 90°弯钩，如图 4.17 所示。

抽检数量：每一检验批抽 20% 接槎，且不应少于五处。

检验方法：观察和尺量检查。

（5）普通砖砌体的位置及垂直度的允许偏差应符合表 4.5 的规定。

抽检数量：轴线查全部承重墙柱；外墙垂直度全高查阳角，不应少于四处，每层每 20 m 查一处；内墙按有代表性的自然间抽 10%，但不应少于三间，每间不应少于两处，柱不少于五根。

检验方法：参见表 4.4。

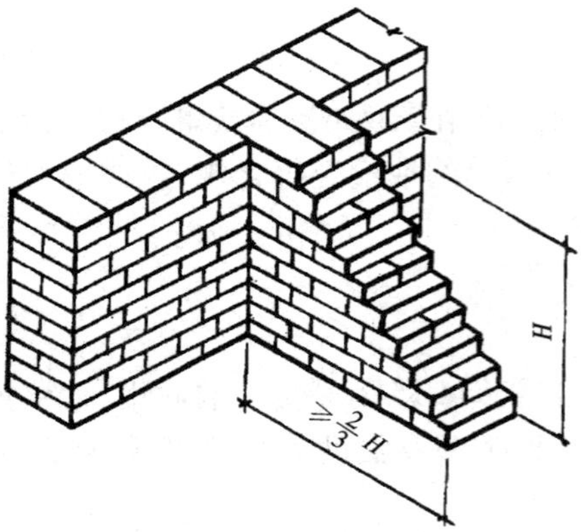

图 4.16 烧结普通砖砌体斜槎

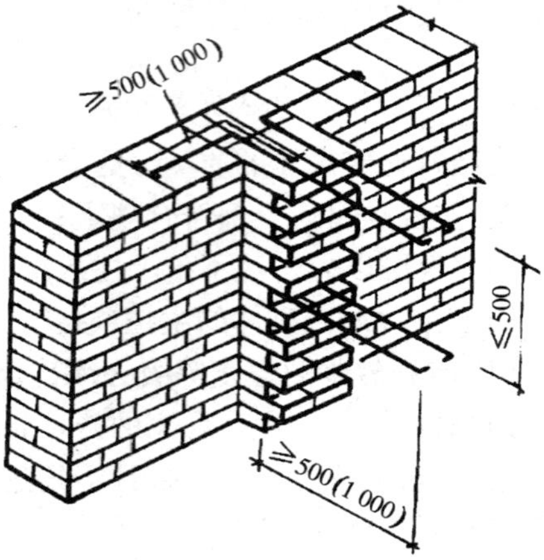

图 4.17 烧结普通砖直槎

表 4.4 普通砖砌体的位置及垂直度允许偏差

<table>
<tr><th>项次</th><th colspan="3">项目</th><th>允许偏差/mm</th><th>检验方法</th></tr>
<tr><td>1</td><td colspan="3">轴线位置偏移</td><td>10</td><td>用经纬仪和尺检查或用其他测量仪器检查</td></tr>
<tr><td rowspan="3">2</td><td rowspan="3">垂直度</td><td colspan="2">每层</td><td>5</td><td>用 2 m 托线板检查</td></tr>
<tr><td rowspan="2">全高/m</td><td>≤10</td><td>10</td><td rowspan="2">用经纬仪、吊线和尺检查或用其他测量仪器检查</td></tr>
<tr><td>>10</td><td>20</td></tr>
</table>

2)烧结普通砖砌体一般项目

(1)砖砌体组砌方法应正确,上下错缝,内外搭砌,砖柱不得采用包心砌法。外墙每 20 m 抽查一处,每处3 ~5 m,且不应少于三处;内墙按有代表性的自然间抽 10%,且不应少于三间。检查方法为观察检查。合格标准为除符合本条要求外,清水墙、窗间墙无通缝;混水墙中长度大于或等于 300 mm 的通缝每间不超过三处,且不得位于同一面墙体上。

(2)砖砌体的灰缝应横平竖直、厚薄均匀,水平灰缝厚度为 10 mm,但不应小于 8 mm,也不应大于 12 mm。抽检数量为每步脚手架施工的砌体,每 20 m 抽查一处。检验方法为用尺量 10 皮砖砌体高度折算。

(3)普通砖砌体的一般尺寸允许偏差应符合表 4.5 的规定。

表 4.5 普通砖砌体一般尺寸允许偏差

项次	项目	允许偏差/mm	检验方法	抽检数量
1	基础顶面和楼面标高	±15	用水平仪和尺检查	不应少于五处

续表

项次	项目		允许偏差/mm	检验方法	抽检数量
2	表面平整度	清水墙、柱	5	用2 m靠尺和楔形塞尺检查	有代表性自然间10%，但不应少于三间，每间不应少于两处
		混水墙、柱	8		
3	门窗洞口高、宽(后塞口)		±5	用尺检查	检验批洞口的10%，且不应少于五处
4	外墙上下窗口偏移		20	以底层窗口为准，用经纬仪或吊线检查	检验批的10%，且不应少于五处
5	水平灰缝平直度	清水墙	7	拉10 m线和尺检查	有代表性自然间10%，但不应少于三间，每间不应少于两处
		混水墙	10		
6	清水墙游丁走缝		20	吊线和尺检查，以每层第一皮砖为准	有代表性自然间10%，但不应少于三间，每间不应少于两处

3)烧结多孔砖砌体

砌筑清水墙的多孔砖，应边角整齐、色泽均匀。在常温状态下，多孔砖应提前1～2 d浇水湿润。砌筑时砖的含水率宜控制在10%～15%。

对抗震设防地区的多孔砖墙应采用“三一”砌砖法砌筑；对非抗震设防地区的多孔砖墙可采用铺浆法砌筑，铺浆长度不得超过750 mm；当施工期间最高气温高于30 ℃时，铺浆长度不得超过500 mm。

方形多孔砖一般采用全顺砌法，多孔砖中手抓孔应平行于墙面，上下皮垂直灰缝相互错开半砖长；矩形多孔砖宜采用一顺一丁或梅花丁的砌筑形式，上下皮垂直灰缝相互错开1/4砖长，如图4.18所示。

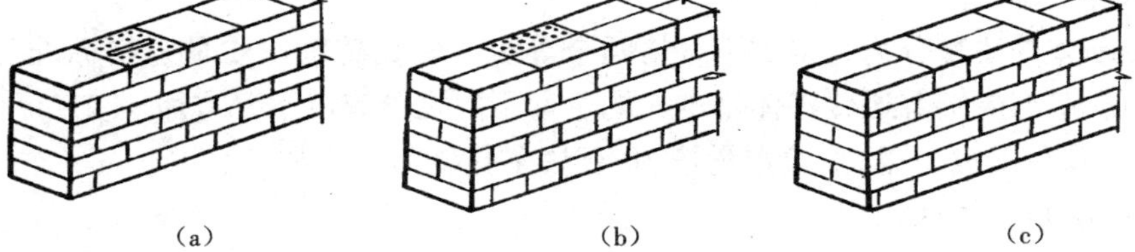

(a)　　(b)　　(c)

图4.18　多孔砖墙砌筑形式

(a)全顺(方形砖)　(b)一顺一丁(矩形砖)　(c)梅花丁(矩形丁)

方形多孔砖墙的转角处，应加砌配砖(半砖)，配砖位于砖墙外角处(图4.19)。方形多孔砖的交接处，应隔皮加砌配砖(半砖)，配砖位于砖墙交接处外侧，如图4.20所示。矩形多孔砖墙的转角处和交接处砌法同烧结普通砖墙转角处和交接处相应砌法。

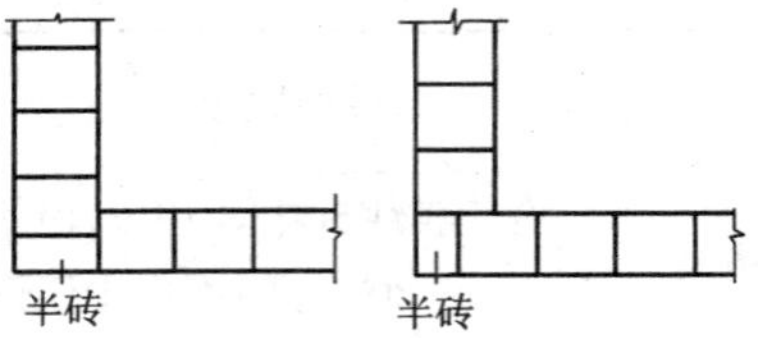

图 4.19　方形多孔砖墙转角处砌法

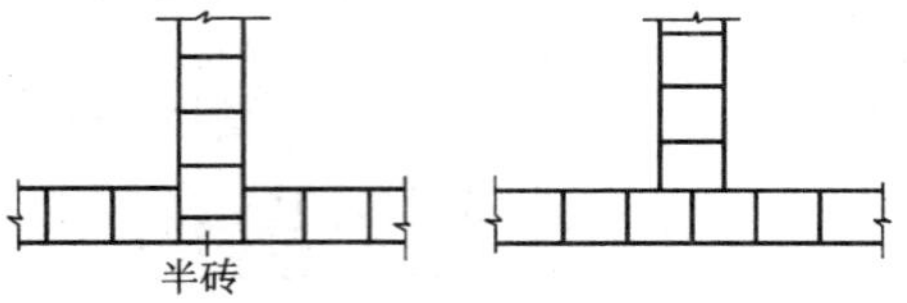

图 4.20　方形多孔砖墙交接处砌法

多孔砖墙的灰缝应横平竖直。水平灰缝厚度和垂直灰缝宽度宜为(10±2)mm。多孔砖墙灰缝砂浆应饱满,水平灰缝的砂浆饱满度不得低于80%,垂直灰缝宜采用加浆填灌方法,使其砂浆饱满。

除设置构造柱的部位外,多孔砖墙的转角处和交接处应同时砌筑,对不能同时砌筑又必须留置的临时间断处,应砌成槎,如图 4.21 所示。

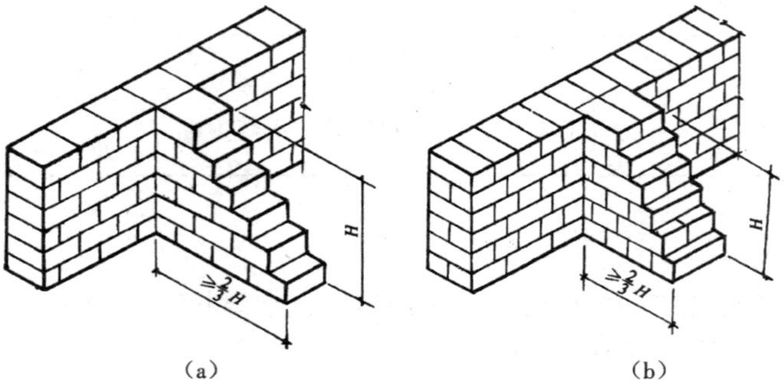

图 4.21　多孔砖墙留置斜槎

(a)方形砖　(b)矩形砖

施工中需在多孔砖墙中留设临时洞口,其侧边离交接处的墙面不应小于 0.5 m;洞口顶部宜设置钢筋砖过梁或钢筋混凝土过梁。

多孔砖墙中留设脚手眼的规定同烧结普通砖墙中留设脚手眼的规定。多孔砖墙每日砌筑高度不得超过 1.5 m。

多孔砖砌体的质量分为合格和不合格两个等级。多孔砖砌体质量合格标准及主控项目、一般项目的规定与烧结普通砖砌体基本相同。其不同之处有以下几方面。

(1)主控项目的第一条,抽检数量按 10 万块多孔砖为一验收批。

(2)主控项目的第四条取消。

(3)一般项目第三条,砖砌体一般尺寸允许偏差表(表 4.5)中增加水平灰缝厚度(10 皮砖累计数)一个项目,允许偏差为 ±8 mm;检验方法为与皮数杆比较,用尺检查。

4)烧结空心砖砌体

砌筑空心砖墙时,砖应提前 1~2 d 浇水湿润,砌筑时砖的含水率宜为 10%~15%。空心砖墙应侧砌,其孔洞呈水平方向,上下皮垂直灰缝相互错开 1/2 砖长。空心砖墙底部宜砌三皮烧结普通砖,如图 4.22 所示。

空心砖墙与烧结普通砖墙交接处,应以普通砖墙引出不小于 240 mm 长与空心砖墙相接,并与隔两皮空心砖高在交接处的水平灰缝中设置 2ϕ6 钢筋作为拉结筋,拉结钢筋在空心砖墙中的长度不小于空心砖长加 240 mm,如图 4.23 所示。

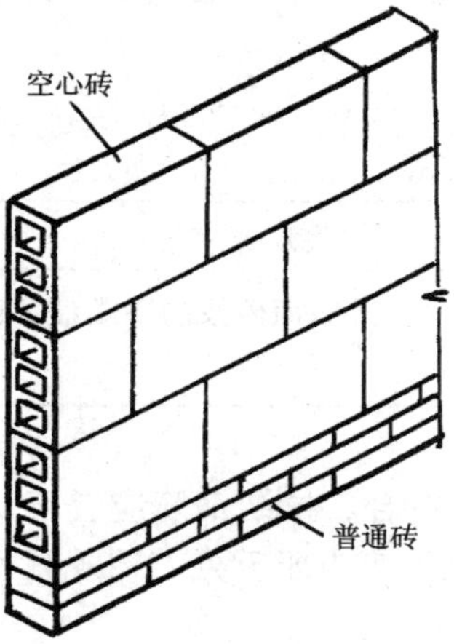

图 4.22　空心砖墙图

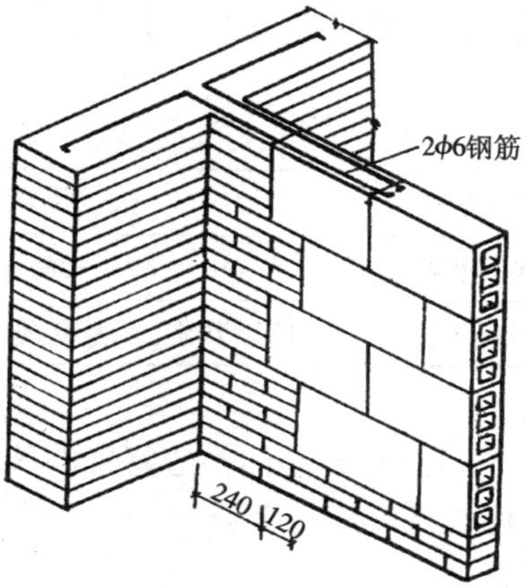

图 4.23　空心砖墙与普通砖墙交接处

空心砖墙的转角处,应用烧结普通砖砌筑,砌筑长度角边不小于 240 mm。空心砖墙砌筑不得留置斜槎或直槎,中途停歇时,应将墙顶砌平。在转角处和交接处,空心砖与普通砖应同时砌起。空心砖墙中不得留置脚手眼,不得对空心砖进行砍凿。

空心砖砌体的质量分为合格和不合格两个等级。空心砖砌体质量合格应符合以下规定:

(1)主控项目全部符合规定;

(2)一般应有 80% 及以上的抽检处符合规定或偏差值在允许偏差范围以内。

5)空心砖砌体主控项目

砖和砌筑砂浆的强度等级应符合设计要求。检验时应检查砖的产品合格证书、产品性能检测报告和砂浆试块试验报告。抽检数量按 10 万块空心砖为一验收批。

(1)空心砖砌体一般尺寸的允许偏差应符合表 4.6 的规定。

表 4.6　空心砖砌体一般尺寸允许偏差

项次	项　目		允许偏差/mm	检验方法
1	轴线位移		10	用尺检查
	垂直度	小于或等于 3 m	5	用 2 m 托线板或吊线、尺检查
		大于 3 m	10	
2	表面平整度		8	用 2 m 靠尺和楔形塞尺检查
3	门窗洞口高、宽(后塞口)		±5	用尺检查
4	外墙上、下窗口偏移		20	用经纬仪或吊线检查

抽检时对表中1、2项，在检验批的标准间中随机抽查10%，但不应少于三间，大面积房间和楼道按两个轴线或每10延长米按一标准间计数，每间检验不应少于三处；对表中3、4项，在检验批中抽查10%，且不应少于五处。

(2)空心砖砌体的砂浆饱满度及检验方法应符合表4.7的规定。抽检数量为每步架子不少于三处，且每处不应少于三块。

表4.7　空心砖砌体的砂浆饱满度及检验方法

灰缝	饱满度及要求	检验方法
水平灰缝	≤80%	用百格网检查砖底面砂浆的黏结痕迹面积
垂直灰缝	填满砂浆，不得有透明缝、瞎缝、假缝	

(3)空心砖砌体构造留置的拉结钢筋的位置应与砖皮数相符合。拉结钢筋应置于灰缝中，埋置长度应符合设计要求。抽检时在检验批中抽检20%，且不应少于五处。用观察检验和尺量检查。

(4)空心砖砌筑时应错缝搭砌，搭砌长度宜为空心砖长的1/2，但不应小于空心砖长的1/3。抽检数量为在检验批的标准间中抽查10%，且不应少于三间。检验方法为用尺量五皮空心砖的高度和2 m砌体长度折算。

(5)空心砖墙砌至接近梁、板底时应留一定空隙，待空心砖砌筑完并应至少间隔14 d后，再将其补砌挤紧。抽检数量为每验收批抽10%墙片(每两柱间的空心砖墙为一墙片)，且不应少于三片墙。检验时用观察检查。

实训练习

某住宅建筑，建筑层高为3.0 m，以240 mm×115 mm×90 mm标准多孔砖砌筑。其中，楼面采用现浇板厚度为120 mm，现浇板与承重墙体的现浇圈梁整体浇筑。圈梁设计截面高度为240 mm，底层地圈梁已完成，其面标高为-0.02 m，楼地面装饰层预留40 mm厚面层，门窗洞口高度为2 700 mm，试确定底层墙和二层标准层墙体的砌筑高度和组砌层(皮)数。

1. 施工设计及参数

板面坐浆层厚:20 mm

现浇板厚:120 mm

圈梁高度:240 mm

楼地面层厚度:40 mm

每砌10层砖累计按100~102 cm控制

2. 墙体高度及墙顶标高的计算

底层混凝土与砂浆坐浆高度：$h_1=20+240=260$ mm

砌筑高度：$h_2=3\ 000-40-h_1=2\ 700$ mm

圈梁顶高度：$H_1=3\ 000-40=2\ 960$ mm（圈梁底标高为 +2 720 mm）

标准层混凝土与砂浆高度：$h_1=260$ mm

砌筑高度：$h_2=3\ 000-260=2\ 740$ mm

圈梁顶高度：$H_2=3\ 000-40=2\ 960$ mm

3. 确定砌筑高度及组砌层数

1）底层

需要砌筑标高：$H_1=+2\ 720$ mm

砌筑高度：$h_2=2\ 700$ m

组砌层数：$n=2\ 700\div100=27$ 层

27×100 mm $=2\ 700$ mm（正好负 20 mm）

确定砌筑 27 层砖，按 10 层累计 1 000 mm 控制

2）标准层（二层）

混凝土与砂浆坐浆高度：$h_1=20+240=260$ mm

圈梁顶标高：$H_2=6\ 000-40=5\ 960$ mm（圈梁底标高 5 720 mm）

需要砌筑高度：$h_2=3\ 000-20-240=2\ 740$ mm

组砌层数：$n=2\ 740\div980=28$ 层

28×100 mm $=2\ 740$ mm（正好负 0 mm）

确定砌筑 28 层砖，按每 10 层累计 98 mm 控制。

根据上述的计算结果，因组砌模数的原因，墙顶标高在大于或小于理论要求标高 20 mm 以内，可以通过调整墙体上部 1 m 高左右的砌体灰缝（增加或减少 2 mm 大小）消除此误差值，保证墙顶面标高满足要求。如果计算结果的负差值大于 20 mm 时，可以在不改变圈梁标高及钢筋位置的前提下，在浇筑圈梁时直接用混凝土填充。

支圈梁模板时，因施工安排使圈梁面标高比理论标高降低了毫米，如圈梁经过洞口处的底标高与之发生矛盾，则应首先保证洞口尺寸的要求并保证圈梁表面标高不变。本工程圈梁在洞口处正好负 20 mm，降低圈梁经过洞口处的底标高正好可以达到目的。

砌筑高度的控制，除立皮数杆拉线外，应随砌筑进度用水平仪在砌高超过 500 mm 的墙面上抄平弹水平标高控制线，提供给操作人员使用，且尽可能两面弹线。此线可作为墙体砌筑高度、门窗洞口标高控制、门窗安装、模板安装、构件安装的标高控制线，也可作为装饰阶段标高控制线。该线通常按楼层建筑标高为起点，做 +50 cm 水平线（也可按结构标高），应认真做好，特别是水平仪转点时，应尽可能利用原始引测点，防止因多点转移引测而造成误差或错误。

思考题

1. 砖砌体在转角处和交接处留设临时间断处时有什么构造要求？
2. 为什么要规定砖墙的每日砌筑高度？
3. 砌块的排列根据什么原则？砌块的运输和堆放应注意什么？
4. 施工技术准备工作包括哪些内容？
5. 砖砌墙体有哪些组砌方式？
6. 砌筑中墙体的组砌方法有哪些？接槎有哪些要求？
7. 各类砌体结构的施工工艺流程与砌筑要点是什么？

第 5 章　填充墙砌筑施工

【单元概述】

本章主要讲述填充墙的砌筑材料、填充墙的构造要求、填充墙的砌筑工具与机具、填充墙砌筑注意事项、填充墙的施工质量控制与施工安全。

【学习目标】

掌握砖填充墙、轻骨料混凝土砌块和蒸压加气混凝土砌块填充墙的砌筑工艺、质量要求和安全注意事项；能组织房屋建筑填充墙施工。

1　填充墙的砌筑材料

填充墙常用的砌筑材料有多孔砖、空心砖、粉煤灰砌块、混凝土空心砌块等。

1.1　多孔砖填充墙的砌筑材料

孔洞率不小于25%、孔的尺寸小而数量多、主要用于承重部位的砖简称多孔砖。烧结多孔砖是指经焙烧而成的多孔砖，烧结多孔砖按主要原料不同可分为黏土多孔砖、页岩多孔砖、煤矸石多孔砖和粉煤灰多孔砖。

(1)砖的外形为直角六面体，其长度、宽度、高度尺寸应符合：290 mm、240 mm、190 mm、180 mm、175 mm、140 mm、115 mm、90 mm。砖孔形状有矩形长条孔、圆孔等多种。孔洞要求：孔径小(直径不大于22 mm)、孔数多、孔洞方向垂直于承压面，烧结多孔空心砖如图5.1 所示。

(2)根据抗压强度分为 MU30、MU25、MU20、MU15、MU10 五个强度等级。

(3)强度和抗风化性能合格的砖，根据尺寸偏差、外观质量、孔形及孔洞排列、泛霜和石灰爆裂分为优等品(A)、一等品(B)、合格品(C)三个质量等级。

1.2　砌块填充墙的砌筑材料

砌块是指砌筑用的人造块材，外形多为直角六面体，也有各种异型块材。砌块系列中主规

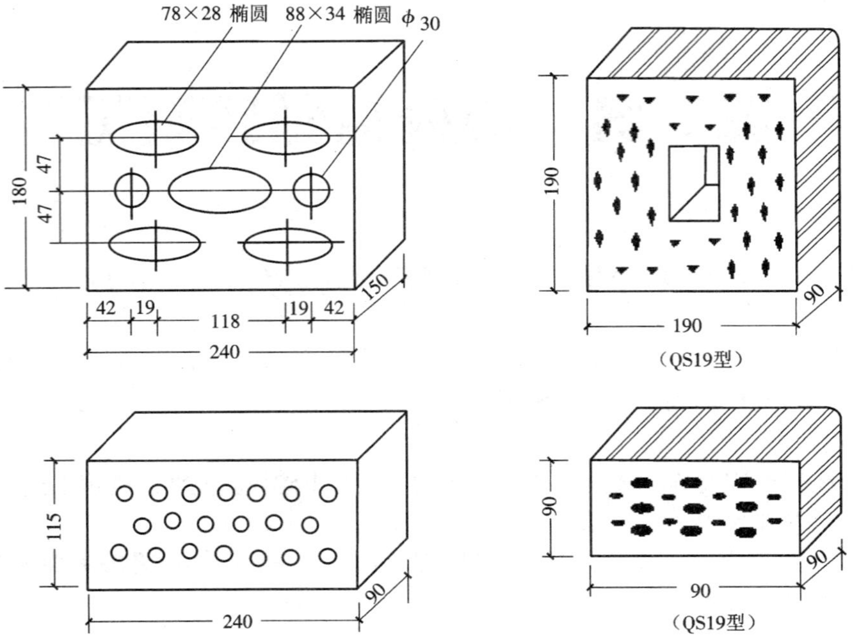

图 5.1　不同规格烧结多孔空心砖

格的长度、宽度或高度有一项或一项以上分别大于 365 mm、240 mm 或 155 mm。但高度不大于长度或宽度的六倍，长度不超过高度的三倍。根据尺寸的不同，砌块又分为小型砌块、中型砌块和大型砌块。

(1)小型砌块，砌块系列中主规格高度大于 155 mm 而又小于 380 mm 的砌块，简称小砌块。

(2)中型砌块，最大尺寸为 1 200 mm，高 800 mm，厚度分别为 180 mm、240 mm、370 mm、490 mm 的砌块。

(3)大型砌块，大于中型砌块规格尺寸的砌块。

小型砌块按其所用材料不同，有普通混凝土小型空心砌块、粉煤灰小型空心砌块、蒸压加气混凝土砌块、轻骨料混凝土小型空心砌块、粉煤灰实心砌块等。

1.2.1　普通混凝土小型空心砌块

普通混凝土小型空心砌块(图 5.2)以水泥、砂、碎石(或卵石)、水等为原料预制而成。普通混凝土小型空心砌块主规格尺寸为 390 mm × 190 mm × 190 mm，有两个方形孔，最小外壁厚度应不小于 30 mm，最小肋厚应不小于 25 mm，空心率应不小于 25%。

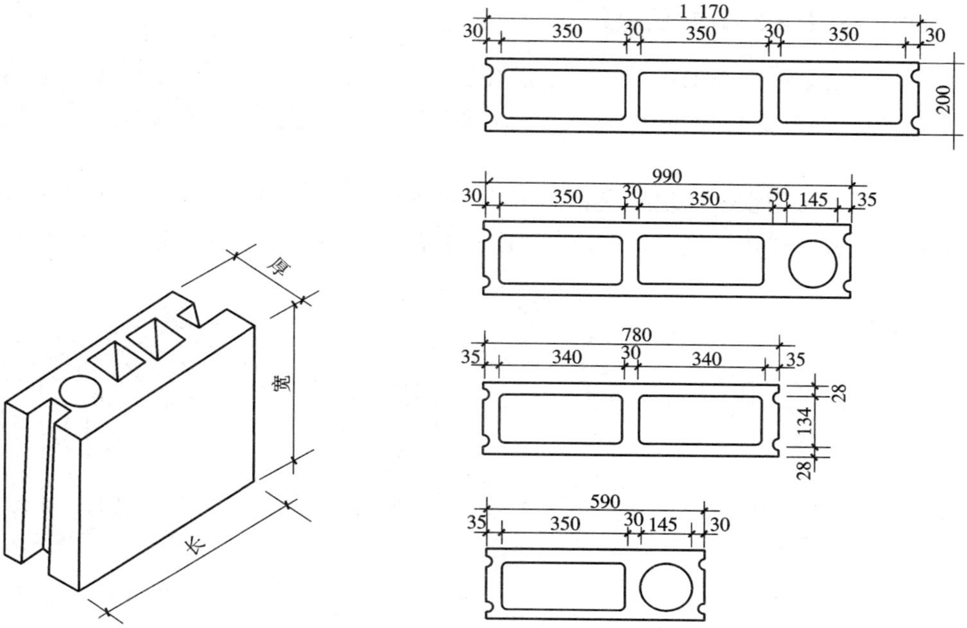

(a)　　　　　　　　(b)

图 5.2　中小型混凝土空心砌块

(a)混凝土空心砌块　(b)中小型混凝土空心砌块尺寸图

1.2.2　粉煤灰小型空心砌块

粉煤灰小型空心砌块是利用石灰、石膏作为胶结料，利用煤渣或煤灰陶粒作为骨料，按比例混合处理，经过振捣成型、静停、蒸养或高压蒸汽养护而成的一种墙体材料。

按用途分粉煤灰小型空心砌块可分为承重砌块（强度等级 7.5 及以上）和非承重砌块（强度等级 7.5 以下）两种 。

按级别分产品可分为优等品、一等品和合格品。

1.2.3　蒸压加气混凝土砌块

蒸压加气混凝土砌块是在钙质材料（如水泥、石灰）和硅质材料（如砂子、粉煤灰、矿渣）的配料中加入铝粉作加气剂，经加水搅拌、浇注成型、发气膨胀、预养切割，再经高压蒸汽养护而成的多孔硅酸盐砌块。

砌块按尺寸偏差与外观质量、干密度、抗压强度和抗冻性可分为优等品（A）、合格品（B）两个等级。

蒸压加气混凝土砌块的单位体积重量是黏土砖的三分之一，保温性能是黏土砖的 3 ~ 4 倍，隔音性能是黏土砖的两倍，抗渗性能是黏土砖的一倍以上，耐火性能是钢筋混凝土的 6 ~ 8 倍。砌块的砌体强度约为砌块自身强度的 80%（红砖为 30%）。

1.2.4 轻骨料混凝土小型空心砌块

轻骨料混凝土小型空心砌块(图5.3)以水泥、轻骨料、砂、水等为原料预制而成。砌块主规格尺寸为390 mm×190 mm×190 mm。按其孔的排数有单排孔、双排孔、三排孔和四排孔等四类。

轻骨料混凝土小型空心砌块按其密度分为500、600、700、800、900、1 000、1 200、1 400八个密度等级。空心砌块按尺寸偏差、外观质量分为优等品、一等品和合格品。

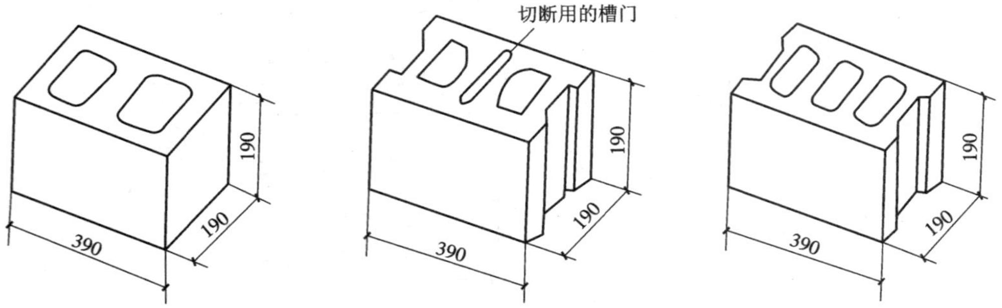

图5.3 轻骨料混凝土小型空心砌块

1.2.5 粉煤灰实心砌块

粉煤灰实心砌块(图5.4)是以粉煤灰、石灰、石膏和骨料等为原料,加水搅拌、振动成型、蒸汽养护制成的。粉煤灰实心砌块的主要规格尺寸为880 mm×380 mm×240 mm、880 mm×430 mm×240 mm,砌块端面留灌浆槽。粉煤灰砌块按其抗压强度分为MU10、MU13两个强度等级。

粉煤灰砌块按其外观质量、尺寸偏差和干缩性能分为一等品和合格品两个等级。

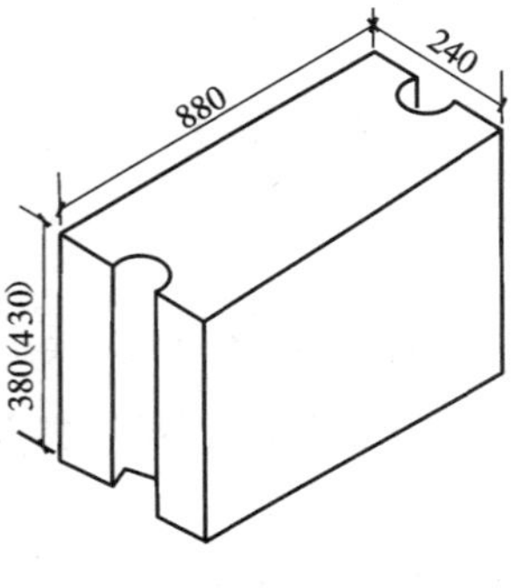

图5.4 粉煤灰实心砌块

1.3 填充墙的砌筑砂浆

砌筑砂浆是砌体的重要组成部分。它将砖、石、砌块等黏结成为整体,并起传递荷载的作用。

1.3.1 砌筑砂浆的分类

砂浆按组成材料不同可分为水泥砂浆、混合砂浆和非水泥砂浆三类。

水泥砂浆是由水泥、细骨料和水配制的砂浆。水泥砂浆具有较高的强度和耐久性,但保水性差,多用于高强度和潮湿环境的砌体中。

混合砂浆是由水泥、细骨料、掺加料(石灰膏、粉煤灰、黏土等)和水配制的砂浆,如水泥石灰砂浆、水泥黏土砂浆等。水泥混合砂浆具有一定的强度和耐久性,且和易性和保水性好,多用于一般墙体中。

1.3.2 砌筑砂浆的组成材料

1. 水泥

一般根据砂浆用途、所处环境条件选择水泥的品种。砌筑砂浆宜采用砌筑水泥、普通水泥、矿渣水泥、火山灰水泥和粉煤灰水泥。对用于混凝土小型空心砌块砌筑的砌筑砂浆,一般宜采用普通水泥或矿渣水泥。

砌筑砂浆所用水泥的强度等级,应根据设计要求进行选择。水泥砂浆不宜采用强度等级大于32.5级的水泥;水泥混合砂浆不宜采用强度等级大于42.5级的水泥。如果水泥强度等级过高,则应加入掺混材料,以改善水泥砂浆的和易性。

2. 砂

砌筑砂浆用砂一般选用中砂,毛石砌体宜选用粗砂。对于纯水泥砂浆和强度等级不小于M5的水泥混合砂浆,砂中的含泥量不宜超过5%;对于强度等级小于M5的水泥混合砂浆,砂中的含泥量不应超过10%。

3. 掺加料与外加剂

为改善砂浆的和易性,减少水泥用量,砂浆中可加入无机材料(如石灰膏、黏土膏等)或外加剂。所用的石灰膏应充分熟化,熟化时间不得少于7 d;磨细生石灰粉的熟化时间不得少于2 d。沉淀池中贮存的石灰膏,应采取措施防止干燥、冻结和污染。严禁使用脱水硬化的石灰膏。所用的石灰膏的稠度应控制在120 mm左右。为节省水泥、石灰用量,还可在砂浆中掺入粉煤灰来改善砂浆的和易性。

砌筑砂浆中掺入砂浆外加剂是砌筑砂浆的发展方向。外加剂包括微沫剂、减水剂、早强剂、促凝剂、缓凝剂、防冻剂等,外加剂的掺量应严格按照使用说明书掺放。

4. 水

拌和砂浆用水与混凝土拌和水的要求相同,应选用无有害杂质的洁净水拌制砂浆。

1.3.3 砌筑砂浆的性质

砌筑砂浆应具有良好的和易性以及足够的强度、黏结强度和耐久性。

1. 和易性

和易性良好的砂浆便于操作，能在砖、石表面上铺成均匀的薄层，并能很好地与底层黏结。和易性良好的砂浆，既便于施工操作，提高劳动生产率，又能保证工程质量。砂浆和易性包括流动性和保水性两个方面。

1）流动性

砂浆的流动性也称为稠度，是指在自重或外力作用下流动的性能，用“沉入度”表示。沉入度越大，砂浆流动性越大。但流动性过大，硬化后强度将会降低；若流动性过小，则不便于施工操作。

砂浆流动性的大小与砌体材料种类、施工条件及气候条件等因素有关。对于多孔吸水的砌体材料和干热的天气，则要求砂浆的流动性大些；相反，对于密实不吸水的材料和湿冷的天气，则要求流动性小些。

2）保水性

新拌砂浆能够保持水分的能力称为保水性，用“分层度”表示。砂浆的分层度在 10 ~ 20 mm 为宜，不得大于 30 mm。分层度大于 30 mm 的砂浆，容易产生离析，不便于施工；分层度接近于零的砂浆，容易发生干缩裂缝。

2. 抗压强度

砂浆在砌体中主要起传递荷载的作用，并承受周围环境介质的作用，因此砂浆应具有一定的抗压强度。砂浆的强度等级是以边长为 70.7 mm 的立方体试块，在标准养护条件下（水泥混合砂浆温度为(20 ± 3) ℃，相对湿度为 60% ~ 80%；水泥砂浆温度为(20 ± 3) ℃，相对湿度为 90% 以上），用标准试验方法测得 28 d 龄期的抗压强度来确定的。

3. 黏结强度

砌筑砂浆必须有足够的黏结强度，以便将砖、石、砌块黏结成坚固的砌体。根据试验结果，凡保水性能优良的砂浆，黏结强度一般较好。砂浆强度等级越高，其黏结强度也越大。砂浆黏结强度与砖石表面清洁度、润湿情况及养护条件有关。砌砖前，砖要浇水湿润，其含水率控制在 10% ~ 15% 为宜。

4. 耐久性

对有耐久性要求的砌筑砂浆，经数次冻隔循环后，其质量损失率不得大于 5%，抗压强度损失率不得大于 25%。试验证明：砂浆的黏结强度、耐久性均随抗压强度的增大而提高，即它们之间有一定的相关性，而且抗压强度的试验方法较为成熟，测试较为简单且准确，所以工程上常以抗压强度作为砂浆的主要技术指标。

1.3.4 砂浆的制备

砂浆应按试配调整后确定的配合比进行计量配料。砂浆应采用机械拌和，其拌和时间自完成投料算起，水泥砂浆和水泥混合砂浆不得少于 2 min，水泥粉煤灰砂浆和掺用外加剂的砂浆不得少于 3 min，掺有机塑化剂的砂浆为 3 ~ 5 min。拌成后的砂浆，其稠度应符合表 5.1 规定；分层度不应大于 30 mm；颜色一致。砂浆拌成后应盛入贮灰器中，如砂浆出现泌水现象，应在砌筑前再次拌和。砂浆应随拌随用。拌制的砂浆应 3 h 内使用完毕；当施工期间气温超过 30 ℃必须在拌成后 2 h 内使用完毕。

表 5.1　砌筑砂浆的稠度

项次	砌体种类	砂浆稠度/mm
1	烧结普通砖砌体	70 ~ 90
2	轻骨料混凝土小型砌块砌体	60 ~ 90
3	烧结多孔砖、空心砖砌体	60 ~ 80
4	烧结普通砖平拱式过梁 空斗墙、筒拱 普通混凝土小型空心砌块砌体 加气混凝土砌块砌体	50 ~ 70
5	石砌体	30 ~ 50

2　填充墙的构造要求

2.1　砌块砌体的一般构造要求

砌块砌体应符合以下构造要求。

(1)砌块砌体应分皮错缝搭砌，上下皮搭砌长度应不小于 90 mm。当搭砌长度不满足要求时，应在水平灰缝内设置不少于 2 片的焊接钢筋网片，横向钢筋间距不宜大于 200 mm，网片每端均应超过该垂直缝，其长度不得小于 300 mm。

(2)砌块墙与后砌隔墙交接处，应沿墙高每 400 mm 在水平灰缝内设置不少于 2 片、横筋间距不大于 200 mm 的焊接钢筋网片。混凝土砌块墙体的灌孔要求在表 5.2 所列部位，应采用不低于 C20 灌孔混凝土将孔灌实。

表 5.2 砌块墙体灌孔要求 mm

灌孔位置	灌孔长度	灌孔高度	灌孔位置	灌孔长度	灌孔高度
纵横墙交接处	墙中心线每边≥300	墙身全高	屋架、梁支撑面下	≥600	≥600
格栅、檩条、楼板	支撑面下	≥200	挑梁支撑面下	墙中心每边≥300	≥600

(3)在砌体中留槽洞及埋设管道时,应遵守下列规定:①不应在截面长边小于 500 mm 的承重墙体、独立柱内埋设管线;②不宜在墙体中穿行暗线或预留、开凿沟槽,无法避免时应采取必要的措施或按削弱后的截面验算墙体的承载力,但允许在受力较小或未灌孔的砌块砌体和墙体的竖向孔洞中设置管线。

(4)夹心墙应符合下列规定:①混凝土砌块的强度等级不应低于 MU10;②夹心墙的夹层厚度不宜大于 100 mm;③夹心墙外叶墙的最大横向支撑间距不宜大于 9 m。

(5)跨度大于 6 m 的屋架及跨度大于 4.5 m 或 4.2 m(对砌块砌体)的梁,其支撑面下的砌体应设置钢筋混凝土垫块,当与圈梁相遇时,应与圈梁浇成整体。当 240 mm 厚砖墙承受 6 m 大梁、砌块墙和 180 mm 厚砖墙承受 4.5 m 大梁时,则应加设壁柱。跨度大于 9 m 的屋架、预制梁,其端部与砌体应采用锚固措施。

(6)预制钢筋混凝土板的支撑长度,在墙上不宜小于 100 mm,在圈梁上不宜小于 80 mm。预制钢筋混凝土梁在墙上的支撑长度不宜小于 240 mm。

(7)填充墙、隔墙应分别采取措施与周边构件可靠连接。

(8)山墙处的壁柱宜砌至山墙顶部,屋面构件应与山墙可靠拉结。

2.2 砌块墙的构造

2.2.1 砌块墙的拼接

由于砌块的体积比普通砖的体积大,所以墙体接缝显得更重要。在砌筑时,必须保证灰缝横平竖直、砂浆饱满,使砌块能更好地连接,如图 5.5、图 5.6 所示。一般砌块墙采用 M5 砂浆砌筑,水平缝为 10 ~15 mm,竖向缝为 15 ~20 mm。当竖向缝大于 40 mm 时,须用 C15 细石混凝土灌实。当砌块排列出现局部不齐或缺少某些特殊规格时,为减少砌块类型,常以普通黏土砖填充。

砌块墙上下错缝应大于 150 mm,当错缝不足 150 mm 时,应于灰缝中配置钢筋网片一道;砌块与砌块在转角、内外墙拼接处应以钢筋网片加固,如图 5.7 所示。

2.2.2 构造柱的设置

为了加强砌体房屋的整体性,空心砌体常于房屋的转角处、内外墙交接处设置构造柱或芯柱。芯柱是利用空心砌块的孔洞做成,砌筑时将砌块孔洞上下对齐,孔中插入 $2\phi10$ 或 $2\phi12$

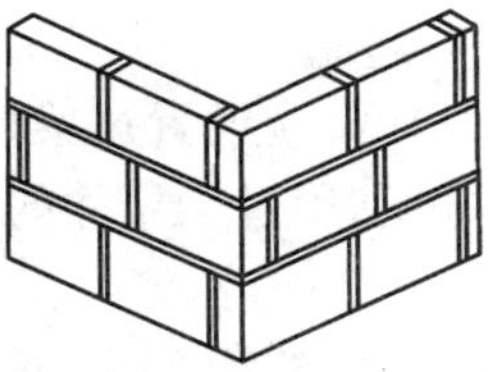

图 5.5　砌块墙转角搭砌

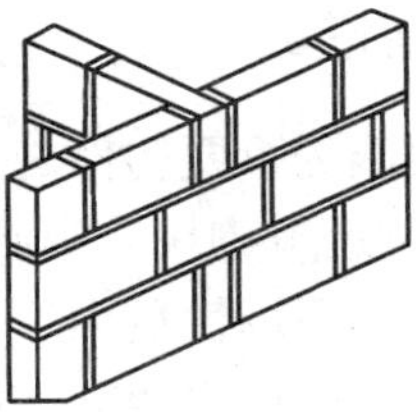

图 5.6　砌块墙内外墙搭砌

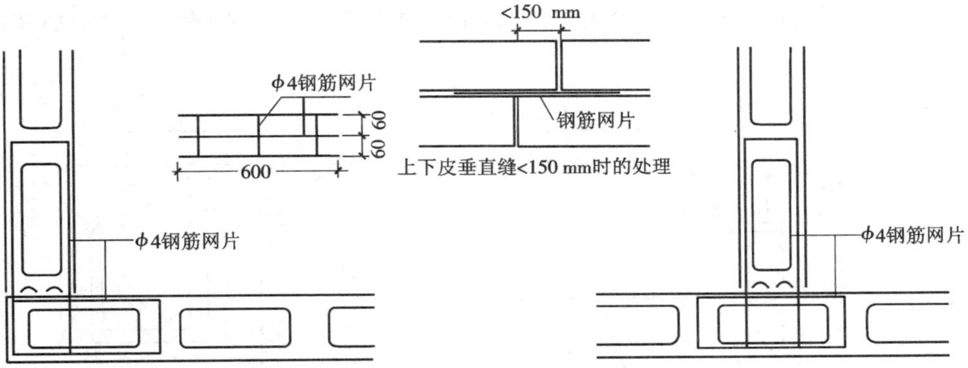

图 5.7　砌块钢筋网片加固示意图

的钢筋，采用 C20 细石混凝土分层捣实，如图 5.8 所示。为了增强房屋的抗震能力，构造柱应与圈梁连接。当填充墙长度超过 5 m 时，也应设置构造柱。

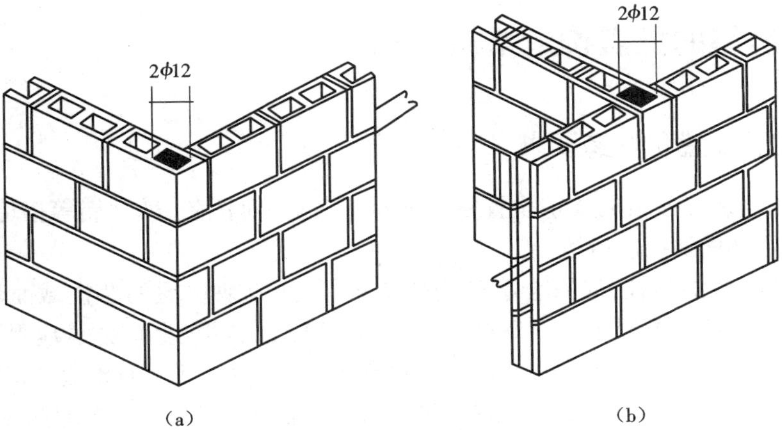

图 5.8　空心砌块构造柱设置

(a)转角搭砌　(b)内外墙搭砌

2.2.3 过梁与圈梁

过梁是砌块墙的重要构件之一。当砌块墙中遇门窗洞口时,应设置过梁。它既起连系梁的作用,又是一种调节砌块。当层高与砌块高出现差异时,可利用过梁尺寸的变化进行调节,从而使其他砌块的通用性更大。

多层砌体建筑应设置圈梁,以增强房屋的整体性。砌块墙的圈梁常和过梁统一考虑,有现浇和预制两种。现浇圈梁整体性强,对加固墙身较为有利,但施工支模复杂。实际工程中可采用U形预制砌块来代替模板,在槽内配置钢筋后浇筑混凝土而成,如图5.9所示。预制圈梁则是将圈梁分段预制,现场拼接。预制时,梁端伸出钢筋,拼接时将两端钢筋扎结后在结点现浇混凝土。

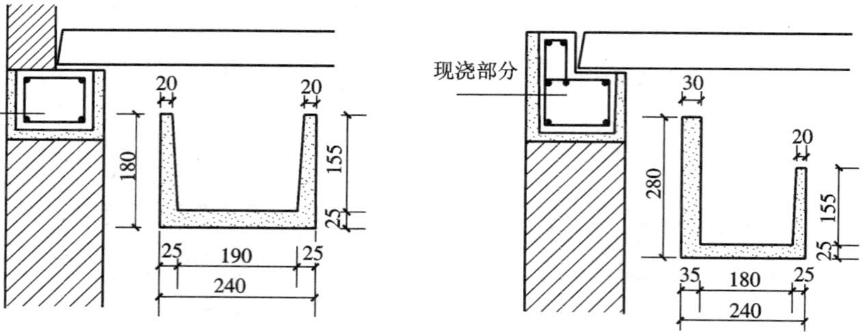

图5.9 利用U形预制砌块浇注圈梁

(a)矩形圈梁 (b)L形圈梁

2.3 砌块房屋的抗震构造措施

2.3.1 芯柱的设置和构造要求

(1)小砌块房屋应按表的要求设置钢筋混凝土芯柱,对医院、教学楼等横墙较少的房屋,应根据房屋的层数增加一层后执行。

(2)小砌块房屋的芯柱,应符合下列构造要求:①小砌块房屋的芯柱截面尺寸不宜小于120 mm×120 mm,芯柱混凝土强度等级不应低于C20;②芯柱的竖向插筋应贯通墙身且与圈梁连接,插筋不应小于1ϕ12,地震烈度为7度时超过五层、地震烈度为8度时超过四层和地震烈度为9度时,插筋不应小于1ϕ14;③芯柱伸入室外地面下500 mm或与埋深小于500 mm的基础圈梁相连;④为提高墙体抗震受剪承载力而设置的芯柱,宜在墙体内均匀布置,最大净距不宜大于2.0 m。

2.3.2 构造柱替代芯柱的构造要求

(1)构造柱最小截面可采用190 mm×190 mm,纵向钢筋宜采用4ϕ12,箍筋间距不宜大于

250 mm,且在柱上、下端宜适当加密;地震烈度为 7 度时超过五层、地震烈度为 8 度时超过四层和地震烈度为 9 度时,构造柱纵向钢筋宜采用 4ϕ14,箍筋间距不宜大于 200 mm;外墙转角的构造柱可适当加大截面及配筋。

(2)构造柱与砌块墙连接处应砌成马牙槎,与构造柱相邻的砌块孔洞,地震烈度为 6 度时宜填实,地震烈度为 7 度时应填实,地震烈度为 8 度时应填实并插筋;沿墙高每隔 600 mm 应设拉结钢筋网片,每边伸入墙内不宜小于 1 m。

(3)构造柱与圈梁连接处,构造柱的纵筋应穿过圈梁,保证构造柱纵筋上下贯通。

(4)构造柱可不单独设置基础,但应伸入室外地面下 500 mm,或与埋深小于 500 mm 的基础圈梁相连。

3. 圈梁的设置和构造要求

(1)小砌块房屋的现浇钢筋混凝土圈梁应按表 3.3 的要求设置,圈梁宽度不应小于 190 mm,配筋不应少于 4ϕ12,箍筋间距不宜大于 200 mm。

(2)小砌块房屋墙体交接处或芯柱与墙体连接处应设置拉结钢筋网片,网片可采用直径 4 mm 的钢筋点焊而成,沿墙高每隔 600 mm 设置,每边伸入墙内不宜小于 1 m。

(3)小砌块房屋的层数,地震烈度为 6 度时超过七层、地震烈度为 7 度时超过五层、地震烈度为 8 度时超过四层;底层和顶层的窗台标高处,沿纵横墙应设置通长的水平现浇钢筋混凝土带,其截面高度不小于 60 mm,纵筋不少于 2ϕ10,并应有分布拉结钢筋,其混凝土强度等级不应低于 C20。

3　填充墙的砌筑工具与机具

填充墙的砌筑机具主要有瓦刀、斗车、砖笼、料斗、灰斗、灰桶、大铲、灰板、摊灰尺、溜子、抿子、刨锛、钢凿、手锤,备料工具主要有砖夹、筛子、锹(铲)等工具。

3.1　检测工具

3.1.1　钢卷尺

钢卷尺有 2 m、3 m、5 m、30 m、50 m 等规格,用于量测轴线、墙体和其他构件尺寸,如图 5.10 所示。

3.1.2　靠尺

靠尺的长度为 2 ~ 4 m,由平直的铝合金或木仿制成,用于检查墙体、构件的平整度,如图 5.11 所示。

图 5.10　钢卷尺

图 5.11　靠尺

3.1.3　托线板

托线板又称靠尺板，用铝合金或木材制成，长度为 1.2 ~ 1.5 m，用于检查墙面垂直度和平整度，如图 5.12 所示。

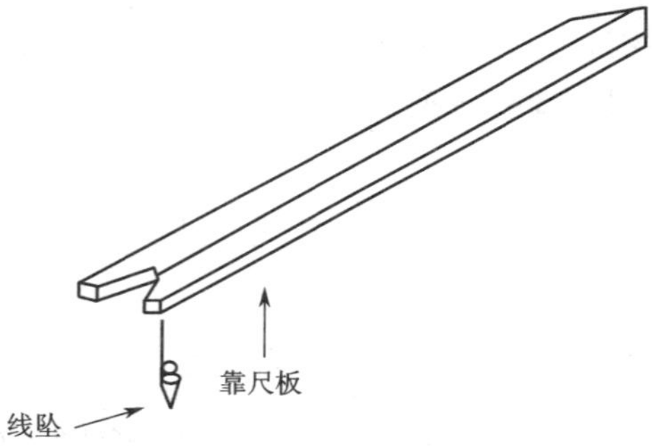

图 5.12　托线板

3.1.4　塞尺

塞尺与靠尺或托线板配合使用，用于测定墙、柱平整度的数值偏差，塞尺上每一格表示 1 mm，如图 5.13 所示。

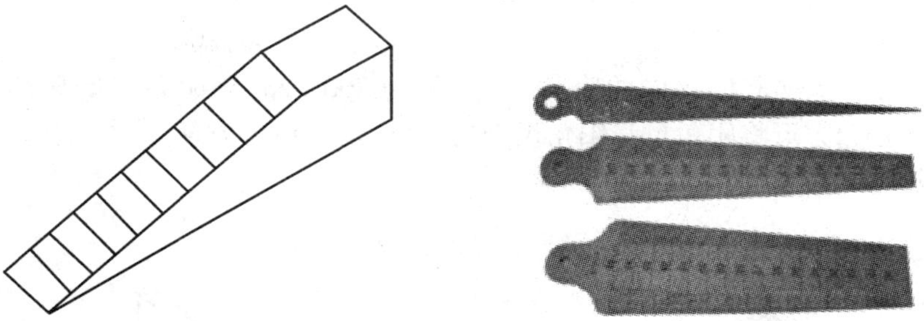

图5.13　塞尺

3.1.5　线锤

线锤又称垂球，与托线板配合使用，用于吊挂墙体、构件垂直度，如图5.14所示。

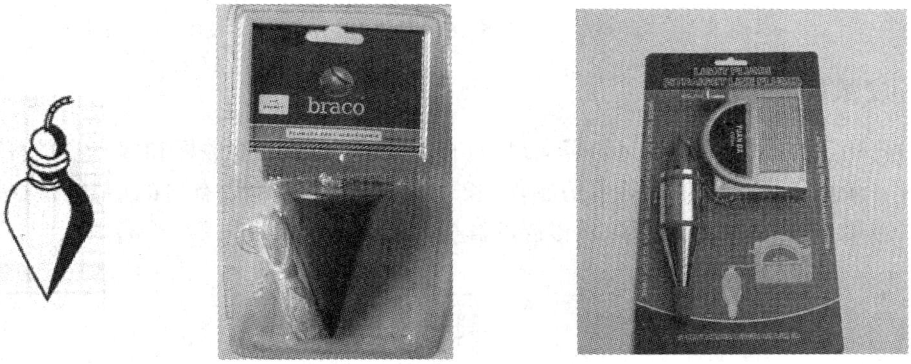

图5.14　线锤

3.1.6　百格网

百格网用铁丝编制锡焊而成，也可在有机玻璃上划格而成，用于检测墙体水平灰缝砂浆饱满度，如图5.15所示。

图5.15　百格网

3.1.7 方尺

方尺是用铝合金或木材制成的直角尺，边长为 200 mm，分阴角尺和阳角尺两种，如图 5.16 所示。铝合金方尺将阴角尺与阳角尺合为一体，使用更为方便。方尺用于检测墙体转角及柱的方正度。

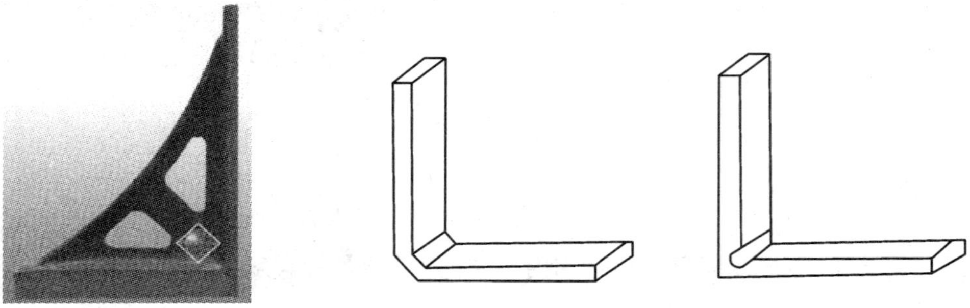

图 5.16 方尺

3.1.8 皮数杆

皮数杆用于控制墙体砌筑时的竖向尺寸(图 5.17)，分基础皮数杆和墙身皮数杆两种。墙身皮数杆一般用 5 cm ×7 cm 的木仿制作，长3.2 ~3.6 m，上面划有砖的层数、灰缝厚度和门窗、过梁、圈梁、楼板的安装高度以及楼层的高度。

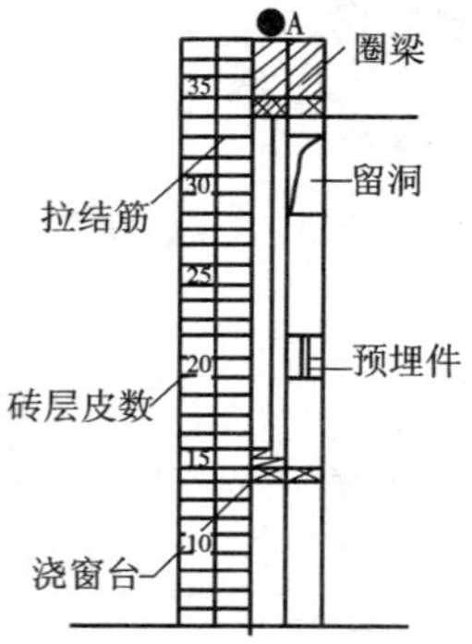

图 5.17 皮数杆

3.2 砂浆搅拌机

砂浆搅拌机是砌筑工程中的常用机械，用来制备砌筑和抹灰用砂浆，如图 5.18 所示。常用规格有 0.2 m^3和 0.325 m^3两种，台班产量为 18 ~26 m^3。砂浆搅拌机按生产状态可分为周期作用和连续作用两种基本类型；按安装方式可分为固定式和移动式两种；按出料方式可分为倾翻出料式和活门出料式两类。

图5.18　砂浆搅拌机

3.3　垂直运输设施的类型及设置要求

垂直运输设施指在建筑施工中担负垂直输送材料和人员上下的机械设备和设施。砌筑工程中的垂直运输量很大，不仅要运输大量的砖（或砌块）、砂浆，而且还要运输脚手架、脚手板和各种预制构件，因而合理安排垂直运输设施直接影响到砌筑工程的施工速度和工程成本。

3.3.1　垂直运输设施的类型

目前砌筑工程中常用的垂直运输设施有塔式起重机、井架、龙门架、施工电梯、灰浆泵等。

1. 塔式起重机

塔式起重机具有提升、回转、水平运输等功能，不仅是重要的吊装设备，也是重要的垂直运输设备，尤其在吊运长、大、重的物料时有明显的优势，故在可能条件下宜优先选用，如图5.19所示。

2. 井字架

井字架是施工中较常用的垂直运输设施，如图4.7所示。

3. 龙门架

龙门架是由两根三角形截面或矩形截面的立柱及横梁组成的门式架，如图5.20所示。在龙门架上设滑轮、导轨、吊盘、缆风绳等，进行材料、机具和小型预制构件的垂直运输。龙门架构造简单、制作容易、用材少、装拆方便，但刚度和稳定性较差，一般适用于中小型工程。需设缆风绳保持龙门架的稳定。

图 5.19　塔式起重机

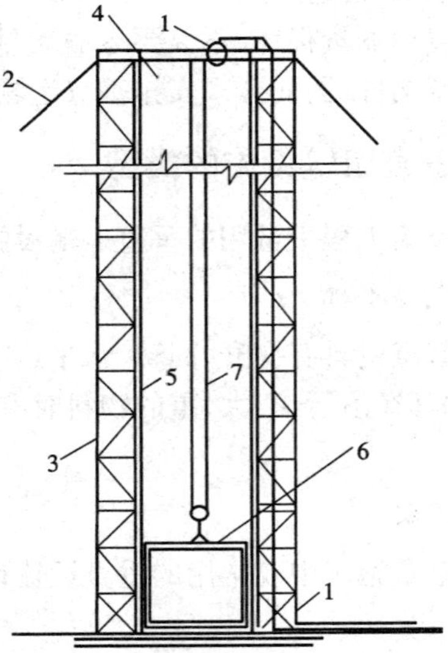

5.20　龙门架

1—滑轮;2—缆风绳;3—立柱;4—横梁;5—导轨;6—吊盘;7—钢丝绳

4.砌块安装施工机械

砌块墙的施工特点是砌块数量多,吊次相应也多,但砌块的重量不很大,通常采用的吊装方案有两种：一是以塔式起重机进行砌块、砂浆的运输以及楼板等构件的吊装，由台灵架吊装砌块，台灵架在楼层上的转移由塔吊来完成；二是以井架进行材料的垂直运输，杠杆车进行楼板吊装，所有预制构件及材料的水平运输则用砌块车和手推车完成，台灵架负责砌块的吊装，如图 5.21 所示。

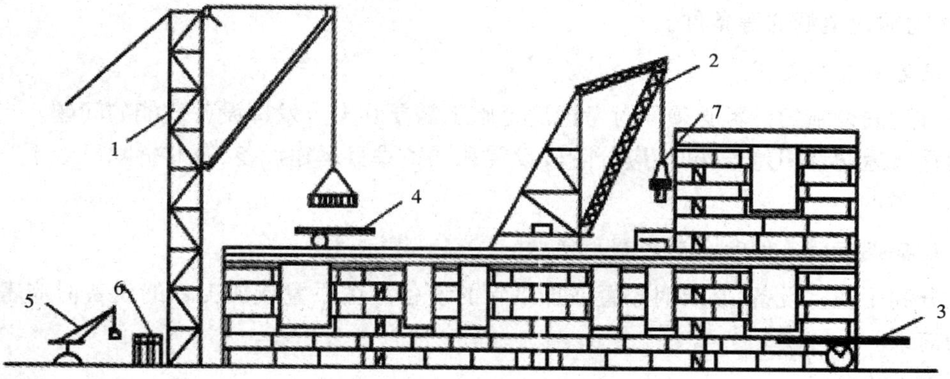

图 5.21　砌块吊装示意

1—井架；2—台灵架；3—转臂式起车机；
4—砌块车；5—转臂式起重机；6—砌块；7—砌块夹

5. 灰浆泵

灰浆泵是一种可以在垂直和水平两个方向连续输送灰浆的机械，目前常用的有活塞式和挤压式两种。活塞式灰浆泵按其结构又分为直接作用式和隔膜式两类。

3.3.2　垂直运输设施的设置要求

垂直运输设施的设置一般应根据现场施工条件满足以下一些基本要求。

1. 覆盖面和供应面

塔吊的覆盖面是指以塔吊的起重幅度为半径的圆形吊运覆盖面积；垂直运输设施的供应面是指借助于水平运输手段（手推车等）所能达到的供应范围。建筑工程的全部作业面应处于垂直运输设施的覆盖面和供应面的范围之内。

2. 供应能力

塔吊的供应能力等于吊次乘以吊量（每次吊运材料的体积、重量或件数）；其他垂直运输设施的供应能力等于运次乘以运量，运次应取垂直运输设施和与其配合的水平运输机具中的低值；另外，塔吊的供应能力还需乘以 0.5～0.75 的折减系数，以考虑由于难以避免的因素对供应能力的影响（如机械设备故障等）。垂直运输设备的供应能力应能满足高峰工作量的需要。

3. 提升高度

设备的提升高度应比实际需要的升运高度高出不少于 3 m，以确保安全。

4. 水平运输手段

在考虑垂直运输设施时，必须同时考虑与其配合的水平运输手段。

5. 安装条件

垂直运输设施安装的位置应具有相适应的安装条件，如具有可靠的基础、与结构拉结可靠、水平运输通道畅通等条件。

6. 设备效能的发挥

垂直运输设施的设置必须同时考虑满足施工需要和充分发挥设备效能的问题。当各施工阶段的垂直运输量相差悬殊时，应分阶段设置和调整垂直运输设备，及时拆除已经不需要的设备。

7. 设备拥有的条件和今后的利用问题

充分利用现有设备，必要时添置或加工新的设备。在添置或加工新的设备时应考虑今后利用的前景。

8. 安全保障

安全保障是使用垂直运输设施中的首要问题，必须引起高度重视。所有垂直运输设备都要严格按有关规定操作使用。

3.4　填充墙砌筑用脚手架

填充墙砌筑用脚手架可以用扣件式钢管脚手架，也可以用碗扣式脚手架、门型脚手架等。脚手架搭设要求详见本书第四章。

4　填充墙砌筑注意事项

4.1　窗台砌筑

当墙砌到接近窗洞口标高时，如果窗台是用顶砖挑出，则在窗洞口下皮开始砌窗台；如果窗台是用侧砖挑出，则在窗洞口下两皮开始砌窗台。砌之前按图样把窗洞口位置在砖墙面上划出分口线，砌砖时砖应砌过分口线 60 ~ 120 mm，挑出墙面 60 mm，出檐砖的立缝要打碰头灰。

窗台砌虎头砖时，先把窗台两边的两块虎头砖砌上，用一根小线挂在它的下皮砖外角上，线的两端固定，作为砌虎头砖的准线，挂线后把窗台的宽度量好，算出需要的砖数和灰缝的大小。虎头砖向外砌成斜坡，在窗口处的墙上砂浆应铺得厚一些，一般里面比外面高出 20 ~ 30

mm,以利于泄水。操作方法是把灰打在砖中间,四边留 10 mm 左右,一块一块地砌。砖要充分润湿,灰浆要饱满。如为清水窗台时,砖要认真进行挑选。

如果几个窗口连在一起通长砌,其操作方法与上述单窗台砌法相同。

4.2　梁底和板底砖的处理

砖墙砌到楼板底时应砌成丁砖层,如果楼板是现浇的,并直接支撑在砖墙上,则应砌低一皮砖,使楼板的支撑处混凝土加厚,支撑点得到加强。

填充墙砌到框架梁底时,墙与梁底的缝隙要用铁楔子或木楔子打紧,然后用 1∶2水泥砂浆嵌填密实。如果是混水墙,可以用与平面交角为 45° ~60°的斜砌砖顶紧。假如填充墙是外墙,应等砌体沉降结束,砂浆达到强度后再用楔子揳紧,然后用 1∶2水泥砂浆嵌填密实,因为这一部分是薄弱点,最容易造成外墙渗漏,施工时要特别注意。梁板底的处理如图 5.22 所示。

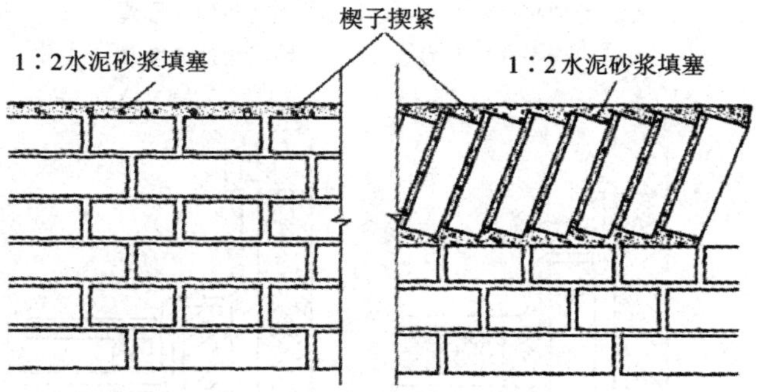

图 5.22　梁板底处理

4.3　变形缝的砌筑与处理

当砌筑变形缝两侧的砖墙时,应保证砖墙的垂直度,缝的大小应上下一致,中间不能接触或有支撑物。砌筑时要特别注意,不要把砂浆、碎砖、钢筋头等掉入变形缝内,以免影响建筑物的自由伸缩、沉降和晃动。

变形缝口部的处理必须按设计要求,不能随意更改,缝口的处理要满足此缝功能上的要求。如伸缩缝一般用麻丝沥青填缝,而沉降缝则不允许填缝。墙面变形缝的处理形式如图 5.23所示,屋面变形缝的处理如图 5.24 所示。

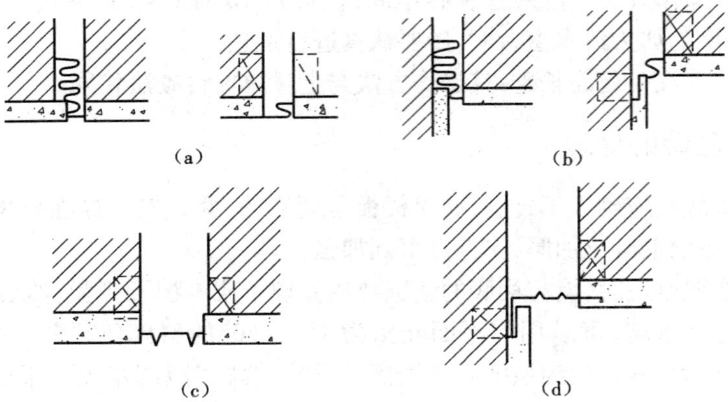

图 5.23　墙面变形缝处理方式

(a)处墙平直段变形缝　(b)外墙转角处变形缝
(c)内墙平直段变形缝　(d)内墙转角处变形缝

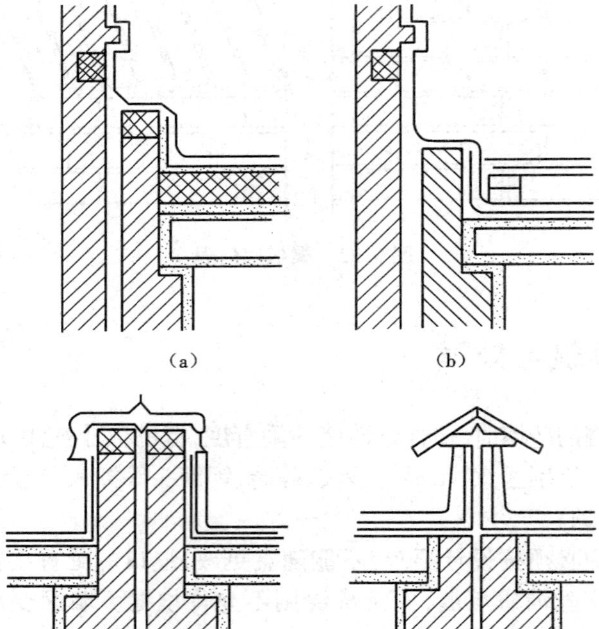

图 5.24　屋面变形缝处理方式

(a)高低跨屋面变形缝(有保温层)　(b)高低跨屋面变形缝(无保温层)
(c)等跨屋面变形缝(倒置式)　(d)等跨屋面变形缝(盖板式)

5　填充墙的施工质量控制

5.1　砌体施工质量的控制等级

建筑工程的砖、石、混凝土小型空心砌块、蒸压加气混凝土砌块等砌体的施工质量控制和验收应严格按照《砌体结构工程施工质量验收规范》(GB 50203—2011)的要求执行。

由于砌体的施工主要依靠人工操作，所以砌体结构的质量在很大程度上取决于人为因素。施工过程对砌体结构质量的影响直接表现在砌体的强度上。在验收规范中，按质量监督人员、砂浆强度试验及搅拌、砌筑工人技术熟练程度等情况，将砌体施工质量控制等级分为三级，如表5.3所示。

表5.3　砌体施工质量控制等级

项目	施工质量控制等级		
	A	B	C
现场质量管理	监督检查制度健全，并严格执行；施工方有在岗专业技术管理人员，人员齐全，并持证上岗	监督检查制度基本健全，并能执行；施工方有在岗专业技术管理人员，人员齐全，并持证上岗	有监督检查制度；施工方有在岗专业技术管理人员
砂浆、混凝土强度	试块按规定制作，强度满足验收规定，离散性小	试块按规定制作，强度满足验收规定，离散性较小	试块按规定制作，强度满足验收规定，离散性大
砂浆拌和	机械拌和；配合比计量控制严格	机械拌和；配合比计量控制一般	机械或人工拌和；配合比计量控制较差
砌筑工人	中级工以上，其中高级工不少于30%	高、中级工不少于70%	初级工以上

5.2　砌体施工质量的基本规定

砌体施工质量的质量控制，主要从砌筑材料和施工工艺两方面提出要求。

5.2.1　施工工艺的基本要求

1. 基础砌筑

基础高低台的合理搭接，对保证基础砌体的整体性至关重要。从受力角度考虑，基础扩大部分的高度与荷载、地基承载力等有关。对有高低台的基础,应从低处砌起,在设计无要求时,高低台的搭接长度不应小于基础扩大部分的高度。

2. 墙体砌筑

为了保证墙体的整体性,提高砌体结构的抗震能力,砌体的转角处和交接处应同时砌筑,如不能同时砌筑,应留斜槎;砌体的交接处如不能同时砌筑,可留直槎。两种砌筑方式均应做好接槎处。应在墙上留置临时施工洞口,其侧边离交接处墙面不应小于 500 mm,洞口净宽度不应超过 1 m。抗震设防烈度为 9 度的地区,建筑物的临时施工洞口位置,应会同设计单位确定。临时施工洞口应做好补砌,灰缝应填满砂浆,不得用干砖填塞。

尚未施工楼板或屋面的墙或柱,当可能遇到大风时,其允许自由高度不得超过表 5.4 的规定。如超过表中限值时,必须采用临时支撑等有效措施。

表 5.4 墙和柱的允许自由高度 m

墙(柱)厚/mm	砌体密度 >1 600 kg/m			砌体密度 1 300 ~ 1 600 kg/m		
	风载/(kN/m²)			风载/(kN/m²)		
	0.3(约 7 级风)	0.4(约 8 级风)	0.5(约 9 级风)	0.3(约 7 级风)	0.4(约 8 级风)	0.5(约 9 级风)
190	—	—	—	1.4	1.1	0.7
240	2.8	2.1	1.4	2.2	1.7	1.1
370	5.2	3.9	2.6	4.2	3.2	2.1
490	8.6	6.5	4.3	7.0	5.2	3.5
620	14.0	10.5	7.0	11.4	8.6	5.7

5.2.2 砌筑材料的要求及检验

1. 对砂浆的要求

在砌体工程施工时,应用合格的材料才可能砌筑出符合质量要求的工程。使用的材料必须具有产品合格证书和产品性能检测报告。对砌体质量有显著影响的块材、水泥、钢筋、外加剂等主要材料在进入施工现场后应进行主要性能的复检,合格后方可使用。严禁使用国家明令淘汰的材料。

砌筑砂浆所用水泥进场使用前,应分批对其强度、安定性进行复验。不同品种的水泥不得混合使用(不同品种的水泥由于成分不一,混合使用后往往会发生材性变化或强度降低而引起工程质量问题),砂浆用砂不得含有有害杂物。砂浆用砂的含泥量应满足以下要求:水泥砂浆和强度等级不小于 M5 的水泥混合砂浆,不应超过 5%;强度等级小于 M5 的水泥混合砂浆,不应超过 10%。M5 以上的水泥混合砂浆,如砂子含泥量过大,有可能导致塑化剂掺量过多,造成砂浆强度降低。

配制水泥石灰砂浆时，不得采用脱水硬化的石灰膏（脱水硬化的石灰膏和消石灰粉不能起塑化作用，影响砂浆强度）。消石灰粉需充分熟化后方能用于砌筑砂浆。

拌制砂浆用水的水质应符合国家现行标准《混凝土用水标准》（JGJ 63—2006）的规定。当水中含有有害物质时，将会影响水泥的正常凝结，并可能对钢筋产生锈蚀作用（可饮用水均能满足要求）。

砌筑砂浆应通过试配确定配合比，其组成材料配合比应采用重量计量。当砌筑砂浆的组成材料有变更时，其配合比应重新确定。施工中当采用水泥砂浆代替水泥混合砂浆时，应重新确定砂浆强度等级。凡在砂浆中掺入有机塑化剂、早强剂、缓凝剂、防冻剂等，应经检验和试配符合要求后，方可使用。有机塑化剂应有砌体强度的形式检验报告，并根据其形式检验报告结果确定砌体强度。例如用微沫剂替代石灰膏制作水泥混合砂浆，砌体抗压强度较同强度等级混合砂浆砌筑的砌体的抗压强度降低约 10%，而对砌体的抗剪强度无不良影响。

为了降低劳动强度和克服人工拌制砂浆不易搅拌均匀的缺点，砌筑砂浆应采用机械搅拌。砂浆的搅拌时间自投料完算起应符合下列规定：①水泥砂浆和水泥混合砂浆不得少于 2 min；②水泥粉煤灰砂浆和掺用外加剂的砂浆不得少于 3 min；③掺用有机塑化剂的砂浆，应为 3～5 min。

2. *砌筑材料的检验*

同一验收批的砌筑砂浆试块其抗压强度平均值必须大于或等于设计强度等级所对应的立方体抗压强度；同一验收批的砌筑砂浆试块其抗压强度的最小一组平均值必须大于或等于设计强度等级所对应的立方体抗压强度的 0.75 倍。砌筑砂浆的验收批，同一类型、强度等级的砂浆试块应不少于三组。当同一验收批只有一组试块时，该组试块抗压强度的平均值必须大于或等于设计强度等级所对应的立方体抗压强度。

抽检数量：每一检验批且不超过 250 m^3 砌体的各种类型及强度等级的砌筑砂浆，每台搅拌机应至少抽检一次。

检验方法：在砂浆搅拌机出料口随机取样制作砂浆试块（同盘砂浆只应制作一组试块），最后检查试块强度试验报告单。

当施工中或验收时出现砂浆试块缺乏代表性或试块数量不足，或对砂浆试块的试验结果有怀疑或有争议，或砂浆试块的试验结果不能满足设计要求时，可采用现场检验方法对砂浆和砌体强度进行原位检测或取样检测，并判定其强度。

5.3　砌块砌体的质量标准

为有效控制砌体收缩裂缝和保证砌体强度，施工时所用的小砌块的产品龄期不应小于 28 d。砌筑时，应清除砌块表面污物和芯柱用小砌块孔洞底部的毛边，剔除外观质量不合格的小砌块。砌筑所用的砂浆，宜选用专用的小砌块砌筑砂浆。底层室内地面以下或防潮层以下的砌体,为了提高砌体的耐久性、预防或延缓冻害、减轻地下水中有害物质对砌体的侵蚀,应采用强度等级不低于 C20 的混凝土灌实小砌块的孔洞。进行小砌块砌筑时,在天气干燥炎热的情况下,可提前洒水湿润小砌块;小砌块表面有浮水时,不得施工。

承重墙体严禁使用断裂的小砌块;小砌块墙体应对孔错缝搭砌,搭接长度不应小于 90 mm。墙体的个别部位不能满足上述要求时,应在灰缝中设置拉结钢筋或钢筋网片,但竖向通缝仍不得超过两皮小砌块。小砌块应底面朝上反砌于墙上。

浇灌芯柱的混凝土,宜选用专用的小砌块灌孔混凝土,当采用普通混凝土时,其坍落度不应小于 90 mm。浇灌芯柱混凝土,应清除孔洞内的砂浆等杂物,并用水冲洗;为了避免振捣混凝土芯柱时的震动力和施工过程中难以避免的冲撞对墙体的整体性带来不利影响,应待砌体砂浆强度大于 1 MPa 时,方可浇灌芯柱混凝土;在浇灌芯柱混凝土前应先注入适量与芯柱混凝土相同强度的水泥砂浆,再浇灌混凝土。

5.3.1 主控项目

(1)小砌块和砂浆的强度等级必须符合设计要求。

抽检数量:每一生产厂家,每一万块小砌块至少应抽检一组。用于二层以上建筑基础和底层的小砌块抽检数量不应少于两组。砂浆试块的抽检数量为每一检验批且不超过 250 m^3 砌体的各种类型及强度等级的砌筑砂浆,每台搅拌机应至少抽检一次。

检验方法:检查小砌块和砂浆试块试验报告。

(2)砌体水平灰缝的砂浆饱满度,应按净面积计算,不得低于 90%;竖向灰缝饱满度不得小于 80%,竖缝凹槽部位应用砌筑砂浆填实,不得出现瞎缝、透明缝。

抽检数量:每检验批不应少于三处。

检验方法:用专用百格网检测小砌块与砂浆黏结痕迹,每处检测一块小砌块,取其平均值。

(3)墙体转角处和纵横墙交接处应同时砌筑。临时间断处应砌成斜槎,斜槎水平投影长度不应小于高度的 2/3。

抽检数量:每检验批抽 20% 接槎,且不应少于五处。

检验方法:观察检查。

5.3.2 一般项目

(1)墙体的水平灰缝厚度和竖向灰缝宽度宜为 10 mm,但不应大于 12 mm 且不应小于 8 mm。

抽检数量:每层楼的检测点不应少于三处。

抽检方法:用尺量 5 皮小砌块的高度和 2 m 砌体长度折算。

(2)小砌块墙体的一般尺寸允许偏差应符合规定。

5.4　填充墙砌体工程的质量标准及检验方法

采用空心砖、蒸压加气混凝土砌块、轻骨料混凝土小型空心砌块等砌筑填充墙时，为了有效控制砌体收缩裂缝和保证砌体强度，蒸压加气混凝土砌块、轻骨料混凝土小型空心砌块的产品龄期应超过28 d。空心砖、蒸压加气混凝土砌块、轻骨料混凝土小型空心砌块等在运输、装卸过程中，严禁抛掷和倾倒。进场后应按品种、规格分别堆放整齐，堆置高度不宜超过2 m。蒸压加气混凝土砌块应防止雨淋。

填充墙砌体砌筑前块材应提前2 d浇水湿润。蒸压加气混凝土砌块砌筑时，应向砌筑面适量浇水。用轻骨料混凝土小型空心砌块或蒸压加气混凝土砌块砌筑墙体时，墙底部应砌烧结普通砖或多孔砖或普通混凝土小型空心砌块或现浇混凝土坎台等，其高度不宜小于200 mm。

5.4.1　主控项目

砖、砌块和砌筑砂浆的强度等级应符合设计要求。

检验方法：检查砖或砌块的产品合格证书、产品性能检测报告和砂浆试块试验报告。

5.4.2　一般项目

(1)填充墙砌体一般尺寸的允许偏差应符合表5.5的规定。

抽检数量：对表中1、2项，在检验批的标准间中随机抽查10%，但不应少于三间；大面积房间和楼道按两个轴线或每十延长米按一标准间计数，每间检验不应少于三处；对表中3、4项，在检验批中抽检10%，且不应少于五处。

表5.5　填充墙砌体尺寸、位置的允许偏差及检验方法

序号	项目		允许偏差/mm	检验方法
1	轴线位移		10	用尺检查
2	垂直度（每层）	≤3 m	5	用2 m托线板或吊线、尺检查
		>3 m	10	
3	表面平整度		8	用2 m靠尺和楔形尺检查
4	门窗洞口高、宽(后塞口)		±10	用尺检查
5	外墙上、下窗口偏移		20	用经纬仪或吊线检查

(2)蒸压加气混凝土砌块砌体和轻骨料混凝土小型空心砌块砌体不应与其他块材混砌。

抽检数量：在检验批中抽检20%，且不应少于五处。

检验方法：外观检查。

(3)填充墙砌体的砂浆饱满度及检验方法应符合表5.6的规定。

抽检数量:每步架子不少于三处,且每处不应少于三块。

表5.6 填充墙砌体的砂浆饱满度及检验方法

砌体分类	灰缝	饱满度及要求	检验方法
空心砖砌体	水平	≥80%	采用百格网检查块体底面或侧面砂浆的黏结痕迹面积
	垂直	填满砂浆,不得有透明缝、瞎缝、假缝	
蒸压加气混凝土砌块、轻骨料混凝土小型空心砌块砌体	水平	≥80%	
	垂直	≥80%	

(4)填充墙砌体留置的拉结钢筋或网片的位置应与块体皮数相符合。拉结钢筋或网片应置于灰缝中,埋置长度应符合设计要求,竖向位置偏差不应超过一皮高度。

抽检数量:在检验批中抽检20%,且不应少于五处。

检验方法:观察和用尺量检查。

(5)填充墙砌筑时应错缝搭砌,蒸压加气混凝土砌块搭砌长度不应小于砌块长度的1/3,轻骨料混凝土小型空心砌块搭砌长度不应小于90 mm;竖向通缝不应大于两皮。

抽检数量:在检验批的标准间中抽查10%,且不应少于三间。

检查方法:观察和用尺检查。

(6)填充墙砌体的灰缝厚度和宽度应正确。空心砖、轻骨料混凝土小型空心砌块的砌体灰缝应为8~12 mm。蒸压加气混凝土砌块砌体的水平灰缝厚度及竖向灰缝宽度分别宜为15 mm和20 mm。

抽检数量:在检验批的标准间中抽查10%,且不应少于三间。

检查方法:用尺量五皮空心砖或小砌块的高度和2 m砌体长度折算。

(7)填充墙砌至接近梁、板底时,应留一定空隙,待填充墙砌筑完并应至少间隔7 d后,再将其补砌挤紧。

抽检数量:每验收批抽10%填充墙片(每两柱间的填充墙为一墙片),且不应少于三片。

检验方法:观察检查。

5.5 砌体施工的质量保证措施

砌体施工时,应建立健全项目现场质量管理制度并严格执行;业主或业主委托的质量监督人员应经常到现场,或在现场设有常驻代表;施工方在岗专业技术管理人员应齐全,并持证上岗。

5.5.1 进场材料质量的控制措施

(1)砖的品种、强度等级必须符合设计要求,并应规格一致,有出厂合格证及试验单,严格检验手续，对不合格品坚决退场。混凝土小型空心砌块的强度等级必须符合设计要求及规范规定；砌块的截面尺寸及外观质量应符合国家技术标准要求；砌块应保持完整无破损、无裂缝。施工时所用的小砌块的产品龄期不应小于28 d，承重墙不得使用断裂小砌块。

(2)水泥进场使用前，应分批对其强度、安定性进行复验。检验批应以同一生产厂家、同一编号为一批。当在使用中对水泥质量有怀疑或水泥出厂超过三个月(快硬硅酸盐水泥超过一个月)时，应做复查试验，并按其结果使用。不同品种的水泥，不得混合使用。

(3)砂浆用砂不得含有有害物质及草根等杂物。砂的含泥量不应超过表5.7的规定，并应通过5 mm筛孔进行筛选。

表5.7 砌体工程用砂的含泥量指标

序号	建筑工程中用砂的使用范围	含泥量限值
1	水泥混合砂浆强度等级小于M5	≤10%
2	水泥混合砂浆强度等级不小于M5	≤5%
3	水泥砂浆	≤5%

(4)砌体混合砂浆常用的塑化材料有石灰膏、磨细石灰粉、电石膏和粉煤灰等，石灰膏的熟化时间不少于7 d，严禁使用冻结和脱水硬化的石灰膏。

(5)砂浆拌和用水的水质必须符合现行国家标准《混凝土用水标准》(JGJ 63—2006)的要求。

(6)构造柱混凝土中所用石子(碎石、卵石)含泥量不超过1%；混凝土中选用外加剂应通过试验室试配，外加剂应有出厂合格证及试验报告。钢筋应根据设计要求的品种、强度等级进行采购，钢筋应有出厂合格证和试验报告，进场后应进行见证取样、复检。

(7)预埋木砖及金属件必须进行防腐处理。

5.5.2 施工过程质量控制措施

(1)原材料必须逐车过磅，计量准确，搅拌时间应达到规定的要求，砂浆试块应有专人负责制作与养护。

(2)基础大放脚两侧收退应均匀，砌到基础墙身时，应按所弹轴线和边线拉线砌筑，砌筑时应随时用线锤检查基础墙身的垂直度。

(3)盘角时灰缝应控制均匀，每层砖都应与皮数杆对齐，钉皮数杆的木桩要牢固，防止碰撞松动。皮数杆立完后应复验，确保皮数杆高度一致。

(4)准线应绷紧拉平。砌筑时应左右照看，避免接槎处高低不平。一砖半墙及以上墙体必须双面挂线，一砖墙应反手挂线，舌头灰应随砌随刮平。

(5)应随时注意正在砌筑砖的皮数，保证按皮数杆标明的位置埋置埋入件和拉结筋。拉结筋外露部分不得任意弯折，并保证其长度符合设计及规范的要求。

(6)内外墙的砖基础应同时砌筑，如因特殊情况不能拉准线同时砌筑时，应留置斜槎，斜槎的长度不应小于斜槎高度的2/3。

(7)基础底标高不同时,应先从低处砌起,并由高处向低处搭接,如无设计要求,其搭接长度不应小于基础扩大部分的高度。

(8)砌筑时,高差不宜过大,一般不得超过一步架的高度。

(9)防潮层应在基础全部砌到设计标高,房心回填土完成后进行。防潮层施工时,基础墙顶面应清洗干净,使防潮层与基层黏结牢固,防水砂浆收水后要抹压平整、密实。

(10)构造柱砖墙应砌成大马牙槎(图5.25),设置好拉结筋,砌筑时应从柱脚开始,且柱两侧都应先退后进,当槎深达到120 mm时,宜上口一皮进60 mm,再上一皮进120 mm,以保证混凝土浇筑时上角密实,构造柱内的落地灰、砖渣杂物必须清理干净,防止混凝土内夹渣。

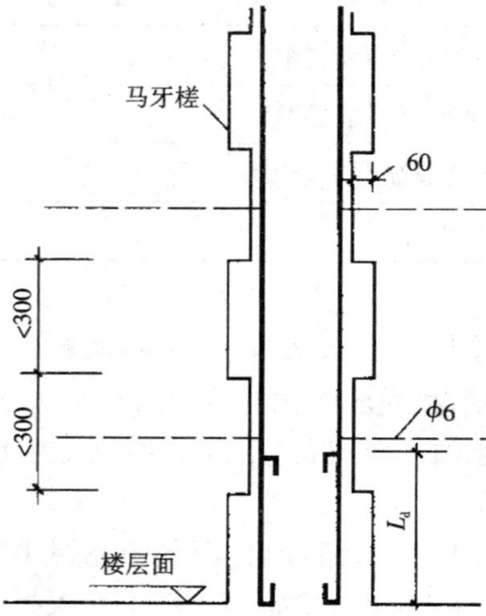

图5.25　大马牙槎

(11)竖向灰缝不得出现透明缝、瞎缝和假缝。

(12)施工临时间断处补砌时,必须将接槎处表面清理干净,浇水湿润,并填实砂浆,保持灰缝平直。

(13)砌块墙在施工前,必须进行砌块的排列组合设计。排列组合设计时,应尽量采取主规格的砌块,并对孔错缝搭接,搭接长度不应小于90 mm。纵横墙交接处和转角处应交错搭砌。

(14)施工中必须做好砂浆的铺设与竖缝砂浆或混凝土的浇灌工作,砌筑应严格按皮数杆准确控制灰缝厚度和每皮砌块的砌筑高度。

(15)空心砌块填充墙砌体的芯柱应随砌随灌混凝土,并振捣密实;无楼板的芯柱应先清理干净,用水冲洗后分层浇筑混凝土,每层厚度为400~500 mm。芯柱钢筋严格按设计要求及规范规定施工,保证钢筋间距和下料尺寸准确。

(16)填写填充墙及砌体验收记录并规范填写方法。

6　填充墙的施工安全

在房屋建筑施工过程中因脚手架出现事故的概率相当高，所以在脚手架的设计、架设、使用和拆卸中均需十分重视安全防护问题。

6.1　脚手架的安全要求

6.1.1　金属扣件双排脚手架搭设要求

(1)搭设金属扣件双排脚手架用于高层建筑的，应严格按照《建筑施工扣件式钢管脚手架安全技术规范》(JGJ 130—2011)、《建筑施工安全检查标准》(JGJ 59—2011)的规定执行，验收合格后方可使用。

(2)搭设前应严格进行钢管的筛选，凡严重锈蚀、薄壁、严重弯曲裂变的杆件不宜采用。

(3)严重锈蚀、变形、裂缝、螺栓螺纹已损坏的扣件不准使用。

(4)脚手架的基础除按规定设置外，必须有扫地杆连接保护，普通脚手架立杆必须设底座保护。

(5)高层钢管脚手架座立于槽钢上的，必须有扫地杆连接保护，普通脚手架立杆必须设底座保护。

(6)不宜采用承插式钢管做底部立杆交错之用。

(7)所有扣件紧固力矩应达到45～55 N·m。

(8)同一立面的小横杆应对等交错设置，同时立杆上下对直。

(9)斜杆接长，不宜采用对接扣件，应采用叠交方式，搭接长度应不小于50 cm，用三只回转扣件均匀分布扣紧，两端余头应小于10 cm。

(10)高层建筑金属脚手架的拉杆，不宜采用铅丝攀拉，必须使用埋件形式的刚性材料。

6.1.2　金属扣件式双排钢管脚手架拆除要求

(1)拆除现场必须设警戒区域，张挂醒目的警戒标志。警戒区域内严禁非操作人员通行或在脚手架下方继续组织施工。地面监护人员必须履行职责，高层建筑脚手架拆除时，应配备良好的通信装置。

(2)仔细检查吊运机械，包括索具是否安全可靠。吊运机械不允许搭设在脚手架上，应另行设置。

(3)如遇强风、雨、雪等特殊气候，不应进行脚手架的拆除。夜间实施拆除作业，应具备良好的照明设备。

(4)建筑物的所有窗户必须关闭锁好，不允许向外开启或向外伸挑物件。

(5)拆除人员进入岗位以后,先进行检查,加固松动部位,消除步层内留的材料、物件及垃圾块。所有清理物应安全输送至地面,严禁从高处抛掷。

(6)按搭设的反程序进行拆除,即安全网→竖挡笆→防护栏杆→搁栅—斜拉杆→连墙杆→大横杆→小横杆→立杆。

(7)不允许分立面拆除或上、下两步同时拆除(踏步式),认真做到一步一清、一杆一清。

(8)所有连墙杆、斜拉杆、隔排措施、登高措施必须随脚手架步层拆除,同步进行下降,不准先行拆除。

(9)所有杆件与扣件,在拆除时应分离,不允许杆件上附着扣件输送地面,或两杆同时拆下输送地面。

(10)所有垫铺笆拆除,应自外向里竖立搬运,防止自里向外翻起后笆面垃圾物件直接从高处坠落伤人。

(11)脚手架内必须使用电焊气割工艺时,应严格按照国家特殊工种的要求和消防规定执行。应增派专职人员,配备料斗(桶),防止火星和切割物溅落。严禁无证动用焊割工具。

(12)当日完工后,应仔细检查岗位周围情况,如发现留有隐患的部位,应及时进行修复或继续完成至一个程序、一个部位的结束,方可撤离岗位。

(13)输送至地面的所有杆件、扣件等物件,应按类堆放整理。

6.1.3 室内满堂脚手架搭设要求

(1)室内满堂脚手架搭设应严格按施工组织设计要求搭设。

(2)满堂脚手架的纵、横间距不应大于2 m。

(3)满堂脚手架应设登高措施,保证操作人员上下安全。

(4)操作层应满铺竹笆,不得留有空洞。必须留空洞者,应设围栏保护。

(5)大型条形内脚架,操作步层两侧,应设防护栏杆保护。

(6)满堂脚手架的稳固,应控制在2 m内,必须高于2 m者,应有技术措施保护。

(7)满堂脚手架的稳固,应采用斜杆(剪刀撑)保护。

(8)满堂脚手架不准采用钢、竹混搭。

6.2 砌筑工程的安全技术及防护措施

在砌筑操作前,必须检查施工现场各项准备工作是否符合安全要求,如道路是否畅通,机具是否完好牢固,安全设施和防护用品是否齐全,经检查符合要求后才可施工。

6.2.1 砌体施工的施工人员安全防护及要求

(1)进场的施工人员,必须经过安全培训教育,考核合格,持证上岗。

(2)现场悬挂安全标语,无关人员不准进场,进场人员要遵守“十不准规定”。施工人员必须正确佩戴安全帽,管理人员、安全员要佩戴标志,危险处要设警戒标语及措施。进入2 m以上架体或施工层作业必须佩挂安全带。

(3)施工人员高空作业禁止打赤脚、穿拖鞋、硬底鞋和打赤膊施工。

(4)施工人员工作前不许饮酒,进入施工现场不准嬉笑打闹。

(5)施工人员不得随意拆除现场一切安全防护设施,如机械护栏、安全网、安全围栏、外架拉结点、警示信号等,如因工作需要必须经项目负责人同意方可进行。

6.2.2　墙体砌筑施工的安全技术及防护措施

(1)在操作之前必须检查操作环境是否符合安全要求,道路是否畅通,机具是否完好牢固,安全设施和防护用品是否齐全,经检查符合要求后才可施工。

(2)墙身砌体高度超过地坪 1.2 m 以上时,应搭设脚手架,在一层以上或高度超过 4 m 时,采用里脚手架必须支搭安全网,采用外脚手架应设护身栏杆和挡脚板后方可砌筑。

(3)脚手架上堆料量不得超过规定荷载,堆砖高度不得超过三皮侧砖,同一块脚手板上的操作人员不应超过两人。

(4)在楼层施工时,堆放机械、砖块等物品不得超过三皮侧砖,同一块脚手板上的操作人员不应超过两人。

(5)不准站在墙顶上进行画线、刮缝、清扫墙面或检查大角垂直等工作。

(6)不准用不稳定的工具或物体在脚手板面垫高操作,更不准在未经过加固的情况下,在一层脚手架上随意再加上一层,脚手板不允许有空头现象,不准用 50 mm×100 mm 木料或钢模作立人板。

(7)砍砖时应面向内打,以免碎砖跳出伤人。

(8)用于垂直运输的吊笼、绳索具等,必须满足负荷要求,牢固无损,吊运时不得超载,并须经常检查,发现问题及时修理。

(9)用起重机吊砖应用砖笼,吊砂浆的料斗不能装得过满,吊件回转范围内不得有人停留。

(10)砖料运输车辆的车前后距离在平道上应不小于 2 m,在坡道上应不小于 10 m,装砖时要先取高处后取低处,防止倒塌伤人。

(11)砌好的山墙,应临时将联系杆(加檩条等)放置在各跨山墙上,使其联系稳定,或采取其他有效的加固措施。

(12)如遇雨天及每天下班时,要做好防雨措施,以防雨水冲走砂浆,使砌体倒塌。

(13)在同一垂直面内上下交叉作业时,必须设置可靠的安全隔离措施,下方操作人员必须戴好安全帽。

(14)人工垂直向上或向下(深坑)传递砖块,架子上的站人板宽度应不小于 60 cm。

(15)砖墙主体砌筑时,应做好洞口、临边的防护。

(16)对 1.5 m×1.5 m 以下的孔洞应预埋通长钢筋网或加固定盖板;对 1.5 m×1.5 m 以上的孔洞,四周必须设两道护身栏杆,中间支挂水平安全网。

(17)电梯井口必须设高度不低于 1.2 m 的金属防护门。电梯井内首层和首层以上每隔四层设一道水平安全网,安全网应封闭严密,做法如图 5.26 所示。

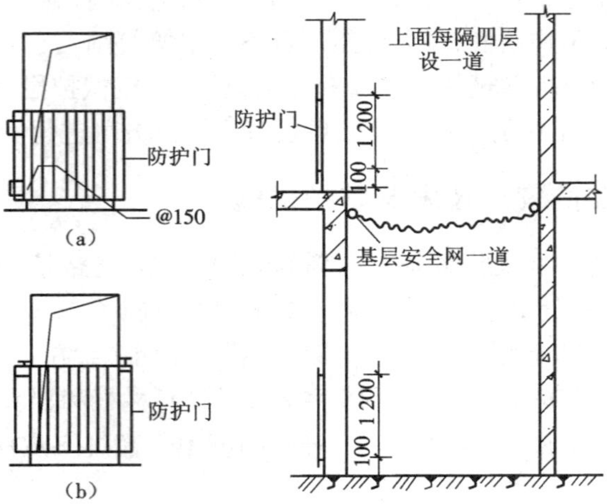

图 5.26　电梯井口的安全防护

(a)首层　(b)楼层图

(18)楼梯踏步及休息平台处必须设两道牢固防护栏杆或用立挂安全网做防护，做法如图5.27所示。回转式楼梯间应支设首层水平安全网。

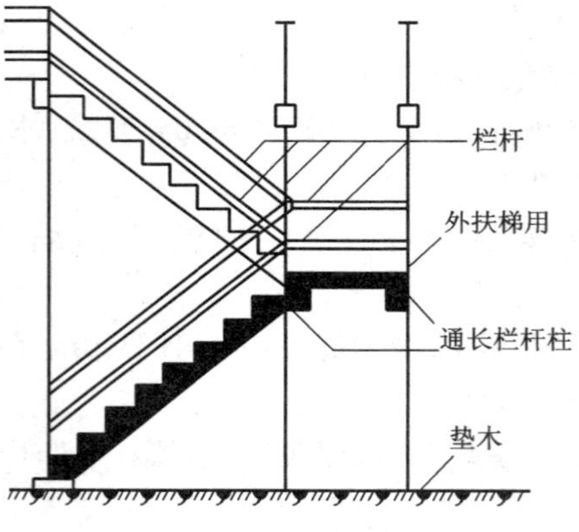

图 5.27　楼梯间的安全防护

(19)阳台栏板应随层安装，不能随层安装的，必须设两道防护栏杆或立挂安全网封闭，做法如图 5.28 所示。

(20)建筑物楼层临边四周无维护结构时，必须设两道防护栏杆，或立挂安全网加一道防护栏杆。柱子边防护、井架与建筑物通道侧边防护做法如图 5.28、图 5.29 所示，外脚手架防护做法如图 5.30 所示。

(21)建筑物的出入口应搭设长 3 ~6 m，宽于出入通道两侧各 1 m 的防护棚，棚顶应铺满厚度不小于 5 cm 的脚手板，非出入口和通道两侧必须封严。临近施工区域，对人或物构成威胁的地方，必须支搭防护棚，确保人、物的安全。

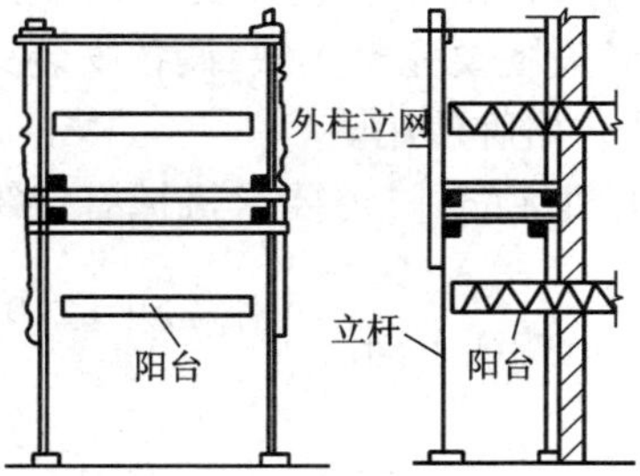

图5.28　阳台边的防护

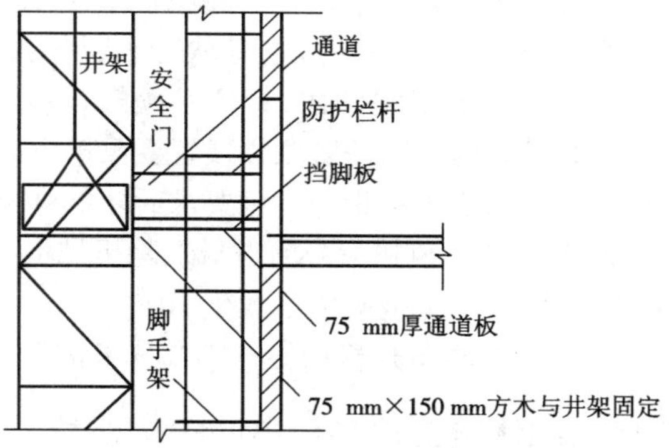

图5.29　井架与建筑物通道侧边防护

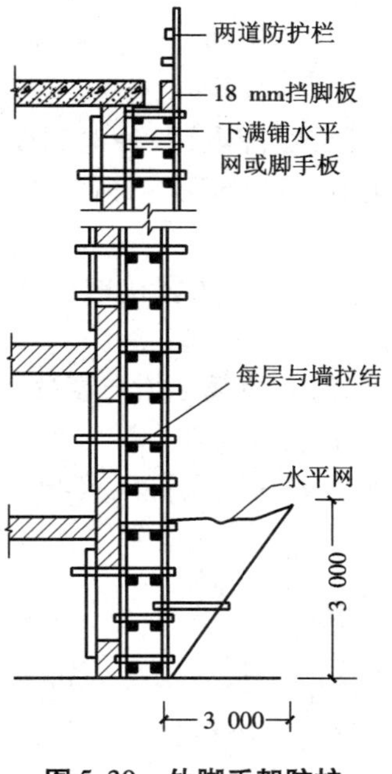

图5.30　外脚手架防护

6.2.3　砌体施工机械设备的安全防护

(1)所有机械操作人员必须持证上岗,坚持班前班后检查机械设备,并经常进行维修保养。

(2)工程设置专职机械管理员对机械设备坚持“三定”制度。安全装置应齐全有效,杜绝安全事故的发生。一经发现机械故障应及时更换零配件,保持机械的正常运转。机操工必须持证上岗,按时准确填写台班记录、维修保养记录、交接班记录,掌握机械磨损规律。

(3)塔吊、井架和龙门架必须有安装和拆卸方案、验收合格证书,记录资料(运行记录、交接班记录、日常检查记录、月检查记录、保养记录、维修记录、油料领取记录等）必须真实、准时、齐全，把机械事故消灭在萌芽状态。所有机械设备都不许“带病”作业。

（4）塔吊基础必须牢固，架体必须按设备说明预埋拉结件，设防雷装置。设备应配件齐全、型号相符，其防冲、防坠联锁装置要灵敏可靠，钢丝绳、制动设备要完整无缺，设备安装完后要进行试运行，必须待指标达到要求后才能进行验收签证，挂合格牌使用。

（5）钢筋加工机械、移动式机械，除机械本身护罩完好、电机无病外，还要求机械有接零和重复接地装置，接地电阻值不大于10 Ω。

（6）施工现场各种机械要挂安全技术操作规程牌，操作人员持证上岗。

6.2.4 砌体施工现场用电的安全仿护

（1）施工临时用电必须严格遵照建设环保部门颁发的《施工现场临时用电安全技术规范》和《现场临时用电管理办法》的规定执行。

（2）现场各用电安装及维修必须由专业电气人员操作，非专业人员不得擅自从事有关操作。

（3）现场用电应按各用电器实行分级配电，各种电气设备必须实行“一机一闸、一漏电”，严禁一闸供两台及两台以上设备使用。漏电开关必须定期检查，试验其动作可靠性。配电箱应设门、上锁、编号，注明责任人。

（4）在总配电箱、分配电箱及塔吊处均作重复接地，且接地电阻小于10 Ω。采用焊接或压接的方式连接，在所有电路末端均采用重复接地。

（5）电箱内所配置的电闸、漏电、熔丝荷载必须与设备额定电流相等。不使用额定电流偏大或偏小的电熔丝，严禁使用金属丝代替电熔丝。

（6）配电房、重要电气设备及库房等均应配备灭火器及砂箱等，配电房房门向外开启，户外开关箱及设置要有防雨措施。

6.2.5 砌体施工的安全保证措施

（1）在操作之前必须检查操作环境是否符合安全要求，道路是否畅通，机具是否完好无损，安全设施和防护用品是否齐全，经检查符合要求后方可施工。

（2）基础砌筑前必须仔细检查基坑（槽）是否稳定，如有塌方危险或支撑不牢固，必须采取可靠措施。

（3）基础砌筑过程中要随时观察周围土层情况，发现裂缝和其他不正常情况时，应立即离开危险地点，采取必要措施后方能继续施工。

（4）基槽外侧1 m以内严禁堆物，施工人员进入坑内应有踏步或梯子。

（5）当采用架空运输道运送材料时，应随时观察基坑内操作人员，以防砖块等跌落伤人。

（6）基槽深度超过1.5 m时，运输材料应使用机具或溜槽，运料不得碰撞支撑，基坑上方周边应设高度为1.2 m的安全防护栏杆。

（7）起吊砖笼和砂浆料斗时，砖和砂浆不应过满。吊臂工作范围内不得有人停留。

（8）在架子上砍砖时，操作人员应向里把碎砖打在架板上，严禁把砖头打向架外。挂线用的坠砖，应绑扎牢固，以免坠落伤人。

(9)脚手架应经安全人员检查合格后方能使用。砌筑时不得随意拆除和改动脚手架，楼层屋盖上的盖板、防护栏杆不得随意挪动拆除。

(10)脚手架上的荷载不得超过 2 700 N/m^2，堆砖不得超过 3 层(侧放)。采用砖笼吊砖时，砖在架子或楼板上应均匀分布，不应集中堆放。灰桶、灰斗应放置有序，使架子上保持畅通。

(11)采用内脚手架砌墙时，不得站在墙上勾缝或在墙顶上行走。

(12)一层楼以上或高度超过 4 m 时，采用脚手架砌墙必须按规定挂好安全网，设护身栏杆和挡脚板。

(13)进入施工现场的人员应戴好安全帽。

实训练习

题目：砖填充墙的砌筑

1. 目的

通过砌筑练习，操作者应掌握砖填充墙砌体的施工工艺、质量检查方法。

2. 作业条件

根据具体条件，预先在实训场地内准备好一个混凝土框架。把学生分成若干小组，安排在实训场地内进行砖填充墙的砌筑实训。

砌筑工具：瓦刀(大铲)、刨锛、托灰板、砖夹、铁锹、灰槽、灰勺等。

质量检测工具：钢卷尺、托线板(靠尺)、线坠、塞尺、水平尺、准线、百格网、方尺等。

砌筑所用材料：烧结普通砖、水泥混合砂浆、拉结钢筋。

3. 步骤提示

1)作业准备

把墙体与柱之间的拉结筋按要求设置好，并把砖提前一天浇水湿润。

2)排砖撂底

砌筑之前应根据砌筑墙的厚度及墙长度进行排砖撂底。

3)立杆挂线

在皮数杆或框架柱上排出砖块的皮数及灰缝厚度。砌筑厚度在一砖厚以下时，宜采用单面外手挂线，砌筑一砖半厚以上墙体时应双面挂线。

4)墙体砌筑

砌筑一般采用“三一砌砖法”，普通砖墙厚度在一砖以上时采用一顺一丁、梅花丁或三顺一丁的砌法，砌筑时必须内外搭砌，上下错缝，并及时把墙与柱的拉结筋压砌在灰缝中。水平灰缝厚度应为 8 ~ 12 mm，砂浆的饱满度应达到 80% 以上。

5)质量检查

在砌筑过程中宜随砌随进行自检,并及时纠正偏差。当砌筑完毕后,应按照主控项目、一般项目和外观质量进行检查。

思考题

1. 填充墙砌筑砂浆可分成哪几类?简述各类砂浆的主要构成成分。
2. 砌体施工时进场材料质量的控制包括哪些措施?
3. 砌块房屋中设置构造柱有哪些构造要求?
4. 简述砌块房屋芯柱的设置和构造要求。
5. 填充墙施工时垂直运输设施的设置要求有哪些内容?
6. 简述填充墙砌体工程质量标准中的主控项目和检验方法。
7. 简述砌体施工的施工人员安全防护要求。
8. 砌体施工现场用电包括哪些安全防护?

第 6 章　砖砌体砌筑

【单元概述】

本章主要讲述砖砌体砌筑的基本规定，砖墙接槎连接砌法，砖基础、墙、柱的砌筑的相关知识。

【学习目标】

掌握各类砖砌体砌筑施工要求与工艺、砌体结构的优缺点、砌体砌筑注意事项，能组织房屋建筑砖砌体砌筑施工。

1　砖墙砌筑

砖砌体砌筑常用的基本规定包括砖墙、砌筑砂浆等规定。

1.1　砖墙砌筑的基本规定

1.1.1　材料的规定

(1)砌体工程所用的材料应有产品合格证书、产品性能检测报告。

(2)块材、水泥、钢筋、外加剂等应有材料主要性能的进场复验报告。

(3)严禁使用国家明令淘汰的材料。

1.1.2　砌筑规定

(1)砌筑基础前，应校核放线尺寸，允许偏差应符合表 6.1 的规定。

(2)基底标高不同时，应从低处砌起，并应由高处向低处搭砌。当设计无要求时，搭接长度不应小于基础扩大部分的高度。

(3)砌体的转角处和交接处应同时砌筑。当不能同时砌筑时，应按规定留槎、接槎。

(4)在墙上留置临时施工洞口，其侧边离交接处墙面应小于 500 mm，洞口净宽度不应超过 1 m。抗震设防烈度为 9 度的地区建筑物的临时施工洞口位置，应会同设计单位确定，临时施工洞口应做好补砌。

表 6.1　放线尺寸的允许偏差

长度 L(或宽度 B)/m	允许偏差/mm
L(或 B)≤30	±5
30<L(或 B)≤60	±10
60<L(或 B)≤90	±15
L(或 B)>90	±20

(5)不得在下列墙体或部位设置脚手眼：

①120 mm 厚墙、料石清水宽度小于 1 m 的窗间墙；

②砌体门窗洞口两侧200 mm(石砌体为300 mm)和转角处450 mm(石砌体为600 mm)范围内；

③梁或梁垫下及其左右 500 mm 范围内；

④设计不允许设置脚手眼的部位；

⑤墙和独立柱的允许自由高度详见第 5 章；

⑥过梁上与过梁成 60°角的三角形范围及过梁净跨度 1/2 的高度范围内。

(6)施工脚手眼补砌时，灰缝应填满砂浆，不得用干砖填塞。

(7)搁置预制梁、板的砌体顶面应找平，安装时应坐浆。当设计无具体要求时，应采用1:2.5的水泥砂浆。

(8)设置在潮湿环境或有化学侵蚀性介质的环境中的砌体灰缝内的钢筋应采取防腐措施。

(9)砌体施工时，楼面和屋面堆载不得超过楼板的允许荷载值。施工层进料口楼板下，宜采取临时支撑措施。

(10)用于清水墙、柱表面的砖，应边角整齐、色泽均匀。

(11)有冻胀环境和条件的地区，地面以下或防潮层以下的砌体，不宜采用多孔砖。

(12)砌砖工程当采用铺浆法砌筑时，铺浆长度不得超过750 mm；施工期间气温超过 30 ℃时，铺浆长度不得超过 500 mm。

(13)砖砌体组砌方法应正确，内外搭砌，上下错缝。清水墙、窗间墙无通缝；混水墙中不得有长度大于 300 mm 的通缝，长度 200～300 mm 的通缝每间不超过三处，且不得位于同一面墙体上。

(14)240 mm 厚承重墙的每层墙的最上一皮砖，砖砌体的阶台水平面上及挑出层，应整砖丁砌。

(15)砖砌平拱过梁的灰缝应砌成楔形缝。灰缝的宽度，在过梁的底面不应小于 5 mm；在过梁的顶面不应大于 15 mm。拱脚下面应伸入墙内不少于 20 mm，拱底应有 1% 的起拱。

(16)砖过梁底部的模板，应在灰缝砂浆强度不低于设计强度的 50% 时，方可拆除。

(17)多孔砖的孔洞应垂直于受压面砌筑。

(18)施工时施砌的蒸压(养)砖的产品龄期不应小于28 d。

(19)砌筑烧结普通砖、烧结多孔砖、蒸压灰砂砖、蒸压粉煤灰砖砌体时,砖应提前1~2 d适度湿润,严禁采用干砖或处于吸水饱和状态的砖砌筑,块体湿润程度宜符合下列规定:

①烧结类块体的相对含水率为60%~70%;

②混凝土多孔砖及混凝土实心砖不需浇水湿润,但在气候干燥炎热的情况下,宜在砌筑前对其喷水湿润,其他非烧结类块体的相对含水率为40%~50%。

(20)竖向灰缝不得出现透明缝、瞎缝和假缝。

(21)砖砌体施工临时间断处补砌时,必须将接槎处表面清理干净,浇水湿润,并填实砂浆,保持灰缝平直。

1.2　砖砌体的砌筑原则和砌体中砖及灰缝名称

砖砌体是由砖块和砂浆通过各种组砌方式砌成的整体。砖墙的组砌方式,是指砖在砌体中的排列方式,砌体强度取决于砖和砂浆的强度等级。

1.2.1　砌筑原则

(1)为了确保砌体强度达到设计要求,组砌方式必须遵行上下错缝、内外搭接、砂浆饱满。

(2)砖砌体是由一块一块的砖,利用砂浆作为填缝和黏结材料,组砌成墙体和柱子的,因此必须错缝砌筑。

(3)为了使砌体搭接牢固、受力性能好,避免砌体出现连续的垂直通缝,砌体必须上下错缝,方法是在墙体两端采用“七分头”“二寸条”来调整错缝,且丁、顺排列有序。

(4)灰缝厚度的控制。必须控制灰缝的厚度为10 mm,最大不超过12 mm,最小不小于8 mm。因为水平灰缝太厚,不仅使砌体产生压缩变形,还可能使砌体产生滑移,对砌体结构不利。水平灰缝太薄,不能使砂浆饱满,同样对砌体结构也有不利影响。如果没有灰缝(即两块砖直接组合在一起,俗称瞎缝),则对砌体结构的整体性影响更大。

1.2.2　砖砌体中砖及灰缝的名称

(1)砖块有三对相等的面,最大的面称为大面,长的一面称为条面,短的一面称丁面。

(2)当砌体的条面朝外时称顺砖,丁面朝外时称丁砖,如图6.1所示。

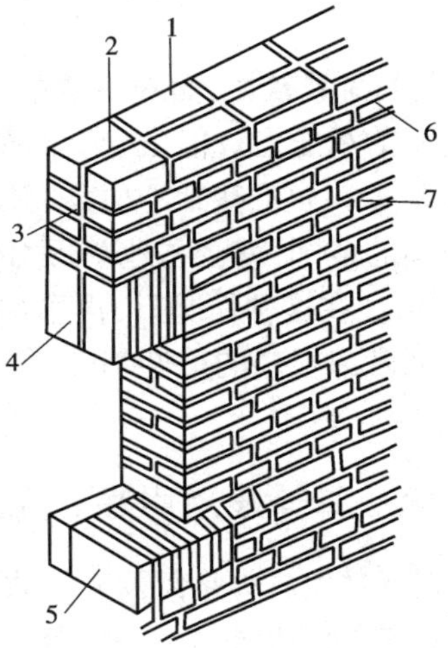

图6.1　砖墙结构名称

1—顺砖;2—花槽;3—丁砖;4—立砖;5—陡砖;6—水平灰缝;7—竖直灰缝

1.3　砖基础的构造形式和大放脚的组砌方式

1.3.1　砖基础的构造形式

(1)砖基础在垫层之上,一般砌筑在混凝土砖基础的下部为大放脚,上部为基础墙,大放脚的宽度为半砖长的整数倍。混凝土垫层厚度一般为 100 mm,宽度每边比大放脚最下层宽 10 mm。

(2)砖基础均属于刚性基础,即抗压强度较高,抗拉强度较低,因此要求基础的高度 H 与基础挑出的宽度 L 之比不小于 1.5(即 $H/L \geqslant 1.5$),也就是说 α 角不小于某一数值,如图 6.2 所示。α 角称为刚性角或压力分布角。

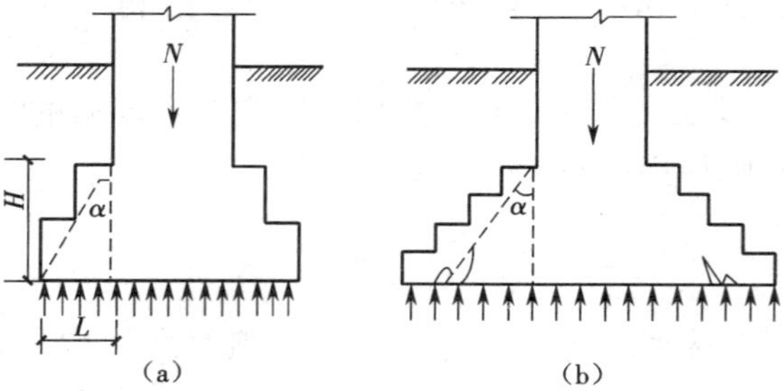

图 6.2　砖基础的受力情况

(a)压力分布角范围内的刚性基础受力情况　(b)超过压力分布角范围的刚性基础受拉开裂破坏情况

(3)基础的每一阶梯都能满足上述的刚性要求,则在强度上才能得到保证,不会发生破裂现象。

(4)上部荷载较大,而地基承载能力又很弱,采用刚性基础就需要加大基础底面宽度来满足单位面积的承压力。但由于受高宽比的限制,势必要将基础做得很大、很厚,这样会给施工带来很多困难。如果基础不加高,只增加宽度(即加宽基础两翼宽度),由于两翼宽度超过了压力分布角的范围,就会在地基反力作用下,使两翼向上翘起,造成基础底部受拉而开裂,如图 6.2(b)所示。在这种情况下,再采用刚性基础已不能确保工程质量。因此,必须考虑采用抗拉和抗压强度都很高的柔性基础,如钢筋混凝土基础。所以,砖基础必须采用阶梯形式,又称“大放脚”。

1.3.2　大放脚一般采用等高式或间隔式

(1)等高式大放脚是每两皮一收,每次两边各收进 1/4 砖长(60 mm),如图 4.11(a)所示。

(2)间隔式大放脚是第一个台阶二皮一收,第二个台阶一皮一收,每次两边各收进 1/4 砖长(60 mm),如此循环变化,如图 4.11(b)所示。

1.3.3　大放脚的组砌形式

(1)一砖墙身六皮三收等高式大放脚。此种大放脚即每两皮砖撰边收进60 mm,收三次,形成三个台阶。按大放脚基底宽度计算式计算可得基底600 mm,加上竖缝宽度实际应为615 mm,即为两砖半宽。

(2)一砖墙身六皮四收大放脚。它属于间隔式大放脚,即两皮砖一收与一皮砖一收相隔组砌;每个台阶为1/4砖长,即60 mm,共四个台阶。按大放脚基底宽度计算式计算可得基底mm,加上竖缝宽度实际为740 mm,其组砌方式如图6.3所示。

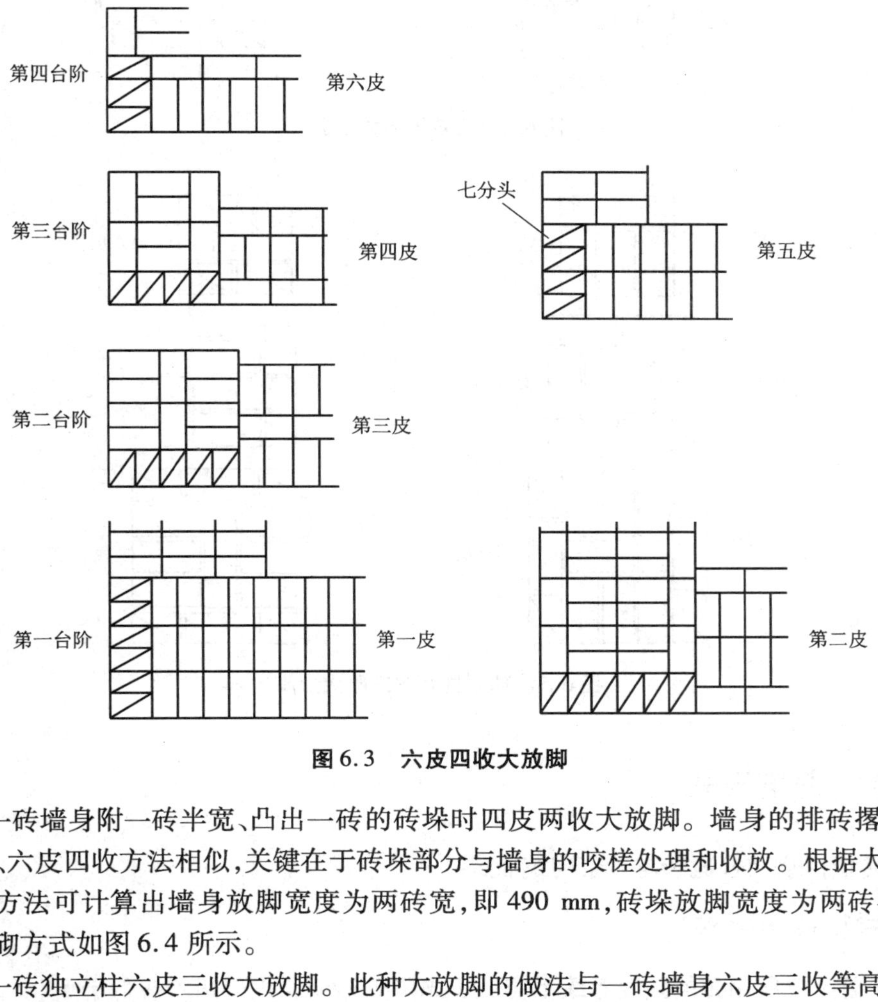

图6.3　六皮四收大放脚

(3)一砖墙身附一砖半宽、凸出一砖的砖垛时四皮两收大放脚。墙身的排砖摞底方法与六皮三收、六皮四收方法相似,关键在于砖垛部分与墙身的咬槎处理和收放。根据大放脚基底宽度计算方法可计算出墙身放脚宽度为两砖宽,即490 mm,砖垛放脚宽度为两砖半,即620 mm,其组砌方式如图6.4所示。

(4)一砖独立柱六皮三收大放脚。此种大放脚的做法与一砖墙身六皮三收等高式大放脚的做法基本相似,基底宽度为两砖半宽,即620 mm,其组砌方式如图6.5所示。

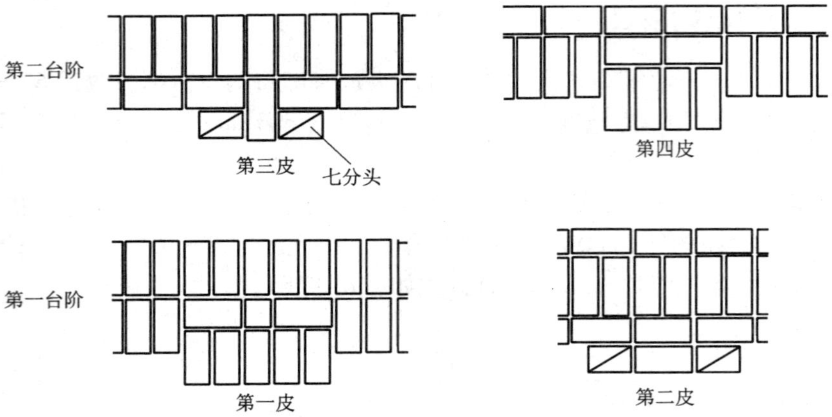

图 6.4　四皮两收大放脚

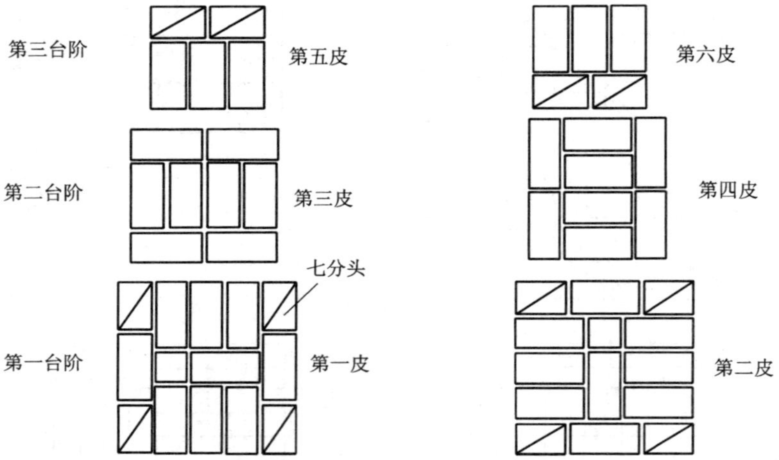

图 6.5　独立柱六皮三收大放脚

1.4　砖墙砌筑形式

普通砖墙由烧结普通砖与砂浆砌筑而成。

1.4.1　材料等级要求

(1)普通砖墙所用砖的强度等级不应低于 MU10,砂浆强度等级不应低于 M2.5。

(2)五层及五层以上房屋的墙以及受振动或层高大于 6 m 的墙,砂浆的最低强度等级不应低于 M5。

(3)潮湿房间的墙所用材料的最低强度等级应符合表 6.2 的要求。

表6.2　潮湿房间的墙所用材料的最低强度等级

墙体周围土的潮湿程度	砖的强度等级		水泥砂浆的强度等级
	严寒地区	一般地区	
稍潮湿的	MU10	MU10	M5
很潮湿的	MU15	MU10	M7.5
含水饱和的	MU20	MU15	M10

1.4.2　组砌形式

普通砖墙的厚度有120 mm(半砖)、180 mm(3/4砖)、240 mm(一砖)、370 mm(一砖半)、490 mm(二砖)等,个别情况有300 mm(5/4砖)的,普通砖墙立面的组砌形式有一顺一丁、梅花丁、三顺一丁、两平一侧、全顺、全丁,具体砌法如图4.22所示。

1.5　砌筑施工

1.5.1　砌筑要求

(1)当基础需要分段砌筑时,必须留斜槎。分段砌筑的高度相差不得超过1.2 m,防止相差过高造成压缩深陷不均。

(2)基础外观要求不高,可以用一些强度高的过火砖,但挠曲变形过大或质量低劣的砖尤其是欠火砖不能用。

(3)基础深浅不一,有错台或踏步等情况时,应从低处向高处砌筑。在高低台阶接头处,同一边线高低台阶搭接长度应不小于500 mm,砌到上面后与上面的砖一起退台。

(4)当有抗震缝、沉降缝时,缝的两侧应按弹线要求分开砌筑,不能搭砌,缝中不要落入砂浆或碎砖。先砌的一边墙应把舌头灰刮清,后砌的一边墙的灰缝应注意不能挤出砂浆过多,以避免砂浆堵住抗震缝、沉降缝,保证缝道畅通。

(5)基础墙上的各种预留孔洞、埋件、接槎的拉结筋,应按设计要求留置,不得事后开凿。

(6)地圈梁底和构造柱需留出支模用的"串杠洞",待拆模后再填补密实,与基础平行的暖气沟墙可以后砌,但基础墙上放暖气盖板的出檐砖要留出,砖基础中的洞口、沟槽等宽度超过500 mm的洞口,其上应砌筑平拱过梁。所用砖与砂浆的强度等级一定要满足设计要求,不得擅自更改。

(7)砌筑基础墙和"大放脚"应采用一顺一丁的组砌形式,要求错缝搭接,退台的每台阶上面一皮砖应为丁砖,这样填土时必须在墙的两侧同时进行,以免单边填土后基础墙在土压力的作用下变形偏移。

1.5.2 基础砌筑前的准备

1. 技术准备

技术准备有两个方面，一方面应熟悉施工图纸，了解设计要求，听取施工技术人员的技术交底；另一方面应对基底垫层的平整度、标高、宽度、基底墨斗线及基础皮数杆的设立等进行检测，看其是否符合设计要求和满足施工需要（必要时在龙门板上绷线检查基槽墨斗线的准确程度）。

1）找平

根据龙门板上的 ±0.000 标高控制线，用水准仪对基底垫层的平整度进行复核，如有偏差，用 M7.5 水泥砂浆或 C10 细石混凝土找平。

2）定位、放线

根据龙门板上标志的基础定位轴线和边线，用经纬仪及吊线锤，将其投放在基底垫层上并做好标点，用墨线弹出两标点之间的连线。

3）确定皮数杆的位置

皮数杆应立在基础的两头和转角处，以控制砖基础的灰缝厚度和标高，皮数杆“0”数应与基底面标高相吻合。

2. 材料、工具准备

（1）砌筑砖基础的材料包括水泥、砖、砂子、掺和料及其他材料等。基础砌筑前应根据设计及规范要求做好备料工作，砖要提前 1 ~ 2 d 浇水，砂子要过筛，并计算好砂浆的配合比与掺和料的比例等。

（2）工具主要有砂浆搅拌机、大铲、刨锛、托线板、线坠、钢卷尺、灰槽、小水桶、砖夹子、小线、筛子、扫帚、八字靠尺、钢筋卡子等。

3. 作业条件准备

作业前应做好如下准备：

（1）检查基槽土壁是否安全，垫层是否验收合格，并办完隐检手续；

（2）现场交通运输畅通；

（3）已放好基础轴线及边线，立好皮数杆，并办好预检手续；

（4）根据皮数杆最下面一层砖的底标高，检查基础垫层表面标高。如第一层砖的灰缝厚度大于 20 mm，应先用细石混凝土找平，严禁在砂浆中掺细石代替或用砂浆垫平，更不允许砍砖找平；

（5）集水井、排水沟的布置要合理，排水要畅通，基槽有积水的要排除；

（6）砂浆配合比由实验室确定，施工现场准备好制作试块的试模。

1.5.3 砖基础的砌筑施工工艺流程

一般基础按其结构形式分为条形基础和独立基础，其操作工艺顺序为：基础定位放线→拌制砂浆→确定组砌方式→排砖撂底→砌筑→做防潮层。

1. 放线

基础砌筑以前,需要对基础进行定位放线,以确保建筑物的位置按设计要求定位。

1)控制桩的测设

轴线控制桩设置在轴线两端延长线上,距离基槽2 m以外,也可以把控制桩投到附近的固定建筑物上。在定轴线中心桩的同时,应对建筑物的四角控制桩进行测设,以提高放线精度。

2)龙门板的测设

龙门板是控制基础施工轴线和标高的设施,在轴线两端基槽外0.8~1.2 m处设置龙门桩。钉桩要牢固垂直,桩面与基槽平行,两桩连线垂直基槽线;将龙门板钉在龙门桩上,板的上边缘标高正好为±0.000;用经纬仪将轴线引测至龙门板上,根据轴线用钢尺在板上量取基槽连线,用小钉作标志,随后用钢尺沿板面检查房屋轴线之间的距离,进行基槽开孔、边界撒白灰线、基槽开挖、基底垫层施工等工作。

2. 拌制砂浆

(1)砂浆的配合比采用的是质量比,配合比由实验室提供。水泥称量精确度控制在±2%以内,砂、石灰膏等掺合料的称量精确度为±5%。

(2)砂浆以机械拌和为好,拌制砂浆的加料顺序为砂子→水泥→掺合料,水拌和时间不得少于2 min。

(3)砂浆应随拌随用,对于水泥砂浆或水泥混合砂浆,必须在砂浆拌制后的3 h内使用完毕。

(4)砂浆强度的测试是在施工现场制作砂浆试块(其尺寸为70.7 mm×70.7 mm×70.7 mm),一组为3块,经养护28 d后送实验室试压测试强度。基础试块按一个楼层计,每250 m^3砌体应制作一组试块,不同强度等级及不同配合比的均应另做试块。

3. 选择组砌方式

(1)大放脚及基础墙一般采用一顺一丁的组砌方式。

(2)砌筑时要求错缝搭接、"退台压丁",即退台时每阶台阶上面一皮应为丁砖,以避免填土时将退台碰掉。

(3)砌筑多采用"三一"砌砖法。

4. 排砖撂底

(1)排砖就是按照基底尺寸线和已定的组砌方式,不用砂浆,把砖在一段长度内整个干摆一层,排时考虑竖直灰缝的宽度,要求山墙摆成丁砖,檐砖摆成顺砖,即所谓数杆标准砌平。

(2)偏差过大的应在准备阶段处理完毕,但10 mm左右的偏差要靠调整砂浆灰缝厚度来解决。所以,必须先在大角处按皮数杆砌好,拉紧准线,才能使撂底工作全面铺开。

5. 砌筑

1)砌盘角

为了砌筑时有规律可循,必须先在转角处将角盘起,再以两端转角为标准拉准线,并按准线逐皮砌筑,当大放脚退台到实墙后,再按墙的组砌方法砌筑。

(1)立皮数杆。基础皮数杆用 20 mm × 20 mm 小方木制作，杆顶应高出防潮层，上面画有砖的皮数、灰缝厚度、大放脚的退台、地圈梁、防潮层以及各种预留洞口、拉结筋的位置。要求在垫层转角、基础高低踏步交接处预先立好皮数杆。

(2)采用混凝土垫层时，可在立皮数杆处预埋一根小木桩，再将皮数杆“山丁檐跑”。因为设计尺寸以 100 为模数，砖以 125 为模数，两者是有矛盾的，这个矛盾要通过排砖来解决。在排砖中要把转角、墙垛、洞口、交接处等不同部位排得既合乎砖的模数，又合乎设计的模数，要求接槎合理、操作方便。排砖是通过调整竖缝的大小来解决设计模数与砖模数之间的矛盾的。排砖结束后，用砂浆把干摆的砖砌起来，就叫撂底。对撂底的要求，一是不能使排好的砖的平面位置走动，要一铲灰一块砖的砌筑；二是必须严格与皮数杆钉在小木桩上。

(3)基础皮数杆砌入基础，使其具有一定的刚度，不易倾斜，在房屋的转角、大角处立皮数杆砌好墙角。

(4)砌盘角。在垫层的转角处按元宝的组砌方法，选较平直、方正的砖进行盘角。砌筑前，垫层表面应清扫干净、洒水湿润，然后再砌盘角，每次砌筑高度不得超过五皮砖(宜为三皮砖，如图 6.6 所示)，并用线锤“三皮一吊”(图 6.7)，检查盘角的垂直度。视线从上往下看，盘角边线应在一条垂线上；从前往后看，垂线与盘角边应平行，并且纵横墙应成直角，如图 6.8 所示。

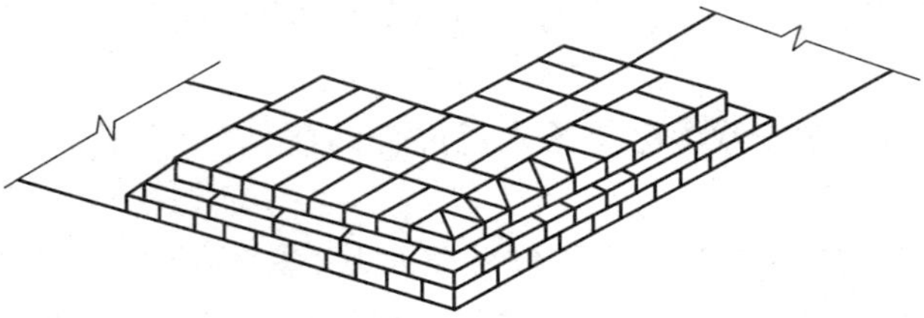

图 6.6　砌盘角

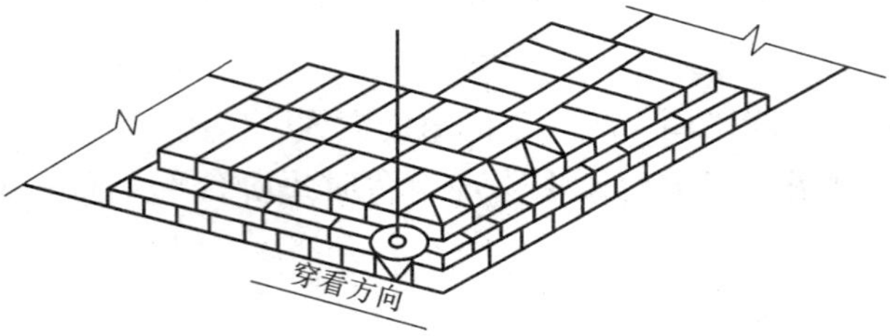

图 6.7　吊线锤

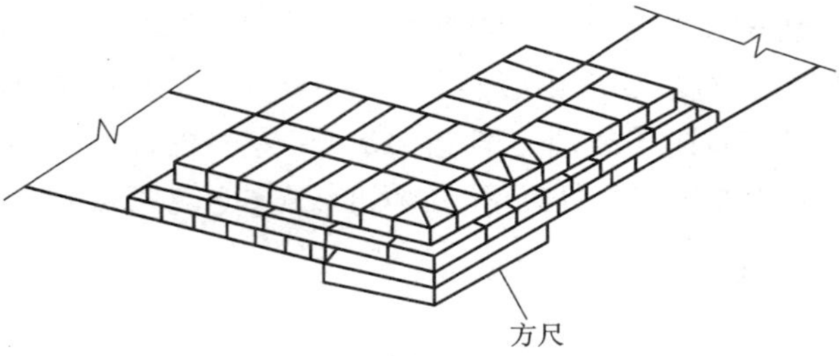

图 6.8　纵横墙成直角

2)检查基础墙标高

用皮数杆检查基础墙的标高有无偏差。当有偏差时,应在砌筑大放脚的操作过程中进行调整,俗称提灰缝或刹灰缝。

3)拉准线

以两端盘角拉准线,两盘角的中间基础墙照线逐层砌筑。按先盘角后砌中间墙的顺序向上砌筑直至设计标高,如图6.9所示。

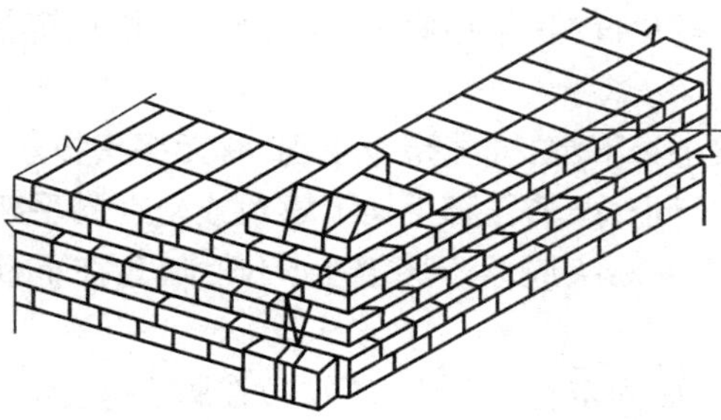

图6.9　拉准线

4)收台阶

基础大放脚收台阶时,每次收台阶必须用卷尺量准尺寸,中间部分砌筑后、砌基础墙前,要利用龙门板拉线检查墙身中心线及边线,并用红铅笔将“中”画在基础侧面,以便随时检查复核。同时要对照皮数杆的砖层及标高,有高低差时,应在水平灰缝中逐渐调整,使墙的层数与皮数杆相一致。基础大放脚应有错缝,利用碎砖和断砖填心时,应分散填放在受力较小的不重要部位。

6. 做防潮层

1)防潮层的作用

防潮层是为了防止土壤中的水分沿基础墙中砖的毛细管上升而侵蚀墙体,造成墙身的表面抹灰层脱落,甚至墙身受潮冻结膨胀而破坏。当基础墙顶部有钢筋混凝土地圈梁时,则可以代替防潮层,如果没有地圈梁则必须做防潮层。

2)防潮层的种类

防潮层的种类有油毡防潮层、防水砂浆防潮层和细石混凝土带防潮层三种。在这三种防潮层中,最常见的是防水砂浆防潮层,在有抗震要求的地方不能用油毡防潮层。

3)防潮层的施工要求

基础防潮层应在基础墙全部砌到设计标高,并在室内回填土已完成时进行。防潮层应作为一道工序来单独完成,不允许在砌墙砂浆中添加防水剂进行砌砖来代替防潮层。防水砂浆防潮层的做法,一般是铺抹20~25 mm厚的防水砂浆。防水砂浆可采用1:2.5水泥砂浆加入水泥质量的3%~5%的防水剂搅拌而成,如使用防水粉,应先把粉剂加水搅拌成均匀的稠浆再添加到砂浆中去。抹防潮层时,应先在基础墙顶的侧面抄出水平标高线,然后用尺夹在基础墙两侧,尺面按水平标高线找准,然后摊铺防水砂浆,待初凝后再用木抹子收压一遍,做到平实且表面拉毛。防潮层的做法也可浇筑60 mm厚的细石混凝土。对防水要求高的可再在砂浆层上铺油毡,但在抗震设防地区不能使用。

1.6 普通实心砖墙的砌筑施工

1.6.1 砖墙砌筑要求

(1)一层楼以上或高度超过 4 m 时,采用脚手架砌墙必须按规定挂安全网、设护身栏杆和挡脚板。

(2)雨雪天要检查脚手架是否下沉,绑扎是否牢固,有无探头板。

(3)严禁站在墙上工作或行走,严禁在脚手架上嬉戏或坐在脚手架栏杆上休息。

(4)在架子上砍砖时,砍下的断头应落于砖墙上,不得随意往下砍砖。挂线用的砖头,应绑扎牢固,防止掉下伤人。

(5)支撑门窗框的拉结条,应固定在楼面上,不得拉在脚手架上。

(6)山墙砌到顶以后,若悬臂高度较高,应及时安装檩条,如不能及时安装檩条,应用支撑撑牢,以防被大风刮倒。

(7)使用卷扬机井架吊物时,应由专人负责开机,每次吊物不得超载,并应安放平稳。吊物下面禁止人员通行,不得将头、手伸入井架,严禁乘坐吊篮上下。

(8)凡进入施工现场人员,必须戴安全帽,不准穿高跟鞋和拖鞋。

1.6.2 准备工作

普通实心砖的准备工作同基础砌筑。

1.6.3 普通实心砖墙的砌筑

普通实心砖墙砌筑的施工顺序为:确定组砌方式→抄平放线→试摆砖→立皮数杆→盘角→挂线→砌筑→清理。

1. 确定组砌方式

砖墙的组砌方式很多,可以是一顺一丁、梅花丁、三顺一丁等,一般选用一顺一丁组砌形式,如果规格不太理想,则可以选用梅花丁组砌形式。组砌形式确定以后,接头形式就随之确定。以 240 mm 实心墙体为例,采用一顺一丁组砌的砖墙大角的摆法如图 6.10 所示,丁字墙、十字墙接头如图 6.11、图 6.12 所示。

2. 抄平放线

抄平放线是指基础施工完成后,应测出四大角、平面几何特征变化处以及立皮数杆处等点的实际高程,找出与设计标高的差值并标注在地圈梁上,同时记录在放线记录上,以便确定和计算砌筑高度、灰缝厚度和组砌层数,保证砌体上口标高一致。放线则是利用控制桩找出轴线及交点,然后弹出所需的线。放线完成后应进行校验,其允许误差应满足《砌体结构工程施工质量验收规范》(GB 50203—2011)的要求。找平放线的步骤如下。

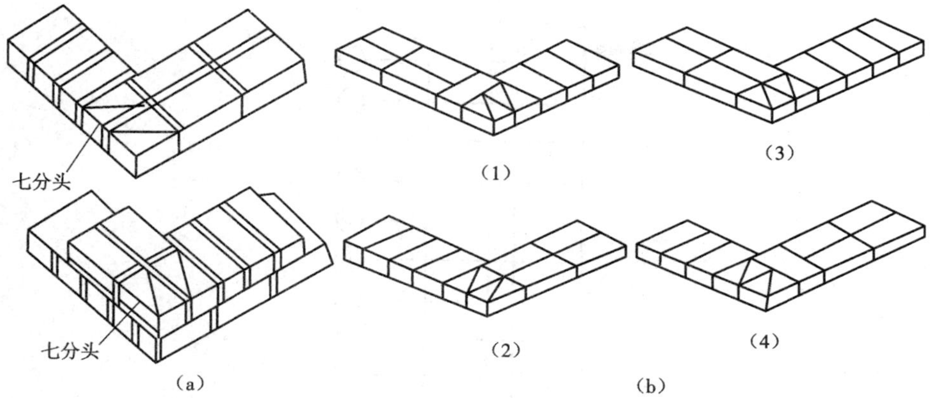

图 6.10　砖墙大角的摆法

(a)十字缝摆砖　(b)骑马缝摆砖

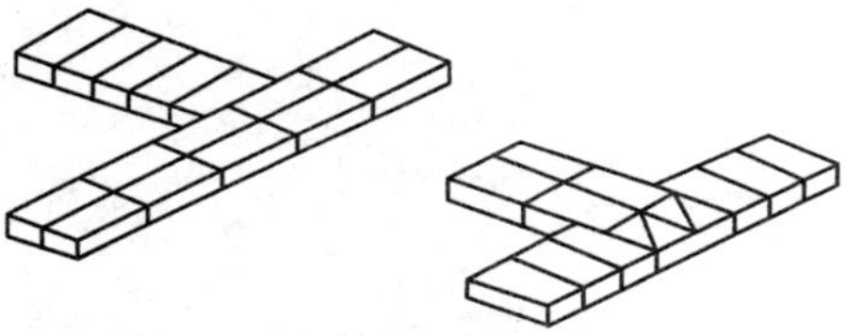

图 6.11　丁字墙接头

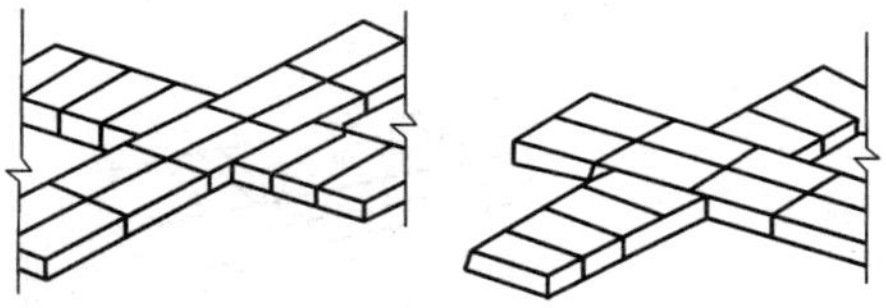

图 6.12　十字墙接头

(1)基础设置地圈梁时,可利用地圈梁混凝土找平,检测其标高可采用水准仪,没有地圈梁处可利用防潮层水泥砂浆找平;然后利用各主要墙上的主轴线,在防潮层面上用细线将两头拉通,沿细线每 10 ~ 15 m 画标记,再将各点连通弹出墙的主轴线;最后弹出墙的其他轴线。

(2)轴线弹出后,根据轴线尺寸用尺量出门窗洞口位置,用墨线在基础墙面上、门窗洞口上打上交叉的斜线。窗口画在墙的侧面,用箭头表示其位置和宽、高尺寸。

(3)楼层板底标高控制宜以皮数杆控制,另外可利用在室内弹出的水平线来控制。当底层砌到一步架高度后,用水准仪根据龙门板上的 ±0.000 标高点,在室内进行抄平,并弹出高出室内地坪的 0.5 m 标高控制线,用以控制底层过梁及楼板的标高。

(4)二层以上楼层的测量放线工作,是在房屋纵横方向中间部位各选取一条主轴线,如图 6.13 所示;将经纬仪分别架在两轴线的延长线上,用望远镜将该轴线中心引测到下层楼板的边棱上(画上标记),如图 6.14 所示;依次操作可得到两两对应的四点,并用墨线弹出互相垂直的一对主轴,如图 6.15 所示。根据这两条主轴线用钢尺和轴线在楼层上放出其中轴线。墙体砌到一定高度后,先从底层水平线用钢尺往上量出第二层水平线的第一个标志,然后以此标志为准,定出各墙面的水平线,以控制第二层的板底标高。

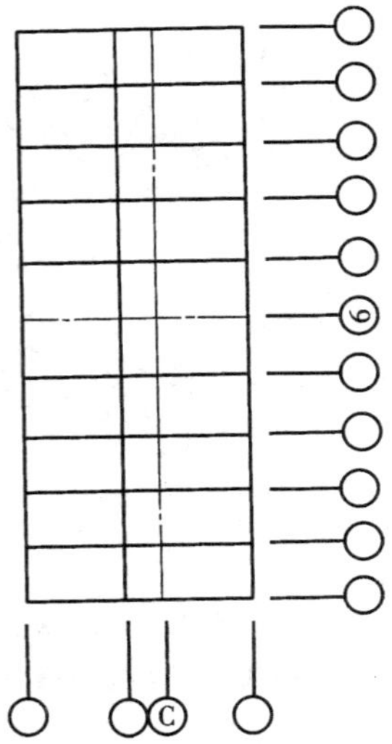

图 6.13　选主轴线

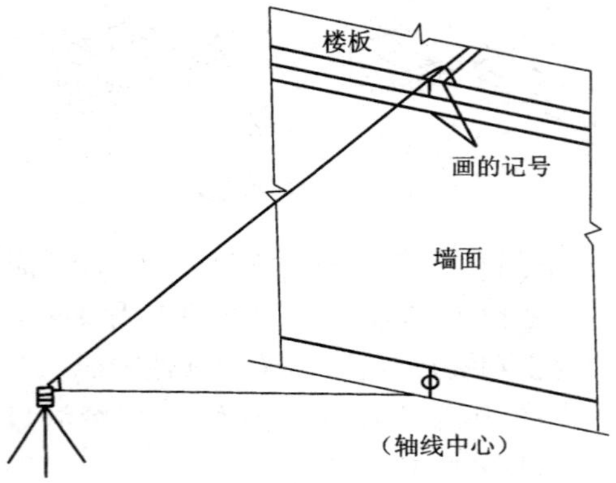

图 6.14　轴线引测到楼板

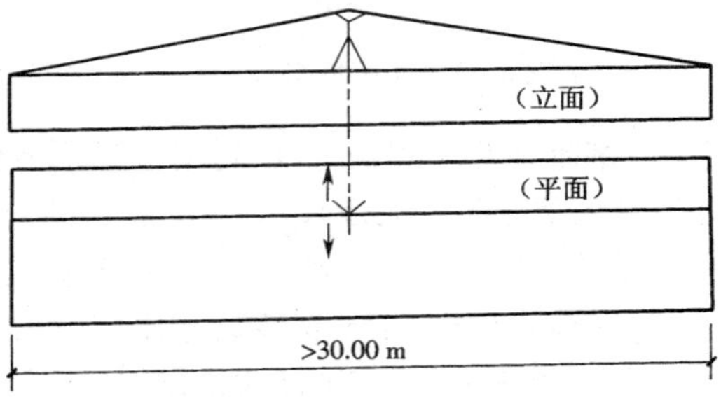

图 6.15　弹出轴线

3. 试摆砖

试摆砖又称干摆砖，其目的是在墙体砌筑前，沿墙的纵横方向，特别是在内外墙交接处，通过调节竖向灰缝的宽窄，保证每一层砖的组砌都能规则统一并符合模数。

(1)当砖的长、宽尺寸有正负差时，应注意丁砌和顺砌砖的竖向灰缝要相互协调，尽量避免竖向灰缝大小不均匀。

(2)在基础防潮层或楼板上弹出墙身线，画出门窗洞口尺寸线。当砌清水墙时，还须画好门窗洞口的位置，然后用比较标准的砖进行试摆砖，防止用偏差大的砖撂底造成上部砌筑困难。另外，在摆砌中同时要将窗间墙的竖缝分配好。

(3)在砌筑之前，都要进行摆砖撂底。在整个房屋外墙的长度方向放上卧砖，排出灰缝宽度(约 1 cm)，从一个大角摆到另一个大角。一般采用山墙放丁砖，檐口放顺砖，即俗称“山丁檐跑”的方式。

(4)在摆砖时注意门和窗洞口及窗间墙、附墙砖垛处的错缝砌法,看看能不能赶上好活(即排成砖的模数而不打破砖)。如果在门、窗洞口处差1~2 cm,赶不上好活,允许将门、窗移动1~2 cm以配合之;根据门、窗洞口宽度,如必须打破砖时,在清水墙面上的砍砖最好赶在窗口上下不明显的地方,不应赶在墙垛部位;另外在摆砖时,还要考虑到在门、窗洞口两侧的砖要对称,不得出现阴阳膀。所以,在摆砖时必须要有一个全盘计划。

(5)防潮层的上表面应该水平。为了校验与皮数杆上的皮数是否吻合,也要通过撂底找正标高。如果水平灰缝太厚,一次找不到标高,可以分次分皮逐步找到标高,争取在窗台口达到皮数杆规定标高,但四周的水平缝必须在同一水平线上。

4. 立皮数杆

为了保证砌体在高度上层数统一,并控制灰缝大小和砌筑竖向尺寸,在砖墙的转角处及交叉处立皮数杆(皮数杆间距不超过15 m,过长应在中间加立),在皮数杆之间拉准线,依准线逐皮砌筑,其中第一皮砖按墙身边线砌筑。皮数杆是一层楼墙体的标志杆,一般为木制,其上画有每皮砖和灰缝的厚度以及门窗洞口底部、过梁楼板、梁底标高位置,用以控制墙体的竖向尺寸。皮数杆一般立在墙的大角、内外墙交接处、楼梯间及洞口多的地方。在砌筑时应检查皮数杆上的±0.000是否与房屋(或楼面)的±0.000相吻合。

5. 盘角

砌墙时,应先拉通线,按所排的干砖位置把第一皮砖砌好,然后在要求的位置安装皮数杆标注,开始盘角(又称立大角、把大角)。盘角时每次不得超过六皮砖高,并按“三皮一吊、五皮一靠”的原则随时检查,把砌筑误差消灭在操作过程中,最后从墙角处拉好准线作为砌筑的依据,盘角的操作要点如下。

(1)盘角处1 m的范围内,按组砌方法,挑选平直、方整的砖先砌3~5皮,转角部位采用“七分头”砖使墙体上下错缝、内外搭接(图6.16),并用方尺检查其方正度,用线锤检查其垂直度。

图6.16　砌盘角

(2)五皮砖砌完后,两端拉通线检查砖墙槎口处砖是否有抬头或低头的现象,并核对砖的皮数,不得出现错层。

(3)随着盘角的不断砌筑,要不断地用托线板检查墙的垂直度,纵横墙要呈直角。

(4)在砌筑过程中,要随时与皮数杆对照,严格控制层的上口高度。

6. 挂线

盘角完成预定高度后，要及时挂准线，以便控制盘角之间墙体的砌筑。一般 240 mm 厚墙单面挂线，370 mm 厚墙双面挂线。挂准线的操作要点如下。

(1)外墙大角挂线。用线拴上半截砖头挂在大角的灰缝里，然后用别线棍(小竹片或22号火烧丝)别住，防止线陷入灰缝中，别线棍别在离转角 20～40 mm 处，如图 6.17 所示。

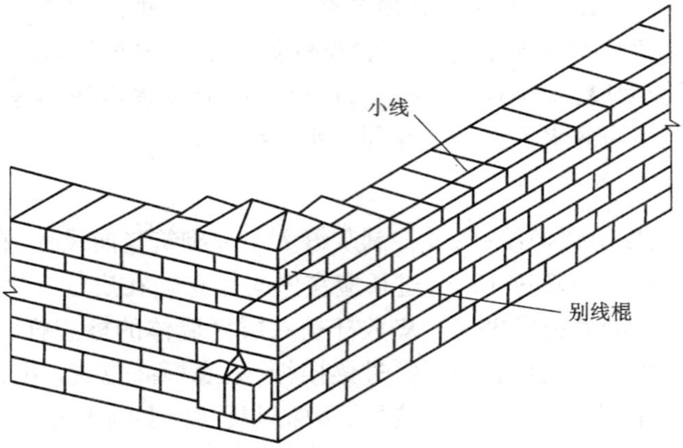

图 6.17　外墙大角挂线

(2)内墙挂线。挂线不用线锤，先拴立线，后将准线挂在两端立线上，这样可以减少槎口砖偏斜带来的误差，如图 6.18 所示。

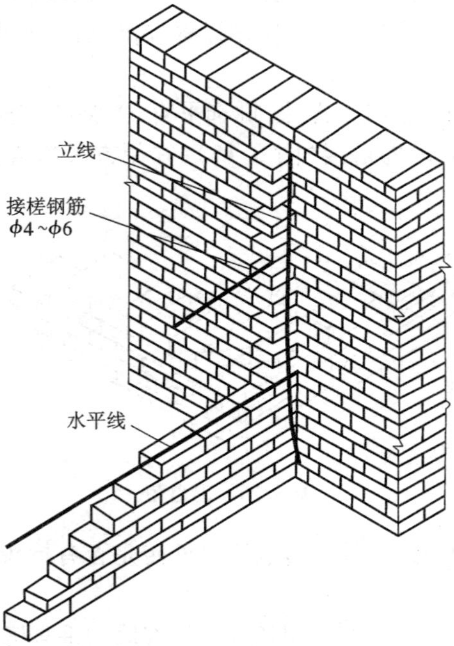

图 6.18　内墙挂线

(3)挑线。挂线长度超过20 m时,线会因自重而下垂,为此应在墙的中间砌上一块挑出墙身3～4 cm的腰线砖,托住准线(此时必须保证线的平直),再用砖将线压住,如图6.19所示。

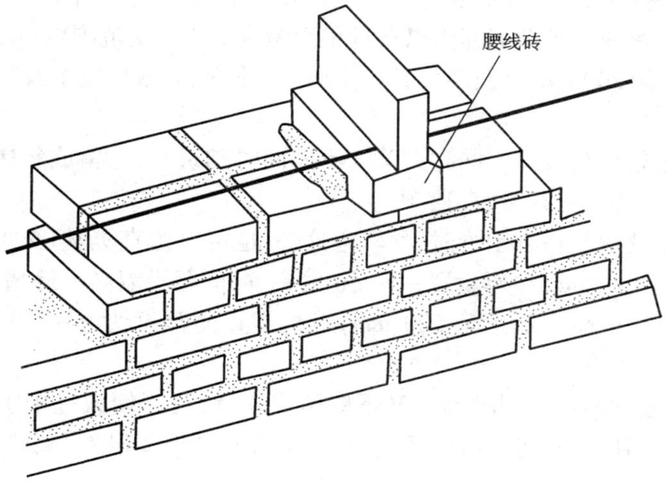

图6.19　挑线

7.*砌筑*

可采用"三一"砌筑法、"挤浆"砌筑法。"三一"砌筑法是指一铲灰、一块砖、一揉挤的砌筑方法。8度以上地震区的砌筑工程宜采用此操作方法砌筑。"挤浆"砌筑法是先用砖刀或小方铲在墙上铺500～600 mm长的砂浆,用砖刀调整好砂浆的厚度,再将砖沿砂浆面向接口处推进并揉压,使竖向灰缝有2/3高的砂浆,再用砖刀将砖调平,依次操作。此法要求砂浆有较好的和易性,砌筑施工要点如下。

(1)角砖要平、绷线要紧。盘好角是砌好墙的保证,盘角时应注重一个"直"字,砌好角才能挂好线,而线挂好并绷紧才能砌好墙。

(2)上灰要准、铺灰要活。底角与绷线都达到了要求,还要看每一块砖是否摆平,灰浆厚薄是否一致,且铺灰是摆平砖的保证。待灰浆基本铺平以后,只能用手轻轻揉压砖块,将砖块调平,不宜用砌刀击平。

(3)砌顺砖时要依据"上跟线、下跟棱"的原则,将砖摆好。跟棱附线是砌平一块砖的关键,否则每层砖就会砌成曲线,以致整个墙面不平整,且水平方向灰缝不平直。砌丁砖时,身体稍外探,用眼睛穿看墙面丁砖的侧边,使其与下面已砌好的丁砖面对齐,避免"游丁走缝"。

(4)皮数杆要立正、紧直、固定牢固。在砌筑过程中应做到"三皮一吊、五皮一靠",墙砌到一步架时,要用托线板全面检查垂直度。

(5)实砌墙水平灰缝的砂浆饱满度不低于80%,竖缝宜采用挤浆或加浆的方法使其砂浆饱满。

(6)上下层要错缝,相隔层竖缝要对直,不能上、下通缝,也不能"游丁走缝",要保证丁砖的中线与下层条砖的半线重合，即“丁压中”；内外要搭接，至少每隔三皮砖搭接一次；每层承重墙的最上一层皮砖应用丁砖砌筑，以改善砌体受力性能。门窗、管道等洞口以及预埋件等应在砌筑时留置，避免后凿。

(7)使用单排脚手架时，下列墙身部位不能留置脚手架眼：包括半砖墙、空斗墙与独立柱；过梁上与过梁成60°角的三角形范围内以及过梁净跨度1/2高度范围内；宽度小于1 m的窗间墙；砌体门窗洞口两侧200 mm以及转角处450 mm范围内；梁或梁垫下及其左右各500 mm的范围内。

(8)砖墙的转角处和交接处应同时砌筑。不能同时砌筑时，应留成斜槎，斜槎水平投影长度不小于高度的2/3，槎子必须平直、通顺。

(9)当临时间断处留斜槎有困难时，除转角处外，也可以留直槎，但必须做成阳槎，并加设拉结筋。其数量为每120 mm墙厚设置一根$\phi 6$的钢筋，间距沿墙高不得超过500 mm，埋入长度从墙的留槎处算起，每边应不小于500 mm，对抗震设防烈度为6～7度的地区，不应小于1 000 mm，末端应有90°弯钩。

(10)隔墙与墙或柱如不能同时砌筑又不能留成斜槎，可于墙或柱中引出阳槎，或于墙或柱中的灰缝中预埋拉结筋(其构造与上述相同，但每道不少于2根)。隔墙顶应用立砖斜砌挤紧。

8. 清理

砌筑完成后及时清理砖缝、墙面及落地砂浆等。

1.6.4 砖墙常见质量问题原因及防止措施

(1)砖墙砌筑常见质量问题原因及防止措施见表6.3。

表6.3 砖墙砌筑常见质量问题原因及防止措施

序号	类型	原因	防止措施
1	砂浆强度不稳定	1. 计量不准：砂浆配合比多数工地使用体积比；以小车为计量单位；砂子含水率变化和运料途中丢失	建立施工计量工具校验、维修、保管制度，计量工作派专人监控，配合比按重量比计算
		2. 施工时为使砂浆和易性好，使用的塑化材料(石灰膏等)超过规定用量，降低了砂浆强度	将塑化材料调成12 cm的标准稠度后称量，或测出其实际稠度后进行换算
		3. 原材料质量不符合有关要求	加强原材料的进场验收工作
		4. 砂浆试块的制作、养护方法和强度取值等没有执行规范的统一标准，数据不准	对砂浆试块应有专人按有关规定负责制作和养护
		5. 砂浆搅拌不均匀，人工搅拌次数不够，机械搅拌加料顺序颠倒	人工拌和：增加搅拌次数 机械搅拌：严格按加料顺序加料

续表

序号	类型	原因	防止措施
2	砖砌体组砌混乱	1. 因混水墙面要抹灰，操作人员忽视组砌形式，则出现多层砖的直缝	应使操作者了解组砌形式，不只是为了墙面美观，更是受力的需要
		2. 砌筑砖砌体需要大量七分头砖来满足内、外层错缝的要求，由于砍制七分头砖增加许多工作量，影响砌筑效率，对此许多操作人员不够重视，只求效率，不顾质量	墙体中砖搭接不得少于1/4砖长；为了节约，允许使用半砖头，但必须满足1/4砖长的搭接要求；半砖应分散砌于混水墙中
3	砖缝砂浆不饱满	1. 砌筑砂浆和易性差，挤浆费劲；铺完砂浆后，使底灰产生空隙，砂浆层不饱满	改善砂浆和易性，铺砂浆应均匀不留空隙
		2. 用铺浆砌砖法砌筑时，因铺灰过长，砌筑速度跟不上，砂浆中的水分被底砖吸收	改进砌筑方法，应采用“三一”砌砖法，即“一块砖、一铲灰、一揉挤”的砌筑方法
		3. 用干砖砌筑，使砂浆早期脱水	应将砖适当润湿后再砌筑
4	螺丝墙	1. 基层标高偏差较大，砌筑时没有按皮数杆控制砖的层数	基层用细石混凝土找平，使砖层符合皮数杆要求
		2. 砌同一层砖时，误将负偏差当作正偏差，把提灰当成压灰，其结果差了一层砖	采取提(压)灰缝调整墙面标高误差；挂线两端应相互呼应；墙体一步架砌完前，应进行抄平
5	墙面凹凸不平、水平灰缝不直	1. 砖的尺寸不标准	不标准的砖用于不重要的部位
		2. 墙体长度超过20 m时，拉线不紧，挂线产生下垂	挂线长度超过20 m时，应加腰线砖，所用腰线砖灰缝厚度应调平
		3. 吊垂线时没有从下步脚手架墙面向上引伸，使墙体在两步架交接处，出现凸凹不平、水平灰缝不直现象	吊垂线应从下面一步架墙面向上引伸，垂线延至上步架墙面至50 cm
6	清水墙游丁走缝	1. 砖的规格不好，砖超长，宽度方向偏小，在丁顺互换的过程中产生偏差	不合规格的砖，用于墙体不重要的部位
		2. 砌窗间墙时由于分窗口的边线不在竖缝位置，使窗间墙的竖缝搬家、上下错位	干砖预排一定要认真进行，最好把窗口的位置在摆砖时一起考虑，当窗口分好后，如果竖缝错位，可在2 cm内适当调整
7	留槎不符合要求	1. 操作者对接槎的重要性认识不足，习惯留直槎	加强对操作者教育，认识接槎的重要性和正确处理方法
		2. 施工组织不当，造成留槎过多；砌墙时检查、督促不够	在施工组织和安排时，要统一考虑留槎适当位置；加强监督检查工作

续表

序号	类型	原因	防止措施
8	清水墙面勾缝污染	1. 墙面浇水不透	勾缝前要对墙面浇好水
		2. 有的灰缝太小,甚至没有开缝,以致溜子无法嵌入缝内,托灰板接触墙面产生污染	做好灰缝开补工作
		3. 勾缝结束未彻底清扫	勾缝结束后要彻底清扫

1.7 空斗砖墙的砌筑

1.7.1 砌筑前的准备工作

1. 材料准备

应选用边角整齐、规格一致、颜色均匀、无挠曲和裂缝的整砖,砖的强度等级不低于MU10,宜用不低于M2.5的混合砂浆砌筑。

2. 技术准备

(1)复核基础墙的轴线、标高,安排好门、窗洞口尺寸。因为空斗墙采用披灰砌筑,难以从灰缝中调整找平,因此必须检查皮数杆的空斗皮数是否符合要求,对斗皮和卧皮一定要根据砖的实际情况排好。

(2)基础往上勒脚部分,必须用实心砖砌筑,皮数杆应符合要求。

(3)根据设计图纸确定几斗几眠,做好有关部位的相应衔接,安排好洞口镶边和标高。

(4)砖块在砌筑前1 d浇水润湿。

(5)按照图纸确定的几斗几眠先进行排砖,要把墙的转角和交接处排好,把门口和窗口按砖的模数安排合适,并应在转角处、丁字交接处和砖垛与墙体交接处使上、下皮均互相搭砌。

(6)排砖不足整砖处,可加砌丁砖或平砖,不得采取砍凿斗砖砌筑。

(7)排砖时,应排砌均匀,灰缝横平竖直。灰缝厚度保证为10 mm,最小不应小于7 mm,最大不应大于13 mm,并保证上皮斗砖能错缝搭砌。

1.7.2 砌筑要点

(1)大角砌筑,空斗墙的外墙大角,须用标准砖砌成锯齿状与斗砖咬接。盘砌大角不宜过高,以不超过3个斗砖为宜,并随时用托线板检查垂直度,同时还应检查与皮数杆是否相符。

(2)空斗墙的内外墙应同时砌筑,不宜留槎,附墙砖垛也必须与墙身同时砌筑,内外墙交接处和附墙砖垛应砌实心墙。

(3)空斗墙砌筑时要做到横平竖直、砂浆饱满,要随砌随填,发现歪斜和不平应及时纠正,严禁墙体砌完后,再撬动或敲打墙体。

(4)空斗墙的空斗内不填砂浆,墙面不应有竖向通缝。

(5)空斗墙上过梁,可做成平砌式钢筋砖过梁,当支承于承重墙上时,其跨度不宜大于1.2 m,当用于非承重的空斗墙上时,其跨度不宜大于1.75 m。

(6)为提高空斗墙的受力性能,在墙的转角处和交接处,室内地坪以下全部砌体,室内地坪和楼板面上三皮砖部分,三层房屋外墙底层窗台标高以下部分,楼板、圈梁、搁栅和檩条等支承面下2~4皮砖的通长部分,梁和屋架支承处,壁柱和洞口的两侧24 cm范围内,屋檐和山墙压顶下两皮砖部分,作填充墙时与框架拉结筋的连接处以及预埋件处等,应砌成实心墙。

(7)空斗墙与实心墙的竖向连接处应相互搭砌,砂浆强度等级不低于M2.5,以加强结合部位的强度。

(8)空斗墙中留置的洞口和预埋件,应在砌筑时留出,不得砌完再砍凿。

1.8 楼层墙的砌筑

楼层砖墙的砌筑关键是保证楼板上下的砖墙在同一垂线上,外墙灰缝上下均匀一致,其操作要点如下。

(1)现浇混凝土楼板,必须待混凝土强度达到5 MPa以上方可进行;预制混凝土多孔板,在灌好缝、找平后即可安排砌筑。

(2)砌砖之前要检查皮数杆是否由下层标高引测,皮数杆的绘制方法是否与下层吻合,内墙应检查所弹的墨斗线是否同下层墙重合,检查皮数杆的杆底标高是否与设计相符,有时因为楼板本身的误差和安装误差,可能出现第一皮砖砌不下或者灰缝太厚,这时要用细石混凝土垫平。

(3)楼层外墙上的门、窗、挑出件等应与底层或下层门、窗、挑出件等在同一垂直线上。分口线应用线锤从下面吊挂上来,厨房、卫生间等容易积水的房间,要注意图纸上该类房间地面比其他房间低的情况,砌墙时应考虑标高上的高差。

(4)楼层砌砖时,特别要注意砖的堆放不能太多,不准超过允许的荷载,如造成房屋楼板超荷,有可能引起重大事故。

(5)在砌体施工中,墙内预埋水管、电线管是常见的现象。为了保证砌体质量,应采用合理的砌筑方法以确保结构安全,处理的方法如下。

①对水平管可在墙体中埋开槽的预制砌块,管道后嵌固安装进去。

②对竖向单根ϕ20以内的PVC管,可在墙中预埋,宜在墙厚1/2处埋设,管道周边应用砂浆填实;多根PVC管因其集中对砌体影响较大,应在墙中安放水平墙拉筋,并在竖向浇筑混凝土来补强。

③严禁在墙中开槽埋管,防止因墙体厚度削弱而影响结构安全。

1.9 坡屋顶封山和拔檐砌筑

当山墙砌到檐口标高后,即可往上收砌山墙,山墙上搁置檩条或其他构件。单坡屋面的山墙呈三角形,双坡屋面的山墙呈等腰三角形或不等腰三角形。

1.9.1 封山砌筑工艺顺序

封山砌筑工艺顺序为:准备→立皮数杆→挂斜线→砌筑→安檩条→封山→勾缝。

1.9.2 封山的操作要点

(1)砌筑山尖一般是在山墙中心钉一根皮数杆,在皮数杆上屋脊标高处钉一个钉子,作为拉斜向准线的依据,斜线坡度与屋面坡度相同,以此作为砌筑屋面时定坡度的退砌依据。砌筑时还必须根据实际情况挂水平线。

(2)按皮数杆的皮数和斜线的标志以退步槎的形式向上砌筑,其水平灰缝厚度应根据每砌 3 ~5 皮砖后测量与斜线之间的高度来控制。砌到檩条底标高时,应将位置留出,有垫块或垫木时,应预先将其按标高位置放置。

(3)在山尖处按规定搁置檩条。

(4)檩条放好之后即可进行封山。封山前应检查山尖是否居中,房屋中间与山墙尖是否在同一直线上,山墙的两端是否对称,符合要求后方可砌筑。平封山按已放好的檩条上表面拉线,用砂浆和砖将檩条间砌平。顶坡的砖要砍成楔形砌成斜坡,然后抹灰找平檩条的顶面,如图 6.20 所示。高封山应根据设计高度要求,先在靠山墙脊檩端头竖向钉一根皮数杆,杆上标明高封山的顶部标高,随后往前、后檐拉线,并按线砌筑封山墙,如图 6.21 所示。

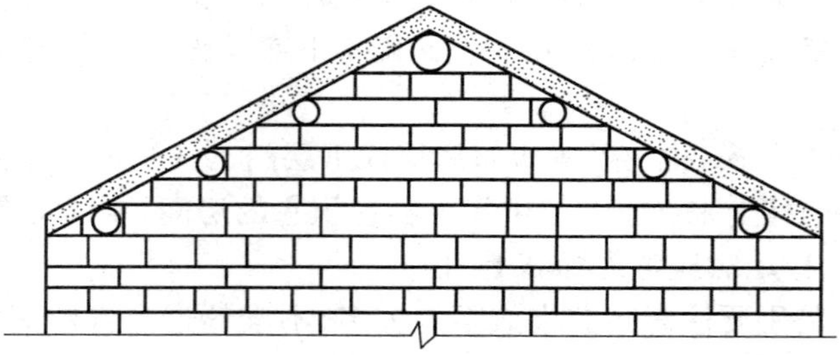

图 6.20 砌平封山

(5)当封山高出屋面较多时,可在封山内侧 200 mm 高处向屋面一侧挑出一砖厚,出墙 1/4 砖作滴水檐。高封山砌完后,在墙顶上砌一层或两层压顶出檐砖,其上抹 1:2或 1:3水泥砂浆作出压顶。

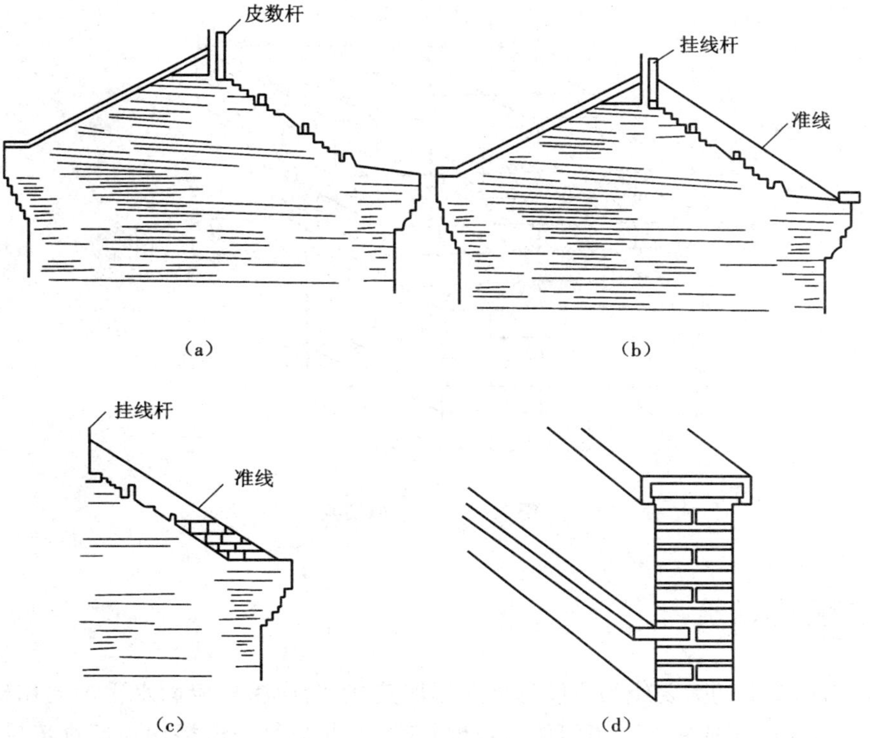

图 6.21　封山

(a)钉皮数杆　(b)拉斜线　(c)砌高封山墙　(d)压顶

1.9.3　拔檐

拔檐是在山墙前后檐口处,向外挑砌的砖砌体,使山墙高出檐口有一个很好的收头,同时遮住纵墙檐口和落水管,增加建筑物的美观。拔檐的形式有一皮一挑、二皮一挑和间隔挑,其操作要点如下。

(1)砖块要经过挑选,要求边角整齐、色泽一致,砖要适当润水后方可使用。

(2)砌筑砂浆的强度等级应较墙体强度等级提高一级。

(3)挑层中竖向灰缝必须饱满,砌筑时宜由外往里,水平靠向已砌好的砖,将竖缝挤紧,放砖动作要快,砖放平后不再动,然后再砌一块砖把它压住。当出檐较大时,应分两次完成,一般每层砌筑高度不大于八皮砖。

(4)出檐每次挑出长度不大于 60 mm,最大不应超过砖长的 1/3。

(5)砌筑前先在出檐两端挑出 1 ~2 块砖,再顺着砖下口拉线穿平。砌出砖檐时,头缝应披灰,同时外口应略高于里口。清水墙封檐的灰缝应与砖墙灰缝错开。拔檐的做法如图 6.22 所示。

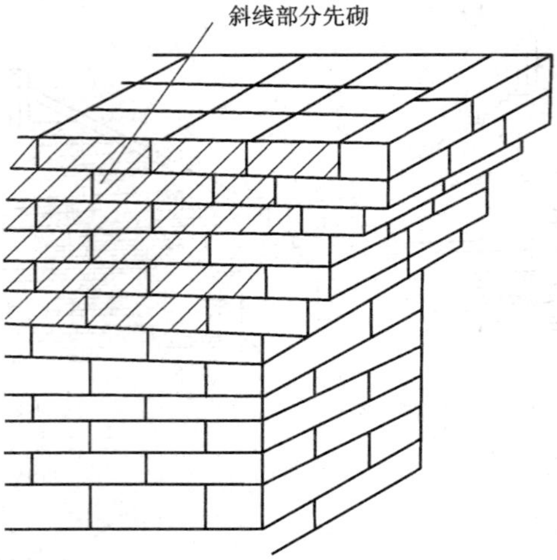

图 6.22　砖拔檐墙身

1.10　腰线的砌筑

因建筑物构造上的需要或为了使其外形更加美观,沿房屋外墙面水平方向用砖挑出各种装饰线条,这种水平线叫腰线。砌筑法与拔檐基本相同,只是一般多用顶砖逐皮挑出,每皮挑出为 1/4 砖长,最多不得超过 1/3 砖长。也有用斜角挑出的,组成连续的三角状砖牙,还有的用立砖与顶砖组合挑砖花饰等,如图 6.23 所示。

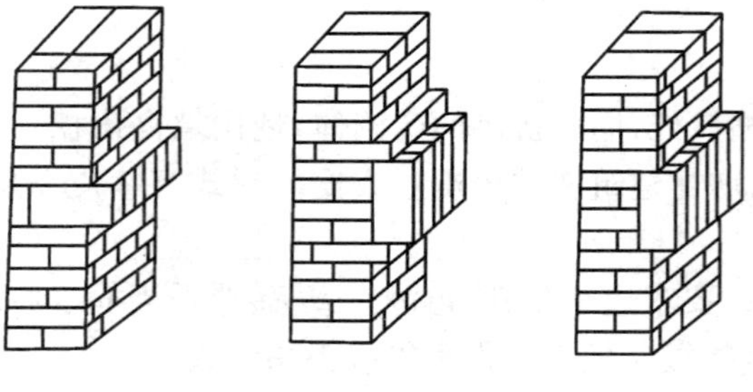

图 6.23　腰线

1.11　楼梯栏杆和踏步的砌筑

1.11.1　栏杆的砌筑

砖砌栏杆基本上同砌山尖和封山相同。

它是在楼梯栏杆两端各立一皮数杆,标明栏杆的砖层及标高,按标高在两皮数杆间拉斜向准线，准线即是栏杆的位置及高度；砌到准线时，砖要砌成斜形，使砌筑坡度与准线吻合，全部砌完后，栏杆顶用水泥砂浆进行抹灰，作为楼梯扶手。

1.11.2　踏步的砌筑

(1)有些民用建筑采用楼梯间砖墙直接支承踏步板，可将预制成“L”或“一”字形钢筋混凝土踏步板的两端砌在楼梯墙上，这样踏步板的安砌应和砌墙配合进行。

(2)施工前先做一个活动的皮数杆，将每步标高画在上面，每个踏步板的水平位置，用投影法标在楼梯间砖墙底部。

(3)应注意楼梯间标高是否与皮数杆底标高相同，当标高不同时应调整其高差。

(4)施工时，踏步的两边砖墙应同时砌筑，砌到踏步板高度时，将踏步板坐浆放平，两端伸进墙内的距离应相等，且不小于 12 cm，并用活动皮数杆检查踏步板两端高低，进行调整，再用水平尺检查跑步板自身水平。

(5)同时用线锤将墙底事先标出的踏步板水平投影位置，向上用吊线检查踏步板水平方向进出情况，当两个方向尺寸都正确无误后，才能进行下步砌筑。

1.12　清水墙勾缝

1.12.1　勾缝形式及勾缝砂浆

墙面有清水墙和混水墙之分，清水墙面要求勾缝，勾缝的形式常见的有平缝、斜缝、凹缝、凸缝等，如图 6.24 所示。

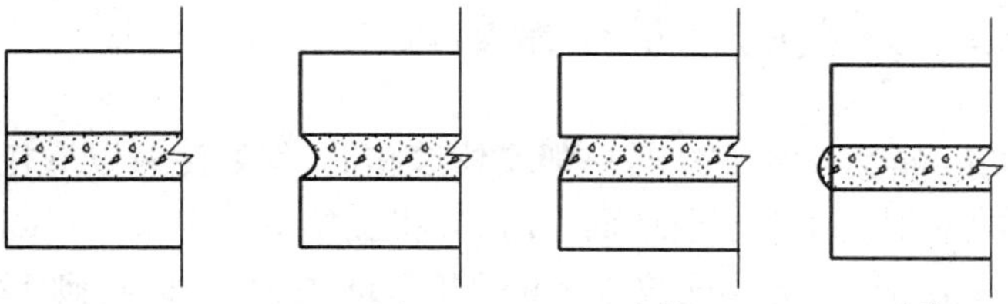

图 6.24　勾缝的形式

(a)平缝　(b)凹缝　(c)斜缝　(d)半圆形凸缝

(1)平缝有深有浅，深的比墙面凹进 3 ~ 5 mm，多用于外墙；浅的与墙面平，多用于内墙。

(2)斜缝又称风雨缝，将水平缝上部砂浆压进一些，使其成为一个斜面向上的缝，该缝泄水方便，多用于外墙和烟囱。

(3)凹缝是将灰缝全部压溜成一个半圆形的凹槽，灰缝呈半圆形较美观，但费工较多。

(4)凸缝是将灰缝做成半圆形凸缝，使线条清晰明显、墙面美观，但费工很大。

勾缝砂浆分为原浆勾缝和加浆勾缝两种。

1.12.2 墙面勾缝的操作

(1)勾缝前必须对墙面进行修整。首先进行拉线,检查灰缝是否横平竖直,对错位缝和哑缝要进行“开凿”,或用同颜色的水泥浆进行“补嵌”。

(2)勾缝前墙面要洒水润湿,水平缝要用长溜子勾,右手拿溜子,左手拿托灰板,将托灰板顶在要勾的灰口下沿,用溜子将灰浆嵌压入缝内,自左向右随压随勾随移动托灰板,如图6.25(a)所示。

(3)勾竖缝用短溜子,在托灰板上将灰叼起,然后勾入竖缝内,塞密压平,如图6.25(b)所示。

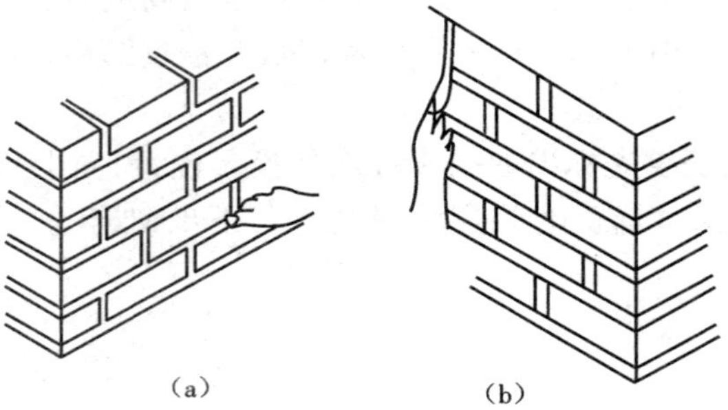

(a)　　(b)

图6.25　勾缝顺序

(a)勾横缝　(b)勾竖缝

(4)勾完缝要用扫帚将墙面打扫干净。

1.13 一二墙和一八墙的砌筑注意事项

120 mm 墙和 180 mm 墙砌筑方法与一般实体墙相同,但要注意以下几点。

(1)120 mm 墙的基础如砌在土质地面上时,应将土挖下不少于 200 mm 深,夯打密实后做灰土垫层;如下设有垫层时,应先砌两皮以上的 240 mm 墙为基础,再砌 120 mm 墙;当砌在混凝土地坪或楼板上时,应先清理表面,洒水湿润,再砌墙身。

(2)当 120 mm 墙较高、较长时,应按设计规定加砌拉结钢筋。

(3)承重的 180 mm 墙,在支承楼面及屋面下的四皮砖,应改砌成 240 mm 厚丁砖,并不得用半砖或碎砖砌筑,以扩大板的支承面。

(4)180 mm 墙以顺砖和侧顺砖组成一个砌筑平面时,即平砌两皮顺砖、顺砌一皮侧砖组成一个砌筑层,一般应先砌平砖后砌侧砖,或先砌一平砖,后砌侧砖,再砌一平砖。侧砖应铺砌平稳,侧砖与平砖组成的砌筑平面应平整,不得有偏差。

1.14 砖砌体工程质量通病及防治

1.14.1 砌筑砂浆

砌筑砂浆是砖砌体组成材料之一。由于砂浆质量对砌体的影响不如混凝土那样直接，因此人们对砂浆质量缺乏足够的重视，若砂浆配合比、计量、搅拌、使用时间以及试块制作、养护等方面没有按规范的规定执行，从而经常产生一些质量通病。

1. 砂浆强度不稳定

1)现象

砂浆强度的波动性较大、匀质性差，其中低强度等级的砂浆特别严重，强度低于设计要求的情况较多。

2)原因分析

(1)影响砂浆强度的主要因素是计量不准确。对砂浆的配合比，多数工地使用体积比，以铁锹凭经验计量。由于砂子含水率的变化，可导致砂子体积变化幅度达10%～20%；水泥密度随工人操作情况而异，这些都造成配料计量的偏差，使砂浆强度产生较大的波动。

(2)水泥混合砂浆中无机掺合料(如石灰膏、黏土膏、电石膏及粉煤灰等)的掺量，对砂浆强度影响很大，随着掺量的增加，砂浆和易性越好，但强度降低，如超过规定用量一倍，砂浆强度约降低40%。但施工时往往片面追求良好的和易性，无机掺合料的掺量常常超过规定用量，因而降低了砂浆的强度。

(3)砂浆搅拌不匀，人工拌和翻拌次数不够，机械搅拌加料顺序颠倒，使无机掺合料未散开，砂浆中含有多量的疙瘩，水泥分布不均匀，影响砂浆的匀质性及和易性。

(4)砂浆试块的制作、养护方法和强度取值等，没有执行规范的统一标准，致使测定的砂浆强度缺乏代表性，产生砂浆强度的混乱。

3)预防措施

(1)砂浆配合比的确定，应结合现场材质情况进行试配，试配时应采用质量比。在满足砂浆和易性的条件下，控制砂浆强度。如低强度等级砂浆受单方水泥预算用量的限制而不能达到设计要求的强度时，应适当调整水泥预算用量。

(2)建立施工计量器具校验、维修、保管制度，以保证计量的准确性。

(3)无机掺合料一般为湿料，计量称重比较困难，而其计量误差对砂浆强度影响很大，故应严格控制。计量时，应以标准稠度(120 mm)为准，如供应的无机掺合料的稠度小于120 mm时，应调成标准稠度，或者进行折算后称重计量，计量误差应控制在±5%以内。

(4)施工中，不得随意增加石灰膏、微沫剂的掺量来改善砂浆的和易性。

(5)砂浆搅拌加料顺序为：用砂浆搅拌机搅拌应分两次投料，先加入部分砂子、水和全部塑化材料，通过搅拌叶片和砂子搓动，将塑化材料打开(不见疙瘩为止)；再投入其余的砂子和全部水泥。用鼓式混凝土搅拌机拌制砂浆，应配备一台抹灰用麻刀机，先将塑化材料搅成稀粥状，再投入搅拌机内搅拌。人工搅拌应有拌灰池，先在池内放水，并将塑化材料打开至不见疙瘩,另在池边干拌水泥和砂子至颜色均匀时,用铁锨将拌好的水泥砂子均匀撒入池内,同时用三刺铁扒来回扒动,直至拌和均匀。

2. 砂浆和易性差,沉底结硬

1)现象

(1)砂浆和易性不好,砌筑时铺浆和挤浆都较困难,影响灰缝砂浆的饱满度,同时使砂浆与砖的黏结力减弱。

(2)砂浆保水性差,容易产生分层、泌水现象。

(3)灰槽中砂浆存放时间过长,最后砂浆沉底结硬,即使加水重新拌和,砂浆强度也会严重降低。

2)原因分析

(1)强度等级低的水泥砂浆由于采用高强度等级水泥和过细的砂子,使砂子颗粒间起润滑作用的胶结材料——水泥量减少,因而砂子间的摩擦力较大,砂浆和易性较差,砌筑时压薄灰缝很费劲。而且,由于砂粒之间缺乏足够的胶结材料起悬浮支托作用,砂浆容易产生沉淀和出现表面泛水现象。

(2)水泥混合砂浆中掺入的石灰膏等塑化材料质量差,含有较多灰渣、杂物,或因保存不好发生干燥和污染,不能起到改善砂浆和易性的作用。

(3)砂浆搅拌时间短,拌和不均匀。

(4)拌好的砂浆存放时间过久,或灰槽中的砂浆长时间不清理,使砂浆沉底结硬。

(5)拌制砂浆无计划,在规定时间内无法用完,而将剩余砂浆捣碎加水拌和后继续使用。

3)防治措施

(1)低强度等级砂浆应采用水泥混合砂浆,如确有困难,可掺微沫剂或掺水泥用量5%~10%的粉煤灰,以达到改善砂浆和易性的目的。

(2)水泥混合砂浆中的塑化材料,应符合实验室试配时的质量要求。现场的石灰膏、黏土膏等,应在池中妥善保管,防止暴晒、风干结硬,并经常浇水保持湿润。

(3)宜采用强度等级较低的水泥和中砂拌制砂浆,拌制时应严格执行施工配合比,并保证搅拌时间。

(4)灰槽中的砂浆,使用中应经常用铲翻拌、清底,并将灰槽内边角处的砂浆刮净,堆于一侧继续使用,或与新拌砂浆混在一起使用。

(5)拌制砂浆应有计划性,拌制量应根据砌筑需要来确定,尽量做到随拌随用、少量储存,使灰槽中经常有新拌的砂浆。砂浆的使用时间与砂浆品种、气温条件等有关,一般气温条件下,水泥砂浆和水泥混合砂浆必须分别在拌后3 h和4 h内用完;当施工期间气温超过30 ℃时,必须分别在2 h和3 h内用完。超过上述时间的多余砂浆,不得再继续使用。

1.14.2 墙、柱、垛

1. 砖砌体组砌混乱

1)现象

混水墙面组砌方法混乱,出现直缝和“二层皮”,砖柱采用先砌四周后填心的包心砌法,里外皮砖层互不相咬，形成周圈通天缝，降低了砌体强度和整体性；砖规格尺寸误差对清水墙面影响较大，如组砌形式不当，形成竖缝宽窄不均，影响美观。

2）原因分析

（1）因混水墙面要抹灰，操作人员容易忽视组砌形式，或者操作人员缺乏砌筑基本技能，因此出现了多层砖的直缝和“二层皮”现象。

（2）砌筑砖柱需要大量的七分砖来满足内外砖层错缝的要求，打制七分砖会增加工作量，影响砌筑效率，而且砖的损耗很大。当操作人员思想不够重视，又缺乏严格检查的情况下，三七砖柱习惯于用包心砌法。

3）防治措施

（1）缝宽度应均匀一致。

（2）在同一栋号工程中，应尽量使用同一砖厂的砖，以避免因砖的规格尺寸误差而经常变动组砌方法。

2. 砖缝砂浆不饱满，砂浆与砖黏结不良

1）现象

砌体水平灰缝砂浆饱满度低于80%；竖缝出现瞎缝，特别是空心砖墙，常出现较多的透明缝；砌筑清水墙采取大缩口铺灰，缩口缝深度甚至达20 mm以上，影响砂浆饱满度。砖在砌筑前未浇水湿润，干砖上墙，或铺灰长度过长，致使砂浆与砖黏结不良。

2）原因分析

（1）低强度等级的砂浆，如使用水泥砂浆，因水泥砂浆和易性差，砌筑时挤浆费劲，操作者用大铲或瓦刀铺刮砂浆后，使底灰产生空穴，砂浆不饱满。

（2）用于砖砌墙，使砂浆早期脱水而降低强度，且与砖的黏结力下降，而与砖表面的粉屑又起隔离作用，减弱了砖与砂浆层的黏结。

（3）用铺浆法砌筑，有时因铺浆过长，砌筑速度跟不上，砂浆中的水分被底砖吸收，使砌上的砖层与砂浆失去黏结。

3）防治措施

（1）改善砂浆和易性是确保灰缝砂浆饱满度和提高黏结强度的关键。

（2）改进砌筑方法。不宜采取铺浆法或摆砖砌筑，应推广“三一砌砖法”，即使用大铲，一块砖、一铲灰、一挤揉的砌筑方法。

（3）严禁用干砖砌墙。砌筑前1～2 d应将砖浇湿，使砌筑时烧结普通砖和多孔砖的含水率达到10%～15%，灰砂砖和粉煤灰砖的含水率达到8%～12%。

（4）冬期施工时，在正温度条件下也应将砖面适当湿润后再砌筑。负温下施工无法浇砖时，应适当增大砂浆的稠度。对于9度抗震设防地区，在严冬无法浇砖情况下，不能进行砌筑。

3. 清水墙面游丁走缝

1）现象

大面积的清水墙面常出现丁砖竖缝歪斜、宽窄不匀，丁不压中（丁砖在下层顺砖上不居中），清水墙窗台部位与窗间墙部位的上下竖缝发生错位、搬家等现象，直接影响到清水墙面的美观。

2)原因分析

(1)砖的长、宽尺寸误差较大,如砖的长为正偏差,宽为负偏差,砌一顺一丁时,竖缝宽度不易掌握,稍不注意就会产生游丁走缝。

(2)开始砌墙摆砖时,未考虑窗口位置对砖竖缝的影响,当砌至窗台处分窗口尺寸时,窗的边线不在竖缝位置,使窗间墙的竖缝搬家,上下错位。

(3)里脚手砌外清水墙,需经常探身观看外墙面的竖缝垂直度,砌至一定高度后,穿看墙缝不大方便,容易产生误差,稍有疏忽就会出现游丁走缝。

3)防治措施

(1)砌筑清水墙,应选取边角整齐、色泽均匀的砖。

(2)砌清水墙前应进行统一摆底,并先对现场砖的尺寸进行实测,以便确定组砌方法和调整竖缝宽度。

(3)摆底时应将窗口位置引出,使砖的竖缝尽量与窗口边线相齐,如安排不开,可适当移动窗口位置(一般不大于 20 mm)。当窗口宽度不符合砖的模数(如 1.8 m 宽)时,应将七分头砖留在窗口下部的中央,以保持窗间墙处上下竖缝不错位。

(4)游丁走缝主要是丁砖游动所引起,因此在砌筑时,必须强调"丁压中",即丁砖的中线与下层顺砖的中线重合。

(5)在砌大面积清水墙(如山墙)时,在开始砌的几层砖中,沿墙角 1 m 处,用线坠吊一次竖缝的垂直度,至少保持一步架高度有准确的垂直度。

(6)沿墙面每隔一定间距,在竖缝处弹墨线,墨线用经纬仪或线坠引测。当砌至一定高度(一步架或一层墙)后,将墨线向上引伸,以作为控制游丁走缝的基准。

4.墙体留槎形式不符合规定,接槎不严

1)现象

砌筑时不按规范执行,随意留直槎,且多留置阴槎;槎口部位用砖渣填砌;留槎部位接槎砂浆不严,灰缝不顺直,使墙体拉结性能严重削弱。

2)原因分析

(1)操作人员对留槎形式与抗震性能的关系缺乏认识,习惯于留直槎,认为留斜槎费事、技术要求高,不如留直槎方便,而且多数留阴槎。有时由于施工操作不便,如外脚手砌墙,横墙留斜槎较困难而留置直槎。

(2)施工组织不当,造成留槎过多。由于重视不够,留直槎时漏放拉结筋,或拉结筋长度、间距未按规定执行;拉结筋部位的砂浆不饱满,使钢筋锈蚀。

(3)后砌 120 mm 厚隔墙留置的阳槎(马牙槎)不正不直,接槎时由于咬槎深度较大(砌十字缝时咬槎深 120 mm),使接槎砖上部灰缝不易塞严。

(4)斜槎留置方法不统一,留置大斜槎工作量大,斜槎灰缝平直度难以控制,使接槎部位不顺线。

(5)施工洞口随意留设,运料小车将混凝土、砂浆撒落到洞口留槎部位,影响接槎质量。填砌施工洞的砖的色泽与原墙不一致,影响清水墙面的美观。

3)防治措施

(1)在安排施工组织计划时,对施工留槎应做统一考虑。外墙大角尽量做到同步砌筑不留槎,或一步架留槎,二步架改为同步砌筑,以加强墙角的整体性。纵横墙交接处,有条件时尽量安排同步砌筑,如外脚手砌纵墙,横墙可以与此同步砌筑,工作面互不干扰。这样可尽量减少留槎部位,有利于房屋的整体性。

(2)抗震设防地区执行不得留直槎的规定,斜槎宜采取 18 层斜槎砌法,为防止因操作不熟练,使接槎处水平缝不直,可以加立小皮数杆。清水墙留槎,如遇有门窗口,应将留槎部位砌至转角门。

(3)应注意接槎的质量。首先应将接槎处清理干净,然后浇水湿润。接槎时槎面要填实砂浆,并保持灰缝平直。

(4)后砌非承重隔墙,可于墙中引出凸槎,对抗震设防地区还应按规定设置拉结钢筋,非抗震设防地区的 120 mm 隔墙,也可采取在墙面上留样式槎的做法。接槎时,应在榫式槎洞口内先填塞砂浆,顶皮砖的上部灰缝用大铲或瓦刀将砂浆塞严,以稳固隔墙,减少留槎洞口对墙体断面的削弱。

(5)外清水墙施工洞口(竖井架上料口)留槎部位,应加以保护和遮盖,防止运料小车碰撞槎子和撒落混凝土、砂浆造成污染。为使填砌施工洞口用砖规格和色泽与墙体保持一致,在施工洞口附近应保存一部分原砌墙用砖,供填砌洞口时使用。

2　砖墙转角与接头处的砌法

砖墙的转角处和交接处应同时砌筑,严禁无可靠措施的内外墙分砌施工。

2.1　砖墙转角砌法

(1)砖墙的转角处,每皮砖的外角应加砌七分头砖。

(2)当采用一砖厚墙一顺一丁转角处分皮组砌形式时,七分头砖的顺面方向依次砌顺砖,丁面方向依次砌丁砖,配砖为 3/4 砖(180 mm),位于墙外角,如图 4.9 所示。

2.2　接头处砌法

(1)砖墙的丁字交接处,横墙的端头隔皮加砌七分头砖,纵墙隔皮砌通。

(2)当采用一砖厚墙一顺一丁交接处分皮组砌形式时,七分头砖的丁面方向依次砌丁砖,配砖为 3/4 砖(180 mm),位于墙交接处外面,仅在丁砌层设置,如图 4.10 所示。

(3)砖墙的十字交接处,应隔皮纵横墙砌通,交接处内角的竖缝应上下相互错开 1/4 砖长(60 mm),如图 6.26 所示。

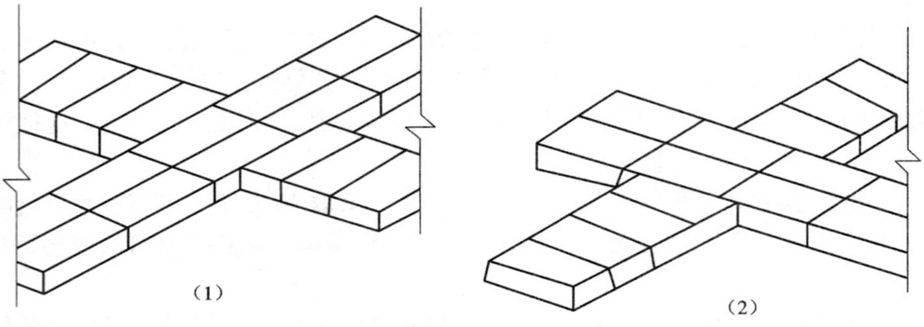

图 6.26　一砖厚墙一顺一丁十字交接处分皮砌法

3　砖墙的接槎连接砌法

为了使建筑物的纵横墙相连搭接成整体，增强其抗震能力，要求墙的转角处和连接处要尽量同时砌筑。当不能同时砌筑时，必须在先砌的墙上留出接槎（俗称留槎），后砌的墙体要镶入接槎内（俗称咬槎）。砖墙接槎的砌筑方法合理与否、质量好坏，对建筑物的整体影响很大。正常的接槎按规范规定有两种形式，一种是斜槎，俗称“退槎”或“踏步槎”；另一种是直槎，俗称“马牙槎”。

3.1　斜槎砌法

（1）斜槎的留设方法是在墙体连接处将等接砌墙的槎口砌成台阶形式，其高度一般不大于 1.2 m（一步架），斜槎水平投影长度不应小于高度的 2/3。

（2）砖砌体的转角处和交接处应同时砌筑，严禁无可靠措施的内外墙分砌施工。对不能同时砌筑而又必须留置的临时间断处应砌成斜槎，如图 4.30 所示。

3.2　直槎砌法

（1）直槎的留设方法是每隔一皮砌出墙外 1/4 砖（60 mm），作为接槎之用，并且沿高度每隔 500 mm 加 2 根 $\phi6$ 拉结钢筋。

（2）非抗震设防及抗震设防烈度为 6 度、7 度的地区其临时间断处，当不能留斜槎时，除转角处外可留直槎，但直槎必须做成凸槎。留直槎处应加设拉结钢筋，拉结钢筋的数量为每 120 mm 墙厚放置一根 $\phi6$ 拉结钢筋（120 mm 厚墙放置两根 $\phi6$ 拉结钢筋），间距沿墙高不应超过 500 mm；埋入长度从留槎处算起每边均不应小于 500 mm，对抗震设防烈度 6 度、7 度的地区，不应小于 1 000 mm，末端应有 90°弯钩，如图 4.17 所示。

4　墙体预留孔洞的施工方法

4.1　留置方法

(1)临时施工洞口应留成矩形,洞口净宽不宜超过1 m,洞顶宜设置预制混凝土过梁,过梁长度为洞口宽加480 mm,烧结普通砖砌体亦可在洞口上部采取逐层挑砖的方式封口,在墙洞接槎可留直槎,并埋设直径6 mm、间距500 mm水平拉结筋,伸出洞口500 mm。

(2)堵砌施工洞口所用的机制砖,应提前1 d浇水润湿,含水率控制在10%～15%,砌至离过梁底200 mm高时,改用斜砌并顶紧过梁使密实。后堵洞口的墙体与该部分的底层抹灰,应间隔15 d以上,使后堵墙体砂浆有足够的收缩时间,以防止出现裂缝。

(3)临时施工洞口的留设不得设置在内外墙的交接处,如必要时在墙上留置临时施工洞口,其侧边离交接处墙面不应小于500 mm,洞口净宽度不应超过1 m。

(4)临时施工洞口应做好补砌,洞口周围砖槎表面应清理干净并浇水润湿,再用与原墙相同强度等级的砖材、砂浆补砌密实。

(5)在砌体中预留洞口、管道、沟槽和预埋件时,施工前应做好图纸审查和会审,细致核对土建与安装的施工图纸,明确土建与安装的配合关系,施工时按安装要求在砌体中预留洞口、管道、沟槽和预埋件等,并做好检查和隐蔽工程验收、防止遗漏或错留。

(6)设计要求在砌体中预留的洞口、沟槽和预埋管线、预埋件,应在砌体砌筑时准确留出或预埋,不得事后开凿。宽度300 mm的洞口,应砌筑成平拱或设置过梁,穿管道的孔洞,其过梁底与管道顶面至少应留有100 mm以上的空隙,以防墙体沉降,压坏管道。

4.2　留置部位

(1)在砌体中不得在下列墙体或部位设置脚手眼:①半砖厚墙;②过梁上与过梁成60°角的三角形范围及过梁净跨度1/2的高度范围内;③宽度小于1 m的窗间墙;④墙体门窗洞口两侧200 mm和转角处450 mm范围内;⑤梁或梁垫下及其左右500 mm范围内;⑥设计不允许设置脚手眼的部位。施工脚手眼补砌时,灰缝应填满砂浆,不得用干砖填塞。

(2)设计要求的洞口、管道、沟槽应于砌筑时正确留出或预埋,未经设计同意,不得打凿墙体和墙体上开凿水平沟槽。宽度超过300 mm的洞口上部,应设置过梁。

5 门窗洞处的砌法

一般门窗有木门窗、铝合金门窗、钢门窗、彩板门窗、塑钢门窗等，门窗框安装方法有“先立口”和“后塞口”两种方法。“先立口”方法是先立门框或窗框，再砌墙；“后塞口”方法是先砌墙，后安门窗。木门窗一般采用“先立口”方法，金属门窗一般采用“后塞口”方法。

5.1 先立口

(1)采用“先立口”方法时，先立框的门窗洞口砌筑要在门窗框立好后才能砌砖，如图6.27所示。

(2)砌筑时砖必须与框相距 3 mm 左右，不要与木框挤紧，以免造成门框或窗框变形。

(3)同时要经常检查门框的位置和垂直度，随时纠正，门框与砖用燕尾木砖(或大小头木砖)拉结(图 6.28)，木砖要做好防腐处理。

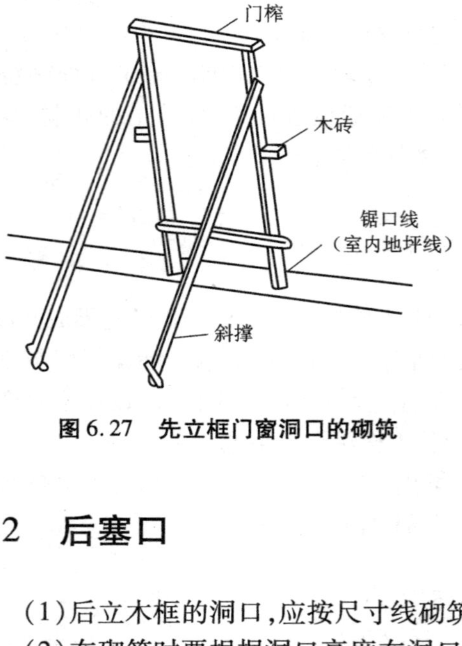

图 6.27 先立框门窗洞口的砌筑

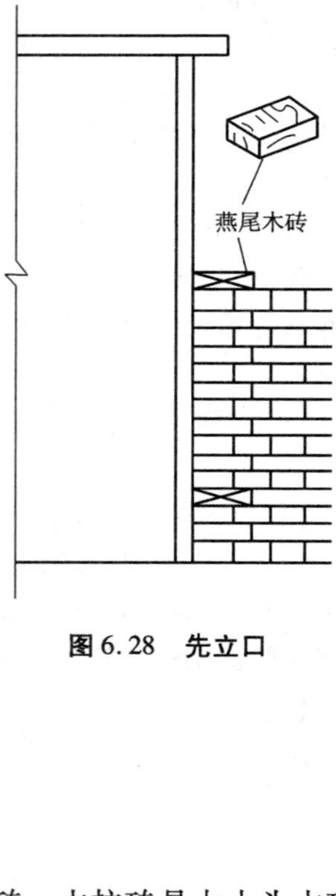

图 6.28 先立口

5.2 后塞口

(1)后立木框的洞口，应按尺寸线砌筑。

(2)在砌筑时要根据洞口高度在洞口两侧墙中设置防腐木拉砖。木拉砖是大小头木砖，预埋时应小头在外、大头在内，洞口高在 1.2 m 以内，每边放两块；洞口高在 1 ~ 2 m，每边放三块;洞口在高 2 ~ 3 m,每边放四块。

(3)预埋砖的部位一般在洞口上下边四皮砖,中间均匀分布,木砖要提前做好防腐处理。

(4)窗框侧面的墙同样处理,一般无腰头的窗每侧各放两块木砖,上下各距离 2 ~ 3 皮砖,有腰头的窗要放三块,即除了上下各一块以外,中间还要放一块。

(5)金属门窗则按图埋入铁件或采用紧固件等,其间距一般不宜超过 600 mm,离上下洞口边各三皮砖左右,洞口上下边同样设置铁件或紧固件。

(6)无论采用何种方法,都要保证门窗洞口的垂直度,同一墙面上的门框应统一整齐,标高相等的同一排门框,应先立两端的两个门框,再在其间拉上通线,其他各框依线而立。

(7)上下对应的门框要对齐,可用线坠从上层沿框子挺边吊下来进行校核。

6　构造柱边的处理

(1)设有钢筋混凝土构造柱的抗震多层砖混房屋,在砌砖前先根据设计图纸要求将构造柱进行弹线确定位置,然后绑扎构造柱钢筋,而后砌砖墙,最后浇注构造柱混凝土。

(2)为了保证构造柱与墙体的连接牢固,砖墙应砌成五进五出的大马牙槎,槎高 300 mm。

(3)马牙槎应从每层柱脚开始,先退后进。

(4)墙与柱沿高度方向应每隔 500 mm 设 2ϕ6 钢筋,每边伸入墙内不应少于 1 m,构造柱应与圈梁相连接。

构造柱拉结钢筋布置示意图如图 6.29 所示。

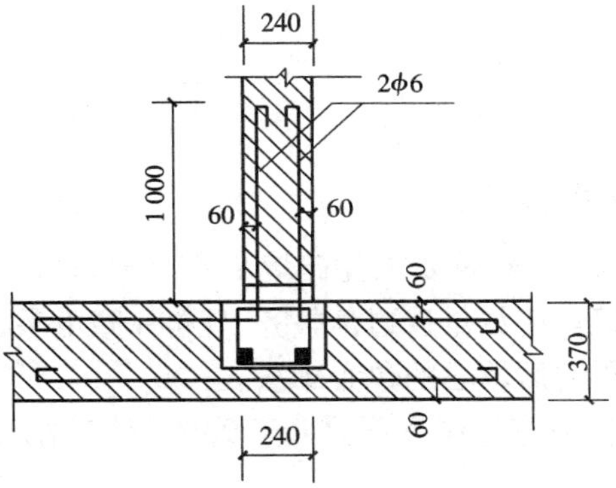

图 6.29　构造柱拉结钢筋布置

7　砖柱砌筑

7.1　砖柱的形式

砖柱(又称砖墩)一般可分为独立砖柱和附墙砖柱(又称扶墙砖柱)两种。

7.1.1　独立砖柱的砌筑

(1)独立砖柱是砖砌单独受力的柱,其形状较多,一般有方柱、多角柱、圆形柱等几种。

(2)独立柱支承上部楼盖系统传下的集中荷载,当砖柱受力较大时,可以在水平灰缝中配置钢筋网片或采用配筋组合砌体。在柱端要加做混凝土垫座,使集中荷载均匀地传递到砖柱截面上。

7.1.2　附墙砖柱的砌筑

(1)附墙砖柱与墙体连在一起,共同支承屋架或大梁,并可增加墙体的强度和稳定性。

(2)常在附墙砖柱上放置混凝土垫块,使屋架、大梁等的集中荷载均匀地传递到墙体上。

(3)有时将附墙砖柱砌成上部小、下部大(俗称抛脚墩子),用来抵抗外来水平推力,增加墙体的抗倾覆能力。

7.2　砖柱施工要点

7.2.1　独立砖柱的砌筑要点

(1)砖柱一般是用于承重的,砌筑要求比砖墙更高。要求柱面上下各皮砖的竖缝至少错开1/4砖长,柱心不得有通缝。应尽量选边角整齐、规格一致的整砖砌筑,尽量少砍砖,也可利用1/4砖,严禁采用先砌四周砖后填心的包心砌法。

(2)砖柱水平灰缝和竖向灰缝饱满度不得低于90%,对于清水墙配清水柱,要求水平灰缝在同一标高上。

(3)每工作班的砌筑高度不宜超过1.8 m,柱面上不得留设脚手眼,如果是成排的砖柱必须拉通线砌筑,以防止扭转或错位。

240 mm×370 mm砖柱的组砌形式,如图6.30所示。

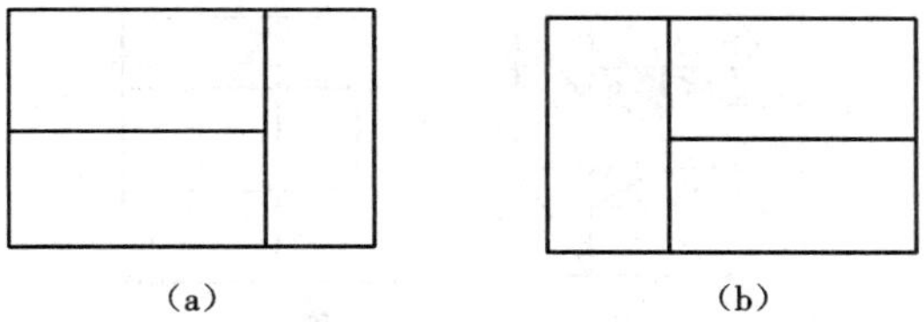

图 6.30　240 mm × 370 mm 砖柱
(a)第一皮;(b)第二皮

370 mm × 370 mm 砖柱的组砌形式,如图 6.31(a)所示。不得采用如图 6.31(b)所示的包心砌筑法。

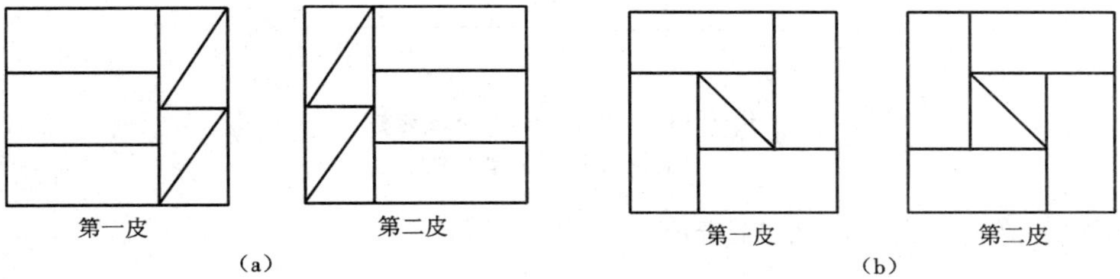

图 6.31　370 mm × 370 mm 砖柱
(a)正确砌法　(b)错误砌法

370 mm × 490 mm 砖柱的组砌形式,如图 6.32(a)所示。不得采用如图 6.32(b)所示的组砌形式。

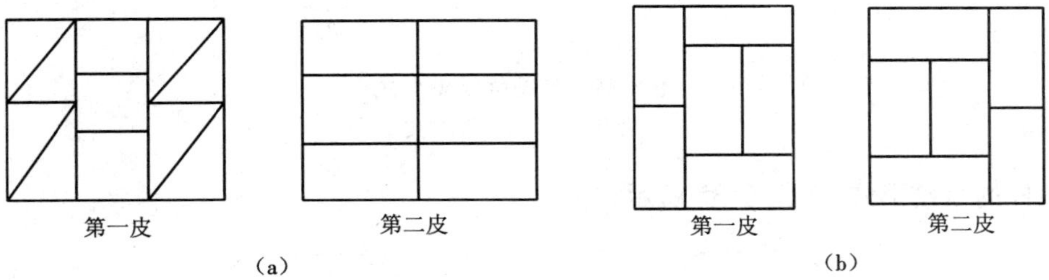

图 6.32　370 mm × 490 mm 砖柱
(a)正确砌法　(b)错误砌法

490 mm × 490 mm 砖柱的组砌形式,如图 6.33(a)所示。不得采用如图 6.33(b)所示的组砌形式。

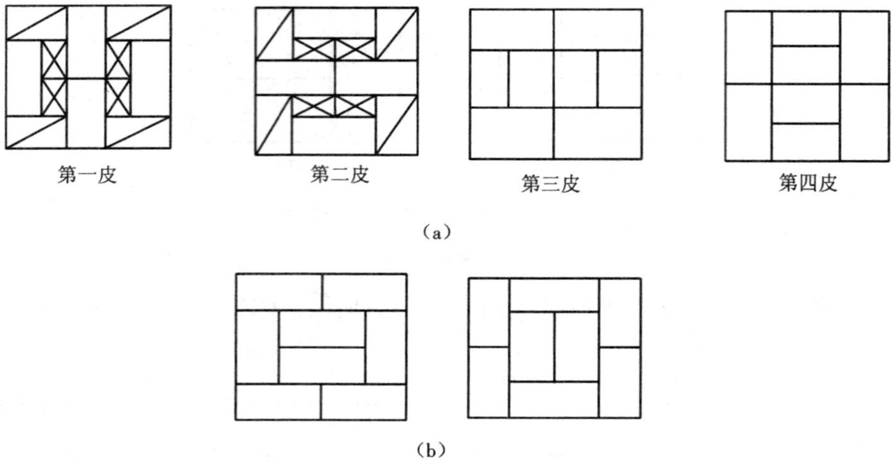

图 6.33　490 mm × 490 mm 砖柱

(a)正确砌法　(b)错误砌法

砖圆柱的组砌形式，如图 6.34 所示。

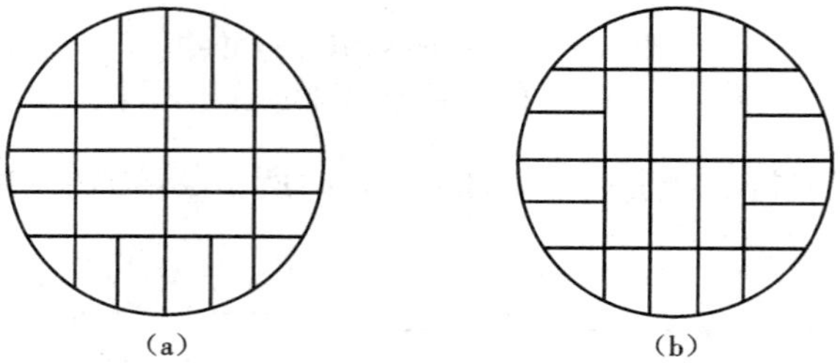

图 6.34　砖圆柱组砌形式

(a)第一皮　(b)第二皮

八角柱的组砌形式，如图 6.35 所示。

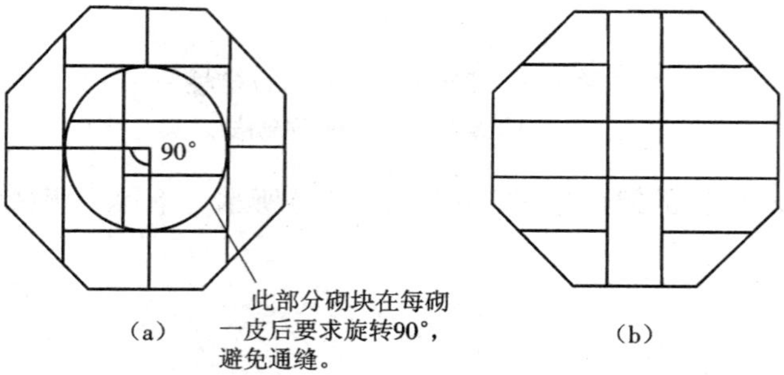

图 6.35　八角柱组砌形式

(a)第一至三皮、第五至七皮　(b)第四、第八皮六角柱的组砌形式,如图6.36所示。

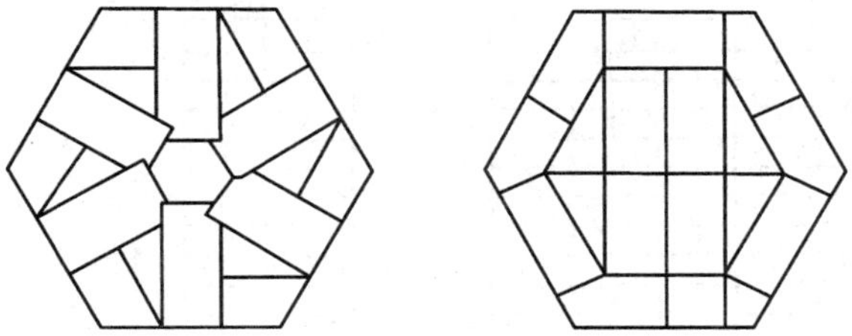

图6.36 六角柱组砌形式

7.2.2 清水方柱的砌筑要点

1. 方柱定位

根据设计图纸上的各个砖柱的位置,从龙门板上或其他标志上引出柱子的定位轴线,弹出柱子的中心线,并以此中心线弹好方柱断面尺寸线,用兜方尺复准。

2. 选择组砌方式

清水方柱砌筑前应先选择组砌方式,根据方柱的断面尺寸预摆砖,摆砖时遵循的原则是:无论选择哪种砌法,都应使柱面上下皮砖的竖缝相互错开1/2砖长或1/4砖长,柱心无通天缝,少砍砖,严禁采用包心砌法(即先砌四周后填心的砌法)。干摆2~4皮样砖,使排列方式符合原则要求,便可正式砌筑。

3. 砌筑

要选用边角整齐、规格一致、质量较好的砖,砌砖柱外皮时差的砖砌在柱内。砖柱的皮数控制可立固定皮数杆,也可用流动皮数杆检查高低情况。砖口四周表面要水平一致,较大断面的方柱可用水平尺检查柱上口四条边的水平情况。在同一轴线上的砖柱应先砌两头的角柱,然后拉通线,依次砌中间部分的柱,这样易于控制砖的皮数,保持高度一致。

4. 检查、继续砌筑

砌筑到3~5皮砖,必须要砌得方正、灰缝均匀,四角要用吊线锤和托线板检查,修正偏差;再用方尺复准、兜方,用水平尺复准平面水平。方柱应棱角方正,四面垂直平整。全部修正后,同上逐皮叠砌。以后每砌筑10皮砖左右,再用同样方法检查一次。

7.2.3 附墙砖柱的砌筑要点

(1)附墙砖柱的组砌要求是墙与垛逐皮搭接,搭接长度不少于1/4砖长,头角(大角)根据错缝需要应用“七分头”组砌,组砌时不能采用包心砌的做法。附墙砖柱的正确组砌方式如图6.37所示。

(2)附墙砖柱在砌筑时应墙和柱同时砌筑,不能先砌墙后砌柱或先砌柱后砌墙。柱与隔墙如不能同时砌筑时,可于柱中留直槎,并与柱的灰缝中预埋拉结钢筋,拉结钢筋的数量为每120 mm墙厚放置一根$\phi6$拉结钢筋,间距沿墙高不应超过500 mm,埋入墙长度从留槎处算起每边均不小于500 mm,对抗震设防地区不应小于1 000 mm,末端应有90°弯钩。

(3)墙与柱必须同时砌筑,不得留槎。

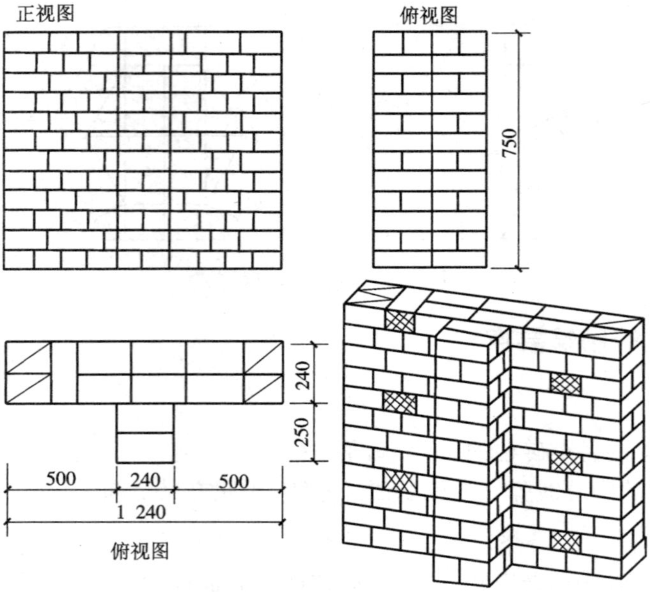

图 6.37　一砖墙附壁柱投影示意图

(4)同轴线多砖柱砌筑时,应拉准线控制附墙柱尺寸,使其在同一直线上。

以一砖厚墙十二层砖高的附墙砖柱为例,其操作要点如下。

(1)放线找平。附墙砖柱砌筑前应根据设计要求放线,并根据轴线弹出其轮廓线,地基不平时应根据方形柱砌筑时的要求,按不同情况采取相应的找平方法找平。

(2)干摆四层一砖墙附墙砖柱:第一层为丁砖,砖柱部位七分头砖的丁层砖;第二层为顺砖,七分头砖的左或右放一皮丁砖,柱为顺砖层与墙体连接;第三层的摆法与第一层相同,以此类推。

(3)首先在丁砖层的两端开始砌,柱与墙体两端的距离各为 500 mm,用木折尺确定并用记号笔画出标记。

(4)砌完墙的丁砖层后再砌柱,用木三角尺检查墙体与柱的直角,在靠尺上放水平尺检查其水平情况。

(5)在两端墙砌至第三层时,检查其垂直度和高度后挂准线,并依据准线砌筑柱和中间墙。接着每三层为一操作段,循环以上操作,直至第十二层完成。

7.3　常用砖柱的组砌方式

7.3.1　一般方形(矩形)砖柱的砌筑

1. 检查砖柱中心线及标高

砌筑前要首先检查砖柱的中心线和标高,当多根柱子在同一轴线上时,要拉通线检查纵横柱网中心线。

2. 找平

基础面有高低不平时要找平。小于30 mm的用1∶3水泥砂浆找平；大于30 mm的要用细石混凝土找平，使各柱第一皮砖的标高一致。

3. 砌筑

砌筑时要求砂浆饱满，灰缝密实。每天砌筑高度不得超过1.8 m，否则砌体砂浆的压缩变形极易造成柱子偏斜。对称的清水柱在组砌时，要注意两边对称，防止砌成阴阳柱。柱与墙相交时，则柱身要留接槎，当不能留斜槎时，要加拉结筋。禁止在砖柱内留"母槎"，否则会削弱柱的断面尺寸，影响柱的承载能力。

4. 控制柱的平整和垂直度

在砌筑过程中，要经常检查砌角的平整与垂直，一般用线锤和托线板检查，独立柱上不允许留设脚手眼，并且不能作为脚手架的依靠。

7.3.2　有网状配筋的砖柱砌筑

(1)有网状配筋的砖柱，其组砌要求与一般柱相同，加筋的数量与要求应符合设计要求，配筋方式可分为方格钢筋网和连弯式钢筋网，如图6.38所示。网状配筋砖砌体所用的砖，强度等级不应低于MU10，其砂浆强度不应低于M5。高强度砂浆与钢筋有较大的黏结力，对保护钢筋也有利。钢筋网应设置在砌体的水平灰缝中，灰缝厚度应保证钢筋上下至少有2 mm厚的砂浆层。

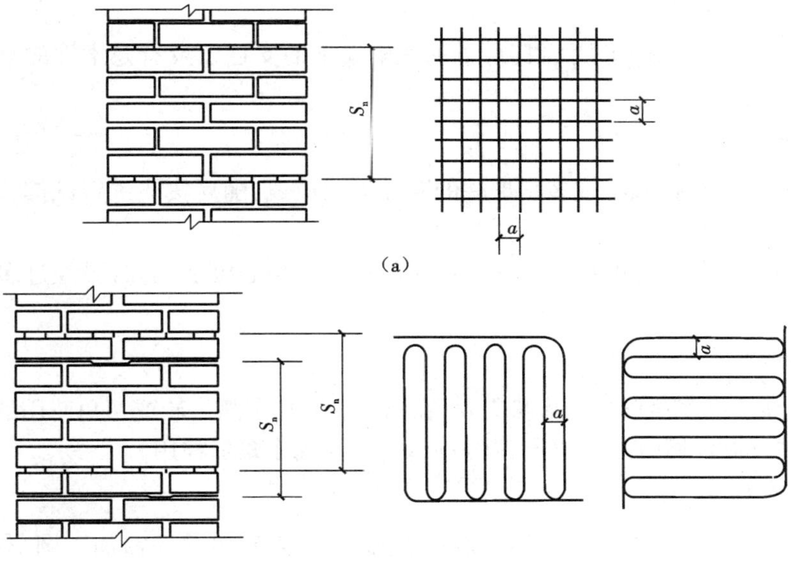

图6.38　网状配筋砖柱

(a)方格钢筋网　(b)连弯式钢筋网

(2)此外,在施工时为便于检查钢筋网是否错放或漏放,可以在钢筋网中留出标记,如将砌入的钢筋网在柱的一侧应露出1~2 mm,以便检查。

7.3.3 砖与钢筋混凝土组合柱的砌筑

(1)砖与钢筋混凝土组合柱如图6.39所示,配有纵向和横向的钢筋,为了使混凝土与砖柱牢固地黏结在一起,其砌筑步骤一般是先绑钢筋,再砌砖,最后浇筑混凝土。

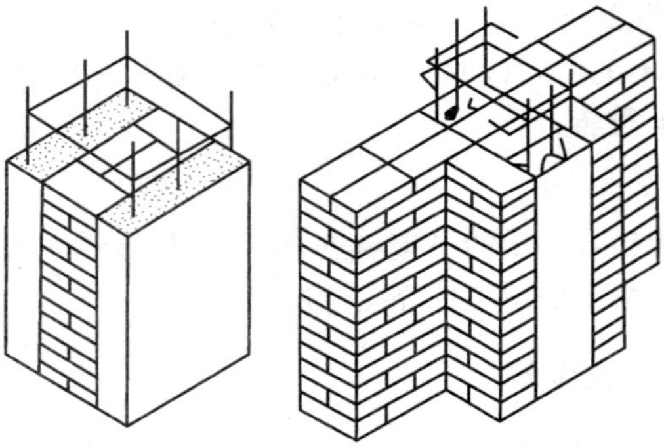

图6.39 砖与钢筋混凝土组合柱

(2)浇筑时,为防止柱面变形,要采取逐段浇筑或加固柱面后整体浇捣的方法。逐段浇捣时要注意砌筑的砂浆和碎砖不要掉入组合柱内,以免影响其质量。

7.3.4 圆柱及多角形柱的砌筑

圆柱和多角形柱多用于门厅及门厅处的大雨篷下的支柱以及有艺术性的亭台支撑柱等,其操作要点如下。

1.放线、试摆

(1)砌筑前首先要按圆柱或多角形柱的断面形状放线,随后按线进行试摆,以确定砖的正确摆法。

(2)为了满足内外错缝的要求,砍砖少,又不得出现包心砌法,有时要经过多次试摆后,才能确定最佳的组砌形式。

2.加工异型砖

为了满足圆柱或多角形柱的形状需要,在砌筑前要加工弧形砖或切角砖用的木套板,并按套板加工所需要的各种弧形砖(砌圆柱用)或切角砖(砌多角形柱用)。

3.加工检查套板

为了在砌筑过程中检查圆柱弧形表面的正确与否,在砌筑前还需加工圆形柱周长的1/4或1/2弧形套板。

4.砌筑检查

(1)圆形柱每砌一皮砖后,用样板沿柱圆周进行弧面检查一次,每砌3~5皮砖,用托线板定点检查垂直度，至少有四个检查点。

(2)多角形柱每砌 2～3 皮砖后，要用线锤检查每个角的垂直度，用托线板检查各边，发现问题及时纠正。

(3)砌清水圆柱或多角形柱时，选用的砖要质地坚实、棱角整齐。位于门厅、雨篷两侧的柱排砼要对称，加工的砖弧度及角度要与样板相符合，并把加工好的砖编号顺序堆放，加工面须磨刨平整，发现大的孔洞，要用砖粉加工业用胶调和嵌补。砌筑时棱角、弧度要求正确，应勤用托线板、线锤检查，砌完后要划缝清扫，以备勾缝，勾缝的方法同方柱。

实训练习

题目1:砖墙砌筑练习

1. 目的

掌握砌筑砖墙的方法。

2. 实训要求

进行选砖、摆砖撂底、铺灰、砌砖、刮灰练习。

3. 实训时间

4小时。

4. 实训内容

用石灰砂浆砌 240 mm 厚混水墙，每三人为一组，其中两人砌筑，一人供料(采用梅花丁组砌，铺浆砌砖法砌筑)。

5. 操作评分

操作评分方法如表6.4所示。

表6.4 砖墙砌筑评分表

序号	评分项目	评分标准	配分	得分
1	水平灰缝砂浆饱满度	一组三块平均达 80% 以上得满分，达不到 80% 不得分	12	
2	外形尺寸	第一皮砖外形尺寸与图比较，测4个点，允许偏差 ±5 mm	8	
3	墙面垂直度	测8个点，允许偏差 5 mm	20	
4	墙面平整度	测4个点，允许偏差 5 mm	10	
5	墙面游丁走缝	测4个点，允许偏差 20 mm	10	

续表

序号	评分项目	评分标准	配分	得分
6	水平灰缝厚度(10 皮砖累计数)	测 4 个点,允许偏差 ±8 mm	10	
7	墙面清洁度	墙面清洁、干净	10	
8	施工效率	按时完成不扣分;按时完成 4/5 以上扣 4 分;未达到 4/5 不得分	10	
9	安全操作	无安全事故	5	
10	综合印象	观感较好,砌筑手法正确	5	
总计			100	

题目 2:砖基础的砌筑练习

1. 训练目的

了解砖基础大放脚的组砌方法,掌握砖基础的砌筑要点。

2. 训练内容

(1)完成一砖墙身六皮三收及六皮四收的基础大放脚的砌筑练习。

(2)完成一砖墙身附一砖半砖垛四皮两收的大放脚的砌筑练习。

(3)完成一砖方柱六皮三收大放脚的砌筑练习。

3. 训练时间

每一训练内容各 4 小时,共 12 小时。

思考题

1. 砖墙砌筑前要做哪些准备工作?
2. 砌筑实心砖墙的操作步骤和操作要点有哪些?
3. 砖墙砌筑一定要进行摆砖和拉准线吗?
4. 砖砌体质量检验评定标准有哪些内容?如何进行质量自检?
5. 砖墙砌筑容易出现哪些质量问题?砌筑中应如何进行预防?
6. 砖石基础砌筑前对基层如何进行处理?
7. 砖基础砌筑的工艺及操作要点有哪些?
8. 怎样做好砖基础的盘角和收退工作?
9. 砖基础砌筑中应注意哪几个质量问题?怎样防止?
10. 基础砌筑过程中应注意哪几个方面的安全问题?
11. 什么叫皮数杆?有何作用?

第 7 章　石砌体及砌块砌体施工

【单元概述】

本章主要讲述石砌体砌筑的构造形式、石砌体砌筑的要求、石砌体砌筑施工工艺的相关知识和石砌体注意事项。

【学习目标】

掌握石砌体砌筑的形式和要求及其工艺流程、使用砌块的优点、在使用砌块时应该注意和解决的具体问题。

1　毛石砌体砌筑

毛石一般多用于砌筑基础、围墙、护坡等。但下列情况不宜采用毛石砌体:①有振动荷载的房屋、墙柱;②抗震设防地区的房屋、墙柱;③地基土质不均匀地区的房屋墙、柱。

1.1　毛石的组砌形式和砌筑方法

毛石是指形状不规则、中部厚度不小于 200 mm 的石块。毛石分为乱毛石和平毛石。乱毛石是指形状不规则的石块;平毛石是指形状不规则,但有两个平面大致平行的石块。毛石应呈块状,其中部厚度不宜小于 200 mm,其强度等级以 70 mm 边长的立方体试块的抗压强度(取三块试块的平均值)确定。毛石的强度等级分为 MU100、MU80、MU60、MU50、MU40、MU30、MU20、MU15、MU10。

1.1.1　毛石砌体的组砌形式

毛石砌体的组砌形式一般有三种:一是丁顺分层组砌法,二是丁顺混砌组砌法,三是交错混砌组砌法。

丁顺分层组砌法和丁顺混砌组砌法适用于既有毛石,又有块石和条石的情况。由于所用的石料不规则,要求每一块石块要与上下左右有叠靠、与前后有搭接,砌缝要错开。每砌一块石都要放置稳固。有的毛石要用垫片稳固,但要求每一石块至少有四个点要与上下左右其他的石块有叠靠，不能只靠垫片起作用。

(3)毛石砌体所用石料多数是不规则的，砌筑叠靠点应居于石块的外半部，而且要选择较大、较整齐的面朝外，每隔一定距离要砌一块拉结石。

1.1.2　毛石砌体的砌筑方法

(1)坐浆法，又称浆砌法。坐浆法砌筑与砖砌体砌筑方法基本相同，即每个石块上下左右的砌缝应坐满砂浆，由砂浆黏结牢固，传递压力。坐浆法又分灌浆法和挤浆法。灌浆法适用于基础砌筑，该方法是按层铺放石块，然后再灌入流动性砂浆，并边灌边捣；挤浆法是先铺一层35 mm厚的砂浆，然后铺放石块使部分砂浆挤出，等石块砌平后再铺砂浆，并把砂浆灌入石缝中，然后再砌上面一层石块。由于石块表面多有凹凸不平，砌筑时要求石块上下叠砌面和接触面上的凹凸高低不超过100 mm。因石材吸水率较小和自重大，要求砂浆稠度相对小，且灰缝应饱满，灰缝厚度应控制在20～30 mm。

(2)垫片法，即用石垫片砌筑石块(也称干砌法)或用石垫片与砂浆混合砌筑石块，这两种垫片砌筑方法对石垫片的要求和操作方法基本相同。垫片法砌筑适用于受力较小的墙体，砌筑时垫片操作应掌握好，既不能使垫片露出灰缝外，又不能埋置过深，更不能将两个垫片重叠使用。需勾缝的石墙在垫片时还应留出合适的勾缝深度。

1.2　毛石基础的构造形式与组砌要求

1.2.1　毛石基础的构造形式

(1)毛石基础有墙下条形和柱下独立基础两类，常见的为墙下条形基础。

(2)毛石基础按其断面形状分为矩形、梯形和阶梯形等，各部分尺寸由设计确定，其顶面宽度应比墙体底面宽度大200 mm，底面宽度应比墙体底面宽度大200 mm，阶梯形基础每个台阶高度不小于300 mm，每个台阶一侧的挑出宽度不大于200 mm，如图7.1所示。

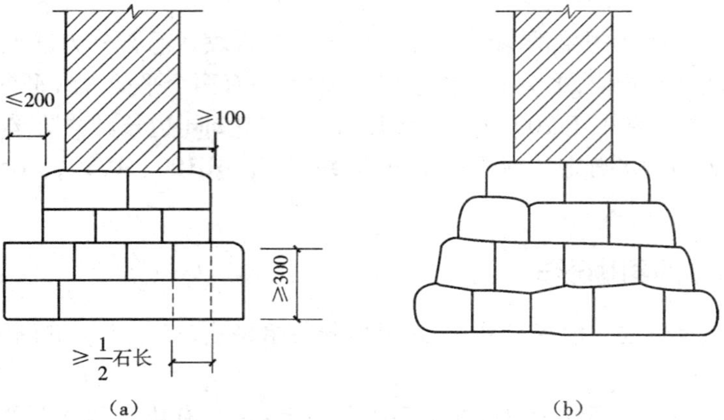

图7.1　毛石基础

(a)阶梯形　(b)梯形

1.2.2　毛石基础的组砌要求

(1)毛石应分皮采用铺浆法卧砌,并应上下错缝、内外搭接,不得采用先砌外面的石块再进行中间填心的砌筑方法。

(2)砌筑毛石基础的第一皮石块应采用坐浆法砌筑,并将大面向下;砌筑料石基础的第一皮石块应采用丁砌层坐浆砌筑。为使毛石基础和料石基础与地基或基础垫层黏结紧密,保证传力均匀和石块平稳,故要求砌筑毛石基础时的第一皮石块应坐浆并将大面向下,砌筑料石基础时的第一皮石块应采用丁砌层坐浆砌筑。

(3)毛石基础的灰缝厚度为20~30 mm,砂浆应饱满,毛料石和粗料石砌体不宜大于20 mm;细料石砌体不宜大于5 mm,石块之间不得有相互接触的现象。石块之间有较大空隙时应先填塞砂浆之后用碎石块嵌实,不得采用先摆碎石块后填塞砂浆或干填碎石块的方法。

(4)毛石基础的每一皮内均应每隔2 m设置一块拉结石。基础宽度小于或等于400 mm时,拉结石长应与基础宽度相同;基础宽度大于400 mm时,可采用两块拉结石内外搭接砌筑,其搭接长度不应小于150 mm,且其中一块长度不应小于该皮基础宽度的2/3。

(5)阶梯形毛石基础上台阶的石块应至少压砌下台阶石块的1/2,相邻台阶的毛石应相互错缝搭接。

(6)毛石基础的转角处和交接处应同时砌筑,不能同时砌筑时就留斜槎,斜槎长度不应小于其高度,斜槎面上的毛石不得用砂浆找平。在斜槎处断续接砌毛石基础时,应先将斜槎石面清理干净、浇水润湿后,方可砌筑。

(7)有高低台的毛石基础,应从低处砌起,并由高台向低台搭接,其搭接长度不小于基础高度。

(8)砂浆初凝后,如果再移动已砌筑的石块,砂浆的内部及砂浆与石块的黏结面的黏结力会被破坏,使砌体产生内伤,降低砌体强度及整体性。因此应将原砂浆清理干净,重新铺浆砌筑。

1.3　毛石墙体的构造形式与组砌要求

1.3.1　毛石墙体的构造形式

(1)毛石墙体的转角处和交接处的构造如图7.2所示,可用料石或平毛石砌筑,上下错缝,毛石墙厚度不应小于350 mm。

(2)毛石墙应分皮卧砌,各皮石块利用其自然形状,经适当凿打修整,使之能与先砌石块基本吻合,搭砌紧密,上下错缝,内外搭砌;不得采用侧立石块于外侧,中间填心的砌法。

(3)毛石墙上,不得有尖石向下或斜尖向外的铲口石、上宽下尖的三角形的斧刃石和仅在两端搭在下面石块上的过桥石,如图7.3所示。

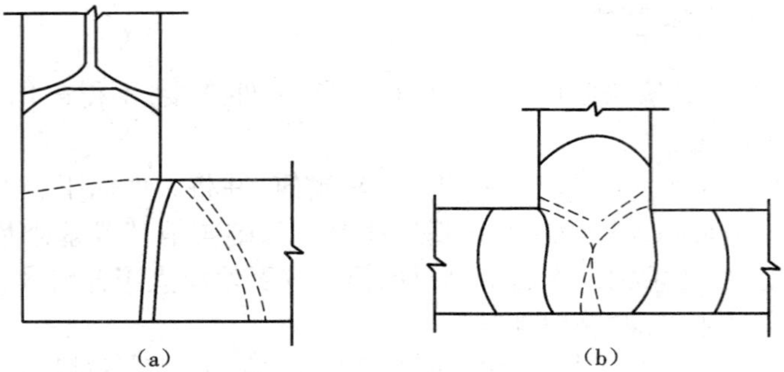

图 7.2　毛石墙体的构造

(a)转角处　(b)交接处

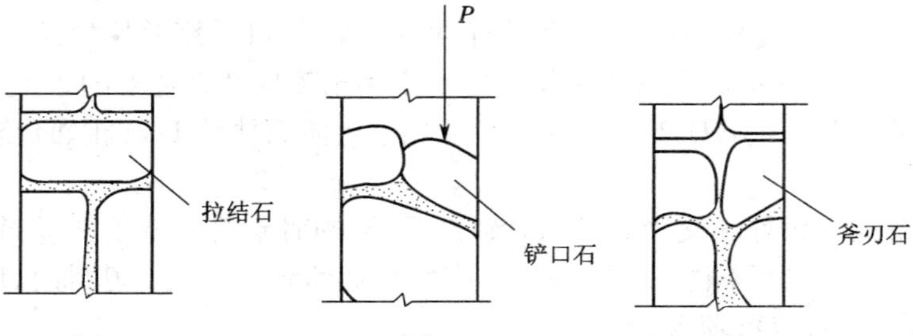

图 7.3　毛石墙体的砌筑

(a)正确　(b)不正确　(c)不正确

1.3.2　毛石墙体组砌要求

(1)砌筑毛石墙一般均采用铺浆法,双面拉准线,第一皮按墙边线砌筑,以上各皮均按准线砌筑。

(2)毛石墙体的第一皮及转角处、交接处和洞口处,应用较大的平毛石砌筑。每个楼层(包括基础)砌体的最上一皮,宜选用较大的毛石砌筑。砌体中一些容易受到影响的重要受力部位用较大的平毛石砌筑,以加强该部位砌体的拉结强度和整体性。同时,为使砌体传力均匀及搁置的楼板(或屋面板)平稳牢固,要求在每个楼层(包括基础)砌体的顶面,选用较大的毛石砌筑。灰缝宽度宜为 20 ~ 30 mm,砂浆饱满,不得有干接、空缝现象。石缝间较大空隙应先填砂浆后塞碎石块。

(3)毛石墙必须设置拉结石,一般每 0.7 m^2 墙面至少设置一块,且同一皮内的拉结石中间距离不大于 2 m。拉结石应均匀分布。相互错开。墙厚等于或小于 400 mm 时,拉结石长度应与墙厚相等;墙厚大于 400 mm 时,可用两块拉结石两面搭砌,搭接长度不小于 150 mm,且其中一块的长度不应小于墙厚的 2/3。

1.4　毛石与烧结普通砖组合墙的构造与组砌要求

1.4.1　组砌要求

(1)采用砖和毛石两种材料砌成的组合墙,当应用于外墙时,外侧用毛石,内侧用砖砌。

(2)有的墙体外墙为毛石,内墙为砖砌,这种组合墙的砌法,要注意的是砖与毛石交接处的处理。

1.4.2　构造要求

(1)在毛石与内侧为半砖的组合墙中,毛石与砖应同时砌筑,并每隔5~6皮砖用2~3皮丁砖与毛石墙拉结砌合,砌合搭接长度应不小于120 mm,两种材料间的缝隙用砂浆填满,如图7.4所示。

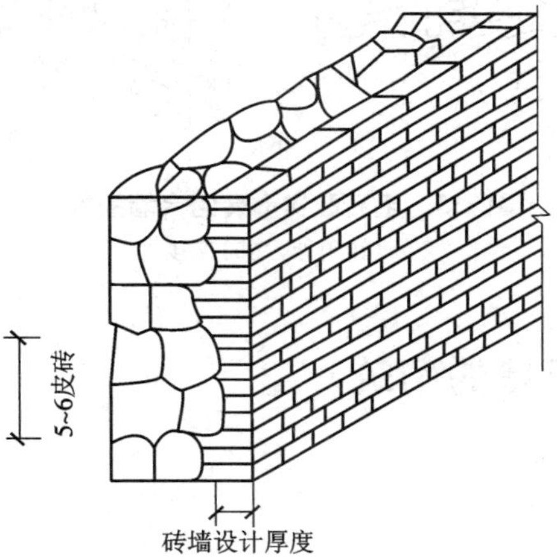

图7.4　组合墙的构造

(2)当用砖与毛石两种材料分别砌筑纵墙与直通墙,每隔4~6皮砖高,砌出不小于120 mm长、4~6皮砖高的阳槎与相连接的墙搭接,如图7.5所示。

(3)对于横墙,其转角处和交接处也应同时砌筑。对不能同砌筑而又必须留置的临时间断处,应砌成踏步槎。

(4)砌筑时应从转角处的一道墙上或从交接处应自纵墙每隔4~6皮砖高度引出不小于120 mm与横墙相接。

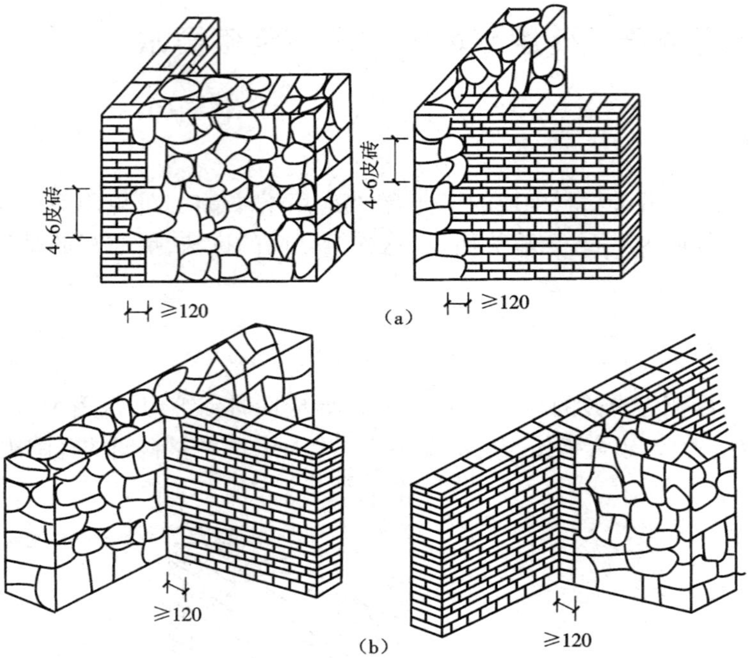

图 7.5　毛石和实心砖组合墙的构造

(a)转角处　(b)交接处

1.5　毛石基础与毛石墙的砌筑

1.5.1　施工准备

1. 材料、工具准备

材料、工具的准备工作与砖砌体施工基本相同，砌筑用石材应严格进行挑选，已经风化和有裂缝的石材不能采用。特别是基础、墙、柱砌筑用石材应质地坚实，没有裂缝，清水墙、柱表面的石材色泽应均匀一致。

2. 技术准备

技术准备主要是熟悉图样，明确设计对基础与墙体的具体要求，弄清楚基础的形式和墙体预留门、洞的位置。

3. 工作面准备

工作面准备要求检查、处理好基槽，并按图样要求核对好龙门板的标高和轴线的位置，检查基槽的深度和宽度是否符合设计要求，使作业面符合作业条件。

1.5.2　砌筑流程

毛石基础与毛石墙的砌筑工艺流程为:①施工准备;②基层检查;③找平放线;④立皮数杆;⑤挂线、盘角;⑥砌毛石、划缝;⑦适当洒水湿润;⑧勾缝、养护。

1.5.3　毛石砌筑要点

(1)毛石基础的砌筑要点:砌筑前要按图样要求核准龙门板的标高、轴线位置,检查基槽宽度和深度。如果基槽有积水,在排除积水后要清除污泥,然后夯填入 100 mm 厚的碎石或卵石,使其嵌入地基内,起到挤实加固作用。如果基槽过分干燥,并已有酥松的浮土,就用水壶喷洒少量的水,然后夯实。

(2)检查基槽的宽度和深度无误后,可放出基槽线及砌体中线和边线,再立挂线杆及拉准线。其做法是在基槽两端,每端的两侧各立一根立杆,再钉一横木杆连接,根据基槽宽度拉好立线,如图 7.6 所示。然后根据墙基边线在墙阴阳角处先砌两皮较方整的石块,以此为准线,作为左或右放一的水平标准。还有一种是当砌矩形或梯形截面的基础时,按照设计尺寸,用 50 mm×50 mm 的小木条钉成基础截面形状,称样架立于基槽两端,在样架上注明标高,两端样架相应标高用装配线连接,作为砌筑的依据,如图 7.7 所示。

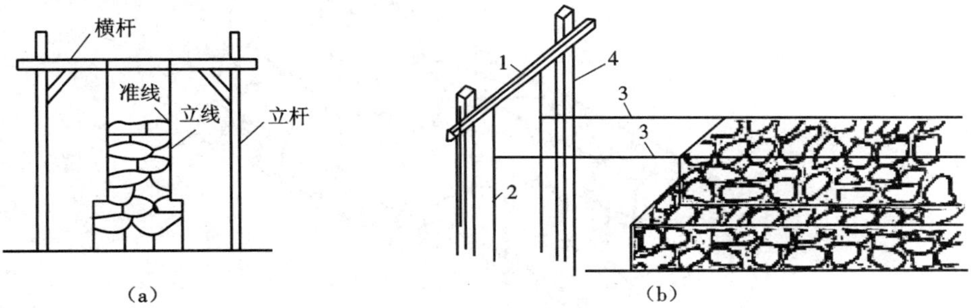

图 7.6　毛石墙体挂线

(a)侧面　(b)正立面

1—横杆;2—立线;3—水平线(卧线);4—立杆

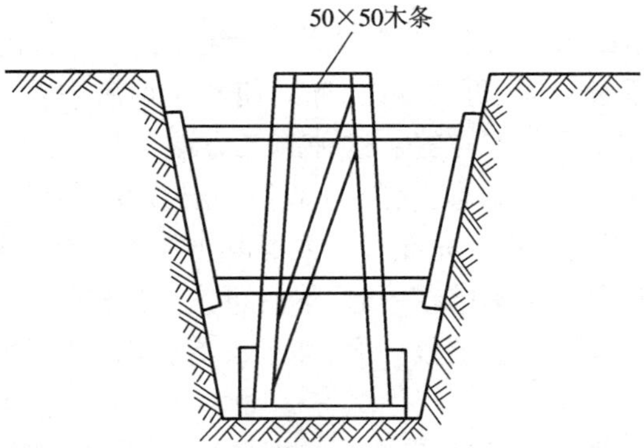

图 7.7　截面样架

(3)砌阶梯形毛石基础时,应将横杆上的立线按基础宽度向中间移动,移到退台所需的宽度,再拉水平线。因为立线是控制基础宽窄,水平线是控制每层高度及平整,当每一退台砌完,进行下一退台前,应重复检查一次砌体中心线位置,发现偏差应立即纠正。

(4)石料必须坚实未经风化,且强度等级应该达到设计要求。块石还应有上下两个大致平行的面,其厚度不小于 150 mm,长度不超过厚度的 3 倍,宽度不超过厚度的两倍。毛石最小边不得小于 150 mm,石料在砌筑前应用水冲洗干净,剔除风化的石料。

(5)毛石的砌筑砂浆应用水泥砂浆,但由于毛石的缝隙较大,故可掺入一部分直径大于 5 mm 的砂子,含泥量应满足要求,不能有树皮、草根等杂物。

(6)因为毛石无法明确分层,所以毛石基础的砌筑只能以台阶高度为准挂线。开始砌第一层时,应选择比较方整的石块放在大角处,叫做角石或定位石,如图 7.8 所示。角石应三面方正,其高度最好能与大放脚高度相等,如果石块不合适,应用手锤加工修整。为了操作方便,也可以将准线移到角石上加高。除了角石以外,第一层石块一般也应选择比较平整的石块,砌筑时应将石块较平整的大面朝下,要放平、放稳,用脚踩时不活动。因为第一层是建筑物的根基,砌筑牢固与否,直接影响以后各层的质量。因地基不同有以下两种砌法。

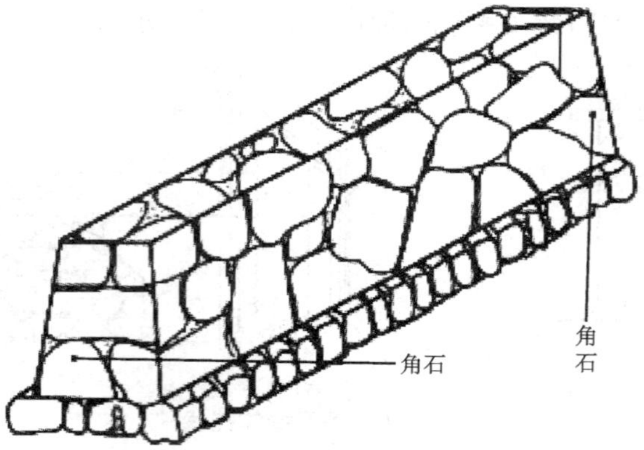

图 7.8　角石

①在土质垫层及砂垫层上的砌筑。先将大块石干砌满铺一皮,再将砂浆灌入空隙处,用小石块挤砌入砂浆中,并用手锤打紧,再填砂浆,务必使砂浆填满空隙,石块平稳、密实。不允许先填小石块后灌浆,以免发生干缝和空缝。这种施工方法,因石块大而向下,能使其与垫层密切结合,石块与土(砂)之间不需要砂浆黏结,可节约一层砂浆,并保证砌体质量。

②在岩石或混凝土垫层上砌筑。先在岩石或混凝土垫层上铺一层 30 ~ 40 mm 厚的砂浆,再铺满石块,这样石块与垫层就会黏结在一起,然后再按上法砌筑。

当砌完一层后,应对砌体中心线校核一次,如果没有偏斜,即可继续砌筑。在底层上砌第二层时,应采用坐浆法砌筑。

(7)砌筑第二层石块时要做到上下错缝。先把要砌的石块试摆,如试摆后尺寸和构造都合适,则可铺浆砌筑。铺浆的面积约为石块面积的 1/2,厚度为 40 ~ 50 mm,离墙边 30 ~ 40 mm

的范围内不铺浆，然后将经过试摆的石块砌上，石块浆砌如有不稳，可用石垫塞。当有一定操作经验以后，可以省去试摆步骤，凭眼睛估测石块大小和形状，就可以较快速地砌筑。

(8)石块间的上下皮竖缝必须错开，并力求顶顺交错排列。每砌完一层后，其表面要求大致平整，不能有尖角、驼背、放置不稳等现象，以利上层砌筑时容易放稳，并保证有足够的接触面。

(9)为了保证墙体的整体性，每层间隔 2 m 左右，必须砌一横贯墙身的拉结石，上下层拉结石要互相错开位置，在立面上拉结石的位置呈梅花状，如图 7.9(b)所示。拉结石要选比较平整，长度超过墙厚 2/3 的石块。在砌石时，先砌里外两面石再砌中间石，但应防止砌成夹心墙，如图 7.9(c)所示。

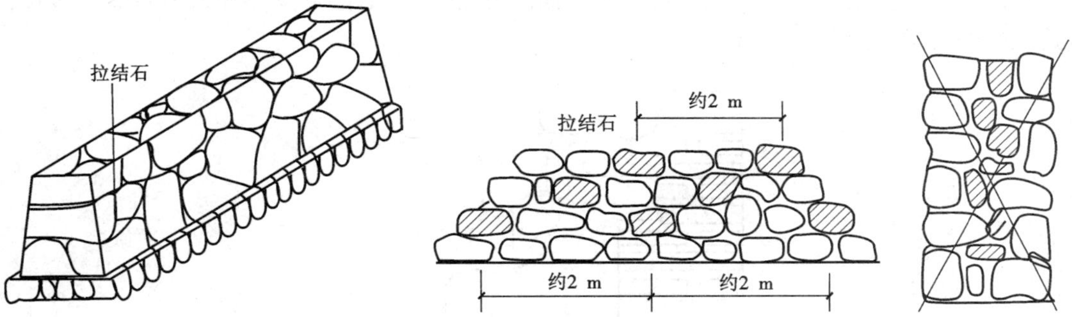

(a)　(b)　(c)

图 7.9　拉结石

(a)立体图　(b)拉结石立面位置　(c)夹心墙

(10)墙基需要留接槎时，不得留在外墙或纵横墙的结合处，要求至少应伸出外墙转角或纵横墙交接处 1 ~1.5 mm，并留踏步接槎。

(11)收台阶处和顶层砌法。砌到大放脚收台处，需要台阶面基本水平，低洼处石块填平。当砌到顶层时，更应注意挑选适当大小的石块，不能使用太小的石块作最后一层的砌筑。砌至规定高度后，如有高出标高的石尖，用小锤修整，缺口和低洼部分用小石块铺砌齐平，上下两台阶的石块也应压接 1/2 左右。

(12)毛石基础中如遇沉降缝应分开两段砌筑，并且随时清理缝隙中的砂浆和石块，达到设计规定的要求。

(13)毛石基础中的预留洞，必须在砌筑中预留，不得事后开凿，以免松动周围石块。毛石基石砌好以后，应用小抿子将石缝嵌填密实，同时在龙门板上挂线复验轴线位置是否准确，并用记号标志在基础的侧面石块上，再拆除挂线。

(14)砌筑中应注意不要在砌好的墙体上抛掷毛石，以免使墙体振动破坏毛石和砂浆结构，影响砌体强度。

1.5.4　毛石墙及毛石与烧结普通砖组合墙的砌筑要点

(1)毛石墙应根据基础找平层上弹的墙身线和在墙角标高杆上挂的水平线进行砌筑，线杆上应表示出窗台、门窗上口、圈梁、过梁、预留洞、预埋件、楼板和檐口等。

(2)毛石墙的砌筑方法有两种。

①采用角石砌法。角石要选用三面都比较方正而且比较大的石块,如缺少合适的石块应进行加工修整。角石砌好后可以架线砌筑墙身,墙身的石块也要选基本平整的放在外面,选墙面石的原则是“有面取面,无面取凸”,同一层的毛石要尽量选用大小相近的石块,同一面墙应把大的石块砌在下面,小的砌在上面。

②砖包角砌法。砖包角是缺乏角石材料又要求墙角平直的情况下使用的。它不仅可用于墙的转角处,也可以用在门窗口边。砖包角的做法是在转角处(门窗口边)砌上一砖到一砖半的角,一般砌成五进五出的弓形槎,砌筑时应先砌墙角的五皮砖,然后再砌毛石,毛石上口要基本与砖面平齐,待毛石砌完这一层后,再砌上面的五皮砖,上面的五皮要伸入毛石墙半砖长,以达到拉结的要求,如图 7.10 所示。

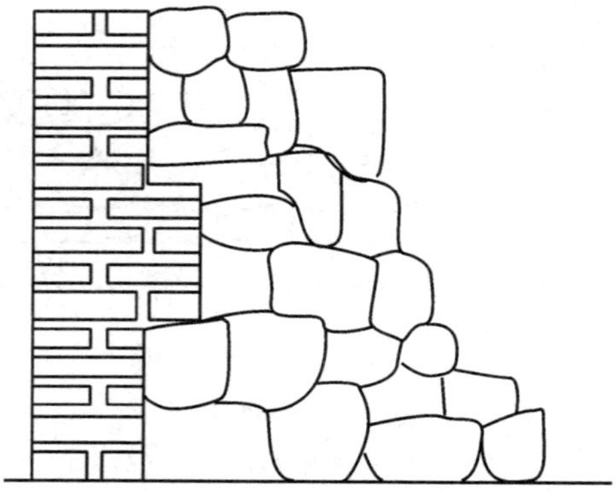

图 7.10　石墙砖包角的砌筑方法

(3)毛石墙的砌筑方法与毛石基础基本相同,但应注意以下几点。

①采用铺浆砌法分层砌筑,上下石块要相互错缝、内外搭接。不得采用外面侧砌立石,中间填心的砌法,如图 7.11 所示。毛石墙的转角处和交接处应按如图 7.2 所示的要求砌筑。

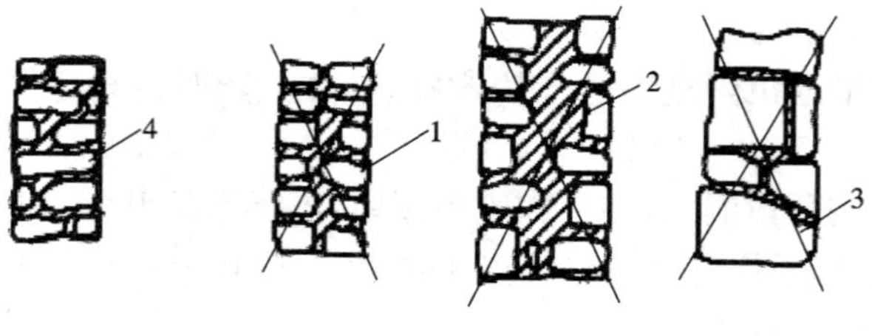

(a)　　　　(b)

图 7.11　毛石墙的砌法

(a)正确　(b)不正确

②砌筑时每层注意留槎口。每砌一层毛石,都要给砌筑上层毛石留出槎口,其槎口的对接处要平,能使上下层石块咬槎严密。防止出现硬蹬槎或槎口过小的现象,如图 7.12 所示。

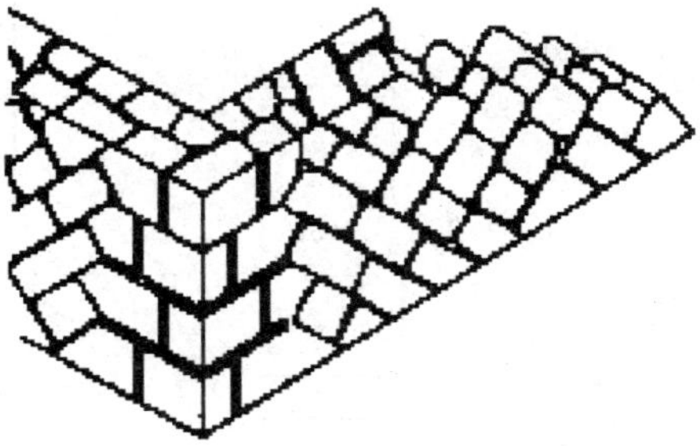

图 7.12　留槎

③毛石墙每天砌筑高度不应超过 1.2 m，以免因砂浆未充分凝固，造成墙身鼓肚倒塌。

④砌筑毛石墙时要搭设双面脚手架，便于毛石的抬放与砌筑。脚手架小横杆要尽量从门窗洞口穿过或采用双排脚手架。

⑤加工石块时应佩戴风镜或平光眼镜，不得在墙上加工石块，以防石屑崩出伤人。

⑥砌筑毛石时，周围不应有打桩、爆破等强烈震动，以免震塌毛石墙。

⑦毛石墙的灰缝厚度应控制在 20 ~ 30 mm，以免影响砌筑质量。当砂浆过厚时要用石垫片进行垫塞，垫片应垫在里口且上下都要填抹砂浆。

⑧毛石墙临时间断处应留成踏步槎，踏步槎高度不应超过 1.2 m。当断续接砌时，应将接槎处冲洗干净，并清除黏结不牢的石块及浮浆，这样新旧砌体才能牢固地黏结在一起。

⑨砌砖包角毛石墙时，应将砖砌入毛石墙内使砖墙与毛石墙拉结。两砌体间空隙必须填满砂浆，使其成为一个整体。

⑩毛石墙的外面要求较基础高，砌筑时应注意选石，三面方正的用作角石，一面较平的用作面石，不要打边取角。修凿时，要把石块垫起，把需打掉的一边或角架空，顺石纹敲击，这样容易将石块修凿平整。砌毛石墙选石很重要，规格大小应搭配使用，以免将大块砌在一侧，而另一侧全用小块，这样会一侧灰缝过多，使封面倾斜，形成滑面状态，使上层无法接砌，而且墙受力后也易滑移破坏。砌筑好的墙，每层的内外侧应稍高于中间，便于找平和同下层咬槎，以保证墙体受力均匀。

⑪当砌体快砌到墙顶设计标高时，应注意挑选尺寸大致相等的石块砌筑。如有低凹处，要用石块补砌平整，不宜全部采用砂浆垫平。为提高砌体顶面平整与牢固，可用砌筑砂浆（将其强度等级提高一级）将顶面找平，砌筑结束时，要把当天砌筑的墙都勾好砂浆缝，并根据设计要求的勾缝形式来确定勾缝的深度。砌好的毛石砌体，要用湿草席覆盖养护。

⑫毛石墙砌完后要适当洒水湿润，后用砂浆勾好缝，勾缝的形式一般有平缝、平凹缝、半圆形凹缝、三角形凸缝、平凸缝和半圆形凸缝等，如图 7.13 所示。

⑬勾缝工作宜在砌筑完成的当天进行，因当天砂浆强度低、操作容易，勾缝即可补缝又可抠缝，砌筑时砂浆不足的地方应视情况嵌补砂浆。勾缝前需用扫帚将墙面清扫干净，浇水湿润表面并将原灰缝刮深 10 ~ 20 mm，再浇水湿润冲去浮屑，然后用 1:2或 1:1水泥砂浆进行勾缝。勾缝操作要自上而下进行，先勾水平缝再勾竖缝。勾缝的质量要求是嵌填密实、黏结牢固、表

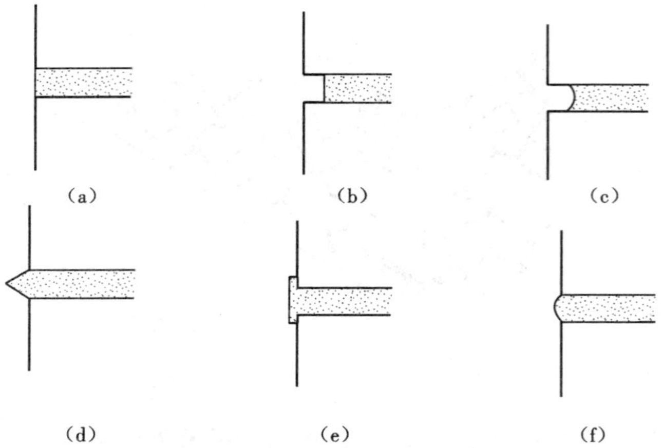

图 7.13　毛石墙的勾缝形式

(a)平缝　(b)平凹缝　(c)半圆形凹缝　(d)三角形凸缝　(e)平凸缝　(f)半圆形凸缝

面整洁,不得有搭槎、毛疵和舌头。勾凸缝的手法如图 7.14 所示,先用小抿子把砂浆填入灰缝中,待砂浆初凝后抹上第二层砂浆,收水后将多余的砂浆切掉,最后将表面压光、溜光。勾凹缝时,灰缝应抠进 20 mm 深,用特制的溜子把砂浆嵌入灰缝中,要求比石面深 10 mm 左右,然后将表面压光、溜光,如图 7.15 所示。

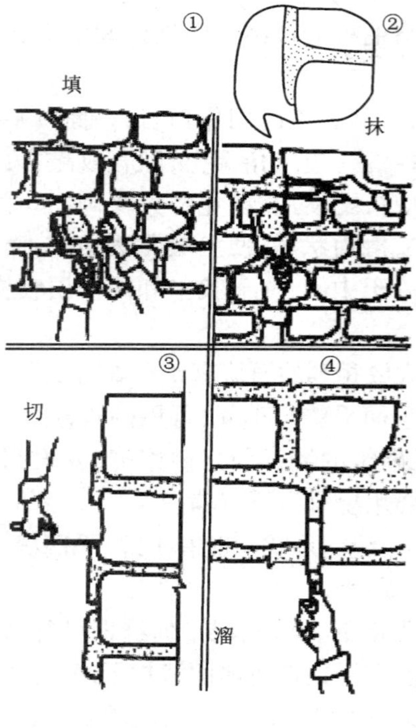

图 7.14　勾凸缝

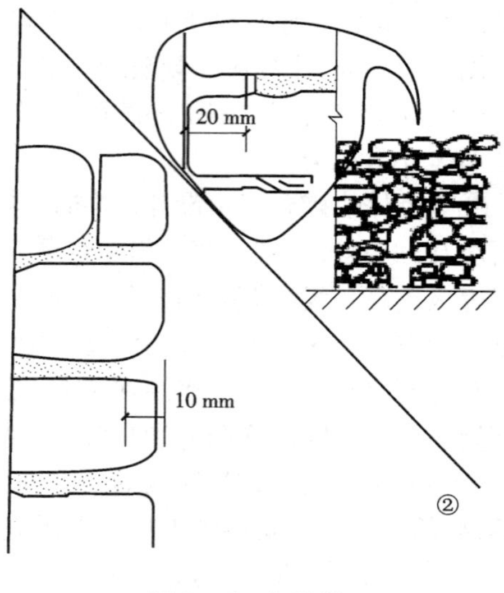

图 7.15　勾凹缝

2　料石砌体砌筑

2.1　料石砌体的分类和组砌形式

料石是指经过细加工后外表规则的石材。料石分为细料石、半细料石、粗料石、毛料石。细料石是指通过细加工，外表规则，叠砌面凹入深度不应小于 10 mm，截面的宽度、高度不宜小于 200 mm，且不宜小于长度的 1/4。半细料石是指规格尺寸同普通细料石砌体，但叠砌面凹入深度不应小于 15 mm。粗料石是指规格同普通料砌体，但叠砌面凹入深度不应小于 20 mm。毛料石是指外形大致方正，一般不加工或仅稍加修整，高度不应小于 200 mm，叠砌面凹入深度不应大于 25 mm。

料石砌体有料石基础、料石墙、料石柱。料石还可用作窗台板、过梁，或砌成料石拱等。

料石各面的加工要求，应符合表 7.1 的规定。料石加工的允许偏差应符合表 7.2 的规定。

表 7.1　料石各面的加工要求　mm

料石种类	外露面及相接周边的表面凹入深度	叠砌面和接砌面的表面凹入深度
细料石	不大于 2	不大于 10
粗料石	不大于 20	不大于 20
毛料石	稍加修整	不大于 25

注：相接周边的表面是指叠砌面、接砌面与外露面相接处 20 ~ 30 mm 范围内的部分。

表 7.2　料石加工的允许偏差　mm

料石种类	加工允许偏差	
	宽度、厚度	长度
细料石	±3	±5
粗料石	±5	±7
毛料石	±10	±15

注：如设计有特殊要求，应按设计要求加工。

2.1.1　料石基础组砌形式

料石基础主要有丁顺叠砌和丁顺组砌两种形式。

(1)丁顺叠砌形式:是指一皮顺石与一皮丁石相隔叠放砌筑,上下皮竖缝相互错开1/2石宽,一般先丁后顺,如图7.17(a)所示。

(2)丁顺组砌形式:是指同皮内1~3块顺石与一块丁石相隔交替砌筑。丁石长度为基础厚度,顺石厚度一般为基础厚度的1/3。丁石中距不大于2 m,上下丁石应坐中于下皮顺石上,上下皮竖向缝相互错开至少1/2石宽,如图7.16(b)所示。

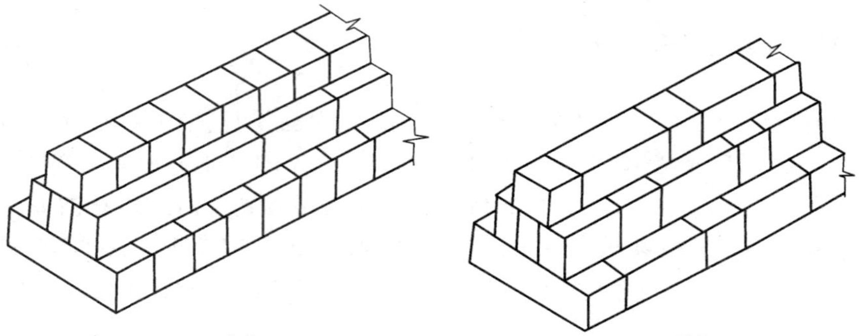

(a)　　(b)

图7.16　条石基础的组砌形式

(a)丁顺叠砌　(b)丁顺组砌

2.1.2　料石墙组砌形式

(1)料石墙有全顺叠砌(即全顺砌法)、丁顺叠砌(即一顺一丁)和丁顺混砌三种,但一般全顺砌法应用较为广泛,在料石和毛石或砖的组合墙中,料石砌体和毛石砌体或砖砌体应同时砌筑,并每隔2~3皮料石层用丁砌层与毛石砌体或砖砌体拉结砌合。丁砌料石的长度宜与组合墙厚度相同。

(2)料石墙厚度等于两块料石宽度时,可采用两顺一丁或丁顺组砌的砌筑形式。

2.2　料石基础的构造和组砌要求

2.2.1　料石基础的构造

料石基础截面可采用矩形、阶梯形,其顶面宽度比墙厚大100 mm以上,底面宽度由设计计算确定,但不宜大于宽度的四倍。

2.2.2　组砌要求

(1)砌筑料石基础应双面挂线,先砌转角处和交接处,后砌基础中间部分,基础最底层的第一皮按基础边线铺浆丁砌。阶梯形基础的上台阶料石至少要压砌下台阶料石的1/3宽度,如图7.17所示。

(2)料石基础的转角处和交接处应同时砌筑,当不能同时砌筑时应留斜槎。灰缝厚度不

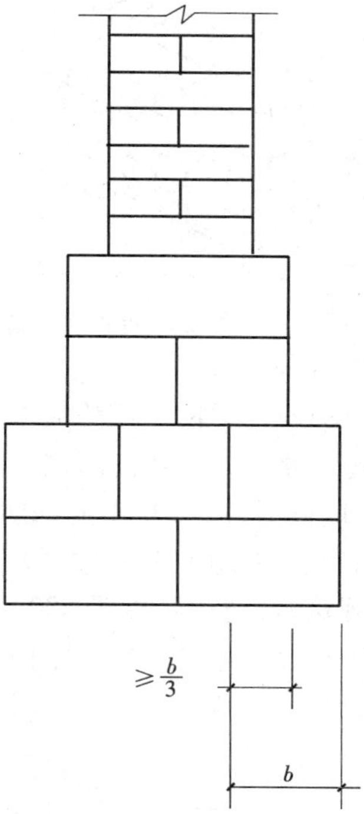

图 7.17　阶梯形料石基础

宜大于20 mm,铺设水平灰缝砂浆层时应比规定灰缝厚度厚6～8 mm,以便预留出砌石后的压缩量。料石基础每天的砌筑高度应不大于1.2 m。

2.3　料石墙体的构造与组砌要求

2.3.1　组砌要求

(1)料石墙厚度等于一块料石宽度时,可采用全顺砌筑形式。

(2)料石墙厚度等于两块料石宽度时,可采用两顺一丁或丁顺组砌的砌筑形式。

(3)两顺一丁是指两皮顺石与一皮丁石相间砌筑。

(4)丁顺组砌是指同皮内顺石与丁石相间砌筑,可一块顺石与丁石相间或两块顺石与一块丁石相间砌筑。

2.3.2　构造要求

(1)在料石和毛石或砖的组合墙中,料石砌体和毛石砌体或砖砌体应同时砌筑,并每隔2～3皮料石层用丁砌层与毛石砌体或砖砌体拉结砌合。丁砌料石的长度宜与组合墙厚度相同,如图7.18所示。

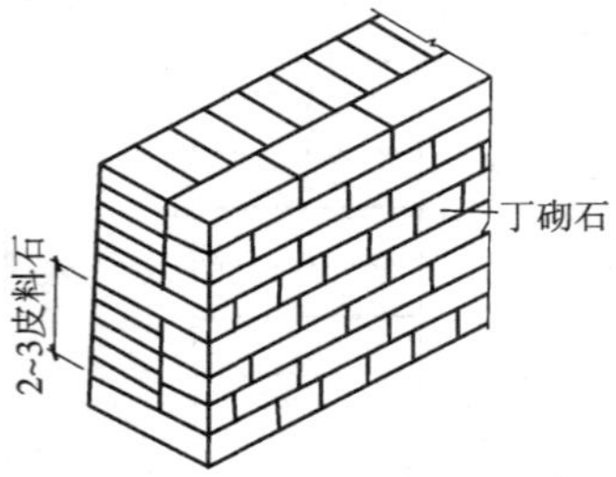

图 7.18　料石和砖的组合墙

(2)料石墙的厚度不应小于 200 mm。

(3)砌筑料石墙除全顺叠砌单面拉准线外,基层均应双面拉准线,第一皮铺浆按墙边线砌筑,其余各皮均按准线砌筑,先砌转角处和交接处,后砌中间部分。

(4)料石墙的转角处和交接处应同时砌筑,当不能同时砌筑时应留斜槎。料石墙分段砌筑时,其砌筑高度不得超过 1.2 m,料石清水墙中不得留脚手眼。

(5)用料石作过梁,如设计无规定时,过梁厚度为 200 ~ 450 mm,净跨度不宜大于 1.2 m,两端各伸入墙内长度不应小于 250 mm,过梁宽度与墙厚相等。过梁上续料石时,其正中石块长度不应小于过梁净跨度的 1/3,其两旁应砌不小于 2/3 过梁净跨度的料石,如图 7.19 所示。

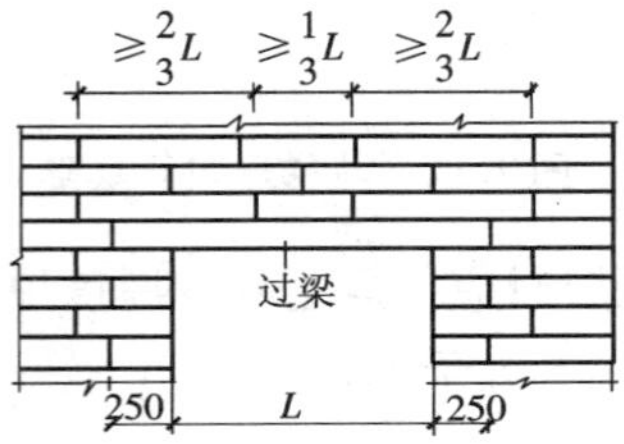

图 7.19　料石过梁

(6)用料石作平拱,应按设计要求加工。如设计无规定,则应加工成楔形(上宽下窄),斜度应预先设计,拱两端的石块在拱脚处坡度以 60°为宜。平拱石块数应为单数,平拱石的厚度与墙厚相等,高度为两皮料石高。拱脚处斜面应修整加工,使其与拱石相吻合。砌筑时,应先支设模板,由两边对称地向中间砌筑,正中一块锁石要挤紧。所用砂浆强度等级不低于 M10,灰缝厚度宜为 5 mm。拆模时,砂浆强度必须大于设计强度的 70%。平拱石块数应为单数,厚度与墙厚相等,高度为两皮料石高。料石平拱如图 7.20 所示。

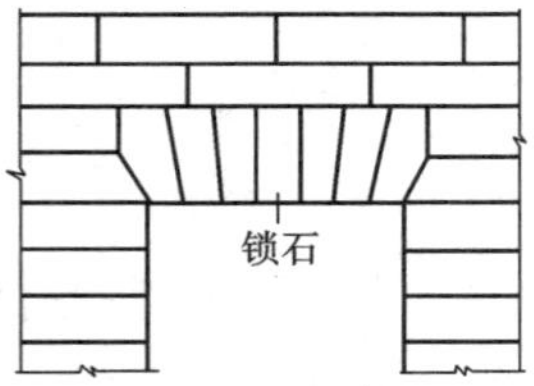

图 7.20　料石平拱示例

(7)用料石作圆拱,应按设计进行加工,使其接触面吻合严密,各石块的形状及尺寸应力求一致。砌筑时应先支模,并由拱脚对称地向中间砌筑,正中一块拱冠石要对中挤紧。所用砂浆强度等级不低于M10,灰缝厚度宜为5 mm。拆模时,砂浆强度必须大于设计强度的70%。

2.4　料石砌体砌筑事项

2.4.1　施工准备

1. 技术准备

技术准备主要是熟悉图样,明确设计对基础与墙体的具体要求,弄清楚基础的形式和墙体预留门、洞的位置。

2. 作业条件准备

作业条件要求基础和垫层已施工完毕,并已办完隐检手续;基础、垫层表面已弹好轴线及墙身线,立好皮数杆,检查、处理好基槽,并按图样要求核对好龙门板的标高和轴线的位置。检查基槽的深度和宽度是否符合设计要求,如第一皮水平灰缝的厚度超过20 mm,应用细石混凝土找平,不得用砂掺石子代替。

1)试摆、撂底

砌筑前应根据进场石料的规格、尺寸、颜色进行试摆、撂底,确定组砌方法。

2)砂浆搅拌、砌料石

砂浆的搅拌要求与砖砌筑的要求相同,砂浆应随拌随用,拌制后应在3 h内使用完毕,严禁使用过夜砂浆。砂浆试场的制作应按施工规范的要求严格执行,并符合下列规定。

(1)料石砌体应上下错缝搭砌,搭砌长度不小于料石宽度的1/2。砌体厚度等于或大于两块料石宽度时,如同皮内全部采用顺砌,每砌两皮后,应砌一皮丁砌层;如同皮料石砌体灰缝采用丁砌组砌,丁砌石应交错设置,其中心间距不应大于2 m。

(2)厚度应按料石种类确定,粗料石、毛料石墙不宜大于20 mm,半细料石砌体不宜大于10 mm,细料石砌体不宜大于5 mm。

(3)料石挡土墙,当中间部分用毛石砌时,丁砌料石深入毛石部分的长度不应小于200 mm。

2.4.2　砌筑要点

(1)洒水湿润、勾缝、养护方法同毛石砌筑。

(2)料石砌体的砌筑工艺流程:施工准备→基层检查→找平放线→立皮数杆→试摆、撂底→砂浆搅拌、砌料石→洒水湿润→勾缝、养护。

2.5 石料质量标准

2.5.1 保证项目

(1)石料的质量、规格必须符合设计要求和施工验收规范规定。

(2)转角处必须同时砌筑,交接处不能同时砌筑时必须留斜槎,留槎高度以每处 1 m 为宜,一次到顶的留槎是不允许的。

2.5.2 基本项目

(1)基础和墙砌体顶面标高不超过 ±25 mm。

(2)砌体厚度不超过 +30 mm 或 -10 mm。

2.6 安全注意事项

2.6.1 对基槽、基坑的要求

(1)基坑应视土质和开挖深度留设边坡,如因场地小不能留设足够的边坡,则应支撑加固。

(2)基础摆底前还必须检查基槽或基坑,如有塌方或支撑不牢固等现象,要采取可靠措施后再进行工作。

(3)工作过程中要随时观察周围土壤情况,发现裂缝或其他不正常情况时,应立即离开危险地点,采取必要措施后才能继续施工。

(4)基槽外侧 1 m 以内严禁堆物,人员进入基槽施工应有上下设施(踏步或梯子)。

2.6.2 材料运输要求

(1)搬运石料时,必须起落平稳,两人抬运应步调一致,不准随意乱堆。

(2)向基槽内运送石料或砖块时,应尽量采取滑槽,上下工作要相互联系,以免砸伤人或损坏墙基、土壁支撑。

(3)当搭设跳板(又称铺道)或运输通道运送材料时,要随时观察基槽(坑)内操作人员,以防砖块等掉落伤人。

2.6.3 取石

在石堆上取石,不准从下掏挖,必须自上而下进行取石,以防倒塌。

2.6.4 基槽积水的排除

当基槽内有积水,需要边砌筑边排水时,须注意用电安全,应用专用闸刀和触电保护器,并指派专人监护。

2.6.5 雨雪天的要求

雨雪天应注意做好防滑工作,特别是上下基槽的设施和基槽上的跳板要钉好防滑条。

3 石砌砌体砌筑工程的质量通病及防治

3.1 砌体垂直通缝

1. 现象

片石、卵石砌体上下各层石缝连通,尤其在墙角及接槎处更多见。

2. 危害

砌体垂直通缝降低了砌体的整体性。

3. 原因分析

(1)片石、卵石砌体多采用交错组砌方式,但因片石、卵石块体是不规则的,忽视了左右、上下、前后的交搭,砌缝未错开,尤其在墙角处未改变砌法。

(2)施工间歇留槎不正确,未按规定留踏步形斜槎,而留马牙形直槎。

4. 防治方法

(1)加强石块的挑选工作,注意石块左右、上下、前后的交搭。

(2)必须将砌缝错开,禁止砌出任何重缝。

(3)在墙角部位,应改为丁顺叠砌或丁顺组砌,使用的石材也要改变。

(4)可在片石、卵石中选取块体较大、体形较方整、长直的,加以适当加工修整,或改用条石、块石,使其适合丁顺叠砌或组砌的需要。

3.2 砌体里外两层皮

1. 现象

剖视截面,可发现砌体里外层互不连接,自成一体。这种石砌体承载能力差,稳定性不好,受到水平推力极易倾倒。此种现象在片石砌体中尤其多见。

2. 危害

砌体里外层互不连接影响砌体稳定性,极易坍塌。

3. 原因分析

(1)选料不当:片石体形过小,每皮石块压搭过少,未设拉结石,造成横截面上下重缝。

(2)砌筑方法不正确:尤其采取过桥型、填心、双合面砌法,极易造成砌体里外两层皮;此外,如翻楂面、斧刃面、铲口面等砌法,也会造成砌体稳定性的降低。

4. 防治方法

(1)要注意大小块石料搭配使用,立缝要小,要用小块石堵塞空隙,避免只用大块石而无小块石填空。禁止"四碰头",即平面上四块石料形成一个十字缝。

(2)每皮石料砌筑时要隔一定距离(1~1.5 m)丁砌一块拉结石,拉结石的长度应满墙,且上下皮错开,形成梅花形;如墙过厚(40 cm 以上)可用两块拉结石内外搭接,搭接长度不小于15 cm,且其中一块长度应大于砌体厚的2/3。

(3)要认真按照砌石操作规程操作。对于块石、料石,可采用丁顺组砌(较厚砌体)和顺叠组砌(砌体厚与石块厚度一致);对于片石则多采用交错组砌方式。

3.3 砌体黏结不牢

1. 现象

砌体中的石块和砌筑砂浆有明显分离现象,掀开石块有砂浆饱满度不够现象,石块间有瞎缝(即石块直接接触),敲击砌体时可听到空洞声。

2. 危害

砌体黏结不牢造成砌体承载力不足,尤其是抗剪强度降低。

3. 原因分析

(1)砌体灰缝过大,砂浆收缩后与石料脱离开形成空鼓。

(2)石料砌筑前未洒水(尤其是在高温干燥季节),造成砂浆过早失水,影响砌体的整体作用,降低砌体强度。

(3)采用不适当的砌法(如采用铺石灌浆法),致使砂浆饱满度差;或砌体的一次砌筑高度控制不严,一次砌筑过高,造成灰缝变形,石缝错动。

4. 防治方法

(1)严格按规程操作,保证灰浆饱满,石料上下错缝搭砌,控制砌缝宽和错缝长度;保证片石灰缝宽小于30 mm,块石灰缝宽小于20 mm,粗料石灰缝宽小于10 mm。

(2)砌石作业前适当洒水润湿,严格控制砌筑砂浆的稠度。

(3)控制砌体每日砌筑高度,卵石砌体每日砌筑不大于1 m,并应大致找平;片石砌体每日砌筑不大于1.2 m;料石砌体每日砌筑高度原则上也不宜超过一步架高。

3.4　挡土墙墙体里外拉结不良

1. 现象

采用条石与片石组合砌，两外皮用条石砌筑，中间用片石填砌或全部用片石砌筑，中间抛石填满。

2. 危害

使墙体形成三层皮，大大降低墙体的承载力。

3. 原因分析

(1)片石规格偏小，且未合理搭配，未采取先摆四角，再砌三面周边石，后砌腹石(用片石砌)的施工顺序，发生石料间搭接长度不够，砂浆不饱满的问题。

(2)采取抛石砌筑法，造成砂浆不饱满，底层石被砸挤松动。

4. 防治方法

(1)采用分层铺灰，分层砌筑法。每隔1.0～1.5 m丁砌一块拉结石，其长为满墙宽或2/3宽。

(2)料石镶面时，采取同皮内丁顺相间的组合砌法；中间用片石填砌时，片石必须与料石砌平，保证砌料石伸入片石长大于200 mm。

3.5　泄水孔不通畅，排水坡度不够

1. 现象

未留泄水孔，或泄水孔堵塞，或排水坡度不够。

2. 危害

造成挡土墙内侧长期积水，造成墙体开裂、沉陷或倒塌。

3. 原因分析

(1)忽视挡土墙细部做法，没有认真检查，造成未留泄水孔或未及时清理泄水孔内砂浆等杂物。

(2)墙体内侧未按规定做出排水坡度。

4. 防治方法

(1)砌筑时严格按设计要求收坡收台，并设泄水孔。

(2)加强检查，避免遗漏。

(3)施工后一定做到活完脚下清，保证排水通畅。

3.6 护坡卵石铺放不当

1. 现象

单层卵石护坡砌筑时,卵石长面与坡面不垂直。

2. 危害

造成卵石护坡不牢固,极易产生护坡滑塌破坏。

3. 原因分析

砌单层卵石护坡时,操作人员只图方便,而错误采取平砌方法操作。这种做法的害处是:随着护坡高度的增长,荷载也加大,此时卵石容易产生水平方向的滑动,甚至被拱出。

4. 防治方法

(1)应根据护坡厚度选用厚度相当的扁平状卵石。

(2)严禁采用双层叠砌,卵石表面应与坡面垂直。

(3)从护坡平面上看,同一层石块大小应一致,应采取直立或人字形咬砌方法,使石块互相镶嵌紧密。

3.7 边坡塌方

1. 现象

片石或块石砌筑的桥台锥坡、路堤、调治构造物的护坡,坡面平整度超标,砌石下空洞、松脱、浆砌护坡勾缝开裂。

2. 危害

护坡面易积水,降水、河水等易从坡面开裂、空洞处侵入填土,造成护坡沉陷,甚至发生冲刷损坏。

3. 原因分析

(1)锥坡、护坡的土基夯实不足,或填筑路堤、桥头引道时压实宽度不足,造成修虚坡时,压实不足部分未完成修整,使锥坡、护坡的土基密实度不达标,砌石后发生不均匀沉陷。

(2)砌筑时未立样架、拉样线,造成砌筑面平整度不达标。

(3)砌筑方法及顺序不当,砌叠不牢,砌缝未错开,有通缝。

(4)砌体缝口不紧密,或坡脚未做基础,或未垫稳填实,在水流冲击下砌石脱落或坡脚松散掏空造成塌坡。

4. 防治方法

(1)护坡、锥坡的密实度必须保证达到90%。可在桥头引道及路堤填筑时,使压实宽稍大于设计宽20 cm,然后修坡时将密度不足的虚坡全部清除,也可将护坡修成高30 cm,宽1.0 ~

1.5 m 的台阶，逐阶用夯击实至 90%。

(2)护坡垫层(碎石、砾石或工业废渣)要铺平垫实。浆砌护坡锥坡时，砌石灰浆要铺满，不得留有空隙，以免形成空洞。

(3)砌筑时，立样架、拉样线，每 20 m 立一个样架。用水准仪找好设计标高，并在样架柱上标记，然后按标记钉样板。砌筑时，在样板上拉样线，按样线砌石料，以保证砌石不超标。

(4)干砌时应根据样架，自坡脚开始，自下而上进行砌筑。石块大小不一时，应将较大石块砌在下面，并采用交错混合组砌方法砌筑。护岸护坡及锥坡要砌体缝口紧密，底部要垫稳填实；坡面顺直，无鼓心凹肚现象，不得二至多片石料重叠砌筑。

(5)干砌护坡应在坡脚有高 50 ~ 100 cm，宽 1 m 以上的抛石护脚。浆砌时，铺浆饱满，灌浆充分，不留空隙；坡脚基础砌深为 0.6 ~ 1.0 m，底宽为 1.0 ~ 1.5 m。

(6)护坡、锥坡勾缝要密实，勾缝前须将灰缝刮深 2 cm，浇水润湿，用勾缝砂浆补平，并划成粗糙面，待初凝后，抹上第二层砂浆厚 1 cm，用宽 2 cm 的勾缝工具拉平，再用灰抿压实抹光。勾缝后应及时潮湿养护，防止勾缝开裂、脱空。

实训练习

题目 1：毛石墙砌筑练习

1. 实训目的

掌握毛石墙的砌筑方法。

2. 实训要求

进行毛石墙的砌筑练习。

3. 实训时间

4 小时。

4. 实训内容

用石灰砂浆代替水泥砂浆砌筑 400 mm 厚混水毛石墙，砌筑长度 4 m，高度 1.2 m，每四人为一组，其中两人砌筑，两人供料(一人供浆，一人供石)。

5. 操体评分

毛石墙砌筑评分标准如表 7.3 所示。

表 7.3　毛石墙砌筑评分表

序号	评分项目	配分	得分
1	正确使用龙门架	10	

续表

序号	评分项目	配分	得分
2	毛石墙砌体内外搭砌、上下错缝	10	
3	丁砌石和拉结石分布均匀	10	
4	砂浆饱满	10	
5	无错误砌筑现象	10	
6	毛石放置正确并分层卧砌	10	
7	灰缝一致,砂浆厚度在 20 ~ 30 mm	10	
8	墙体表面平整	10	
9	墙面垂直度允许偏差在 20 mm 以内	10	
10	安全操作	5	
11	综合印象	5	
总计		100	

题目 2:小型砌块墙的砌筑练习

1. 实训目的

掌握砌块墙的砌筑方法。

2. 实训要求

进行小型砌块墙的砌筑练习。

3. 训练时间

4 小时。

4. 训练内容

用石灰砂浆砌筑长 6 m、高 2.4 m 的砌块墙以及两个洞口为 1 200 mm × 1 200 mm 的窗子,窗台高度为 900 mm。每五人为一组,其中三人砌筑,两人供料。

5. 操作评分

小型砌块墙砌筑的评分标准如表 7.4 所示。

表 7.4　小型砌块墙砌筑评分表

序号	评分项目	满分(10 分)	检测点					得分
			1	2	3	4	5	
1	水平灰缝饱满度	≥90%						
2	竖向灰缝饱满度	≥80%						

续表

序号	评分项目	满分(10 分)	检测点					得分
			1	2	3	4	5	
3	轴线位移	≤10 mm						
4	垂直度(每层)	≤5 mm						
5	水平灰缝厚度竖向宽度	8 ~ 12 mm						
6	基础顶面和楼面标高	±15 mm						
7	表面平整度	清水 5 mm(5 分)						
		混水 8 mm(5 分)						
8	门窗洞口	±5 mm						
9	窗口偏移	20 mm						
10	水平灰缝平直度	10 mm						
总分								

思考题

1. 毛石墙砌筑前应做好哪些准备工作?
2. 砌筑毛石墙的操作程序和要点有哪些?
3. 毛石墙怎样盘角和挂线?
4. 石砌体质量检验评定标准内容有哪些? 如何进行质量自检?
5. 毛石墙砌筑容易出现哪些质量问题? 砌筑中如何进行预防?
6. 分析片石或块石边坡塌方的原因。
7. 试述石砌体垂直通缝的防治方法。

第 8 章　砌体结构质量标准及检验

【单元概述】

本章主要讲述砌体施工工艺、施工材料和质量的基本规定，砌体质量验收的方法、条件以及相关验收表格。

【学习目标】

掌握砌体施工质量的基本规定，熟悉砌筑结束后检验的基本规定，熟悉砌筑材料的基本要求，了解砌体工程质量验收记录表格中的主控项目和一般项目。并能灵活运用砌体结构质量标准及检验方法进行砌体结构质量控制。

1　砌体施工质量的基本规定

建筑工程的砖、石、混凝土小型空心砌块、蒸压加气混凝土砌块的施工质量控制和验收应严格按照《砌体结构工程施工质量验收规范》(GB 50203—2011)的要求执行。

在验收规范中，施工水平按质量监督人员、砂浆强度试验及搅拌、砌筑工人技术熟练程度等情况将砌体施工质量控制等级分为三级，并应按表 5.3 砌体施工质量控制等级划分。应用表 5.3 时需要注明以下两点：一是砂浆、混凝土强度离散性大小根据强度标准差确定；二是配筋砌体不得为 C 级施工。

砌体结构的质量也在很大程度上取决于施工工艺、砌筑材料以及人的因素。施工过程对砌体结构质量的影响直接表现在砌体的强度上。砌体施工质量的质量控制，主要从施工工艺和砌筑材料两方面提出了要求。

1.1　砌筑施工工艺的基本规定

1.1.1　砌筑施工前的基本规定

砌体结构工程施工前，应编制砌体结构工程施工方案。伸缩缝、沉降缝、防震缝中的模板应拆除干净，不得夹有砂浆、块体及碎渣等杂物。砌体结构的标高、轴线，应引自基准控制点。

而且,砌筑基础前,应校核放线尺寸,其允许偏差应符合表 4.4 的规定。

1.1.2　砌筑施工过程中基本规定

砌体结构施工过程中,砌筑顺序应符合下列规定:基底标高不同时,应从低处砌起,并应由高处向低处搭砌;当设计无要求时,搭接长度 L 不应小于基础底的高差 H,搭接长度范围内下层基础应扩大砌筑,如图 8.1 所示。

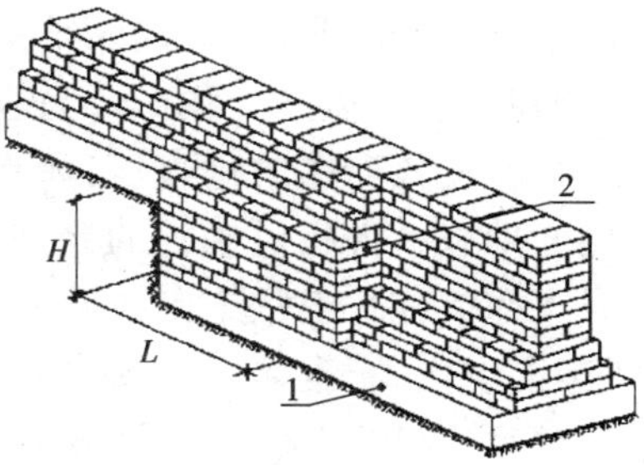

图 8.1　基底标高不同时的搭砌示意图(条形基础)

1—混凝土垫层;2—基础扩大部分

砌体的转角处和交接处应同时砌筑,当不能同时砌筑时,应按规定留槎。

当砌筑过程中需要在墙上留置临时施工洞口,其侧边离交接处墙面不应小于 500 mm,洞口净宽度不应超过 1 m。抗震设防烈度为 9 度的地区建筑物的临时施工洞口位置,应会同设计单位确定。临时施工洞口应做好补砌。当砌筑过程中需要砌筑设计要求的洞口、管道、沟槽时,设计要求的洞口、管道、沟槽应于砌筑时正确留出或预埋,未经设计同意,不得打凿墙体和在墙体上开凿水平沟槽。宽度超过 300 mm 的洞口上部,应设置钢筋混凝土过梁。不应在截面长边小于 500 mm 的承重墙体、独立柱内埋设管线。

砌体结构工程在施工过程中难免要设置脚手眼,脚手眼的设置不仅会破坏砌体结构的整体性,还会影响建筑物的使用功能,所以不得在下列墙体或部位设置脚手眼:

(1)120 mm 厚墙、清水墙、料石墙、独立柱和附墙柱;

(2)过梁上与过梁成 60°角的三角形范围及过梁净跨度 1/2 的高度范围内;

(3)宽度小于 1 m 的窗间墙;

(4)门窗洞口两侧石砌体 300 mm,其他砌体 200 mm 范围内;

(5)转角处石砌体 600 mm,其他砌体 450 mm 范围内;

(6)梁或梁垫下及其左右 500 mm 范围内;

(7)设计不允许设置脚手眼的部位;

(8)轻质墙体;

(9)夹心复合墙外叶墙。

并且,在脚手眼补砌时,应清除脚手眼内掉落的砂浆、灰尘;脚手眼处砖及填塞用砖应湿润,并应填实砂浆。

尚未施工楼板或屋面的墙或柱，其抗风允许自由高度不得超过表5.4墙和柱的允许自由高度的规定。如超过表中限值时，必须采用临时支撑等有效措施。需要注明以下三点：①该表适用于施工处相对标高 H 在10 m范围的情况（如果10 m < H ≤ 15 m，15 m < H ≤ 20 m时，表中的允许自由高度应分别乘以0.9、0.8；如果 H > 20 m时，应通过抗倾覆验算确定其允许自由高度）；②当所砌筑的墙有横墙或其他结构与其连接，而且间距小于表中相应墙、柱的允许自由高度的2倍时，砌筑高度可不受表5.4的限制；③当砌体密度小于1 300 kg/m^{3}时，墙和柱的允许自由高度应另行验算确定。

搁置预制梁、板的砌体顶面应平整，标高应一致。砌体结构中钢筋（包括夹心复合墙内外叶墙间的拉结件或钢筋）的防腐，应符合设计要求。雨天不宜在露天砌筑墙体，对下雨当日砌筑的墙体应进行遮盖。继续施工时，应复核墙体的垂直度，如果垂直度超过允许偏差，应拆除重新砌筑。砌体施工时，楼面和屋面堆载不得超过楼板的允许荷载值。当施工层进料口处施工荷载较大时，楼板下宜采取临时支撑措施。正常施工条件下，砖砌体、小砌块砌体每日砌筑高度宜控制在1.5 m或一步脚手架高度内；石砌体不宜超过1.2 m。在墙体砌筑过程中，当砌筑砂浆初凝后，块体被撞动或需移动时，应将砂浆清除后再铺浆砌筑。砌筑完基础或每一楼层后，应校核砌体轴线和标高。在允许范围内，轴线偏差可在基础顶面或楼面上校正，标高偏差宜通过调整上部砌体灰缝厚度校正。

1.1.3 砌筑结束后检验的基本规定

砌筑结束后，需要对砌体结构工程进行检验，砌体结构工程检验批的划分应同时符合下列规定：

(1)所用材料类型及同类型材料的强度等级相同；

(2)不超过250 m^{3}砌体；

(3)主体结构砌体一个楼层（基础砌体可按一个楼层计），填充墙砌体量少时可多个楼层合并。

砌体结构工程检验批验收时，其主控项目应全部符合本规范的规定；一般项目应有80%及以上的抽检处符合本规范的规定；有允许偏差的项目，最大超差值为允许偏差值的1.5倍。砌体结构分项工程中检验批抽检时，各抽检项目的样本最小容量除有特殊要求外，按不小于5确定。

1.2 砌筑材料的基本规定

砌体结构工程所用的材料应有产品的合格证书、产品性能型式检测报告，质量应符合国家现行有关标准的要求。块体、水泥、钢筋、外加剂尚应有材料主要性能的进场复验报告，并应符合设计要求。严禁使用国家明令淘汰的材料。

(1)水泥使用应符合下列规定（强制性要求）。

①水泥进场时应对其品种、等级、包装或散装仓号、出厂日期进行检查，并应对其强度、安定性进行复验，其质量必须符合现行国家标准《通用硅酸盐水泥》（GB 175—2007）的有关规定。

②当在使用中对水泥质量有怀疑或水泥出厂超过三个月(快硬硅酸盐水泥超过一个月)时,应复查试验,并按其复验结果使用。

③不同品种的水泥,不得混合使用。

抽检数量:按同一生产厂家、同品种、同等级、同批号连续进场的水泥,袋装水泥不超过 200 t 为一批,散装水泥不超过 500 t 为一批,每批抽样不少于一次。

检验方法:检查产品合格证、出厂检验报告和进场复验报告。

(2)砂浆用砂宜采用过筛中砂,并应满足下列要求。

①砂中不应混有草根、树叶、树枝、塑料、煤块、炉渣等杂物。

②砂中含泥量、泥块含量、石粉含量、云母、轻物质、有机物、硫化物、硫酸盐及氯盐含量(配筋砌体砌筑用砂)等应符合现行行业标准《普通混凝土用砂、石质量及检验方法标准》(JGJ 52—2006)的有关规定。

③人工砂、山砂及特细砂,应经试配能满足砌筑砂浆技术条件要求。

(3)拌制水泥混合砂浆的粉煤灰、建筑生石灰、建筑生石灰粉及石灰膏应符合下列规定。

①粉煤灰、建筑生石灰、建筑生石灰粉的品质指标应符合现行行业标准《粉煤灰在混凝土和砂浆中应用技术规程》(JGJ 28—86)、《建筑生石灰》(JC/T 479—2013)、《建筑生石灰粉》(JC/T 480—92)的有关规定。

②建筑生石灰、建筑生石灰粉熟化为石灰膏,其熟化时间分别不得少于 7 d 和 2 d;沉淀池中储存的石灰膏,应防止干燥、冻结和污染,严禁使用脱水硬化的石灰膏;建筑生石灰粉、消石灰粉不得代替石灰膏配制水泥石灰砂浆。

③石灰膏的用量,应按稠度为(120 ± 5) mm 计量,现场施工中石灰膏不同稠度的换算系数,可按表 8.1 确定。

表 8.1　石灰膏不同稠度的换算系数

稠度/mm	120	110	100	90	80	70	60	50	40	30
换算系数	1.00	0.99	0.97	0.95	0.93	0.92	0.90	0.88	0.87	0.86

(4)拌制砂浆用水的水质,应符合现行行业标准《混凝土用水标准》(JGJ 63—2006)的有关规定。当水中含有有害物质时,将会影响水泥的正常凝结,并可能对钢筋产生锈蚀作用。可饮用水均能满足要求。

(5)砌筑砂浆应进行配合比设计。当砌筑砂浆的组成材料有变更时,其配合比应重新确定。砌筑砂浆的稠度宜按表 8.2 的规定采用。

表 8.2　砌筑砂浆的稠度

砌体种类	砂浆稠度/mm
烧结普通砖砌体 蒸压粉煤灰砖砌体	70 ~ 90

续表

砌体种类	砂浆稠度/mm
混凝土实心砖、混凝土多孔砖砌体 普通混凝土小型空心砌块砌体 蒸压灰砂砖砌体	50～70
烧结多孔砖、空心砖砌体 轻骨料小型空心砌块砌体 蒸压加气混凝土砌块砌体	60～80
石砌体	30～50

注：1. 采用薄灰砌筑法砌筑蒸压加气混凝土砌块砌体时，加气混凝土黏结砂浆的加水量按照其产品说明书控制。

2. 当砌筑其他块体时，其砌筑砂浆的稠度可根据块体吸水特性及气候条件确定。

(6)施工中不应采用强度等级小于 M5 水泥砂浆替代同强度等级水泥混合砂浆，如需替代，应将水泥砂浆提高一个强度等级。

(7)在砂浆中掺入的砌筑砂浆增塑剂、早强剂、缓凝剂、防冻剂、防水剂等砂浆外加剂，其品种和用量应经有资质的检测单位检验和试配确定。所用外加剂的技术性能应符合国家现行有关标准《砌筑砂浆增塑剂》(JG/T 164—2004)、《混凝土外加剂》(GB 8076—2008)、《砂浆、混凝土防水剂》(JC 474—2008)的质量要求。

(8)配制砌筑砂浆时，各组分材料应采用质量计量，水泥及各种外加剂配料的允许偏差为 ±2%；砂、粉煤灰、石灰膏等配料的允许偏差为 ±5%。

(9)砌筑砂浆应采用机械搅拌，搅拌时间自投料完算起应符合下列规定：

①水泥砂浆和水泥混合砂浆不得少于 2 min；

②水泥粉煤灰砂浆和掺用外加剂的砂浆不得少于 3 min；

③掺增塑剂的砂浆，其搅拌方式、搅拌时间应符合现行行业标准《砌筑砂浆增塑剂》(JG/T 164—2004)的有关规定；

④干混砂浆及加气混凝土砌块专用砂浆宜按掺用外加剂的砂浆确定搅拌时间或按产品说明书采用。

(10)现场拌制的砂浆应随拌随用，拌制的砂浆应在 3 h 内使用完毕；当施工期间最高气温超过 30 ℃时，应在 2 h 内使用完毕。预拌砂浆及蒸压加气混凝土砌块专用砌筑砂浆的使用时间应按照厂方提供的说明书确定。

(11)砌体结构工程使用的湿拌砂浆，除直接使用外必须储存在不吸水的专用容器内，并根据气候条件采取遮阳、保温、防雨雪等措施，砂浆在储存过程中严禁随意加水。

(12)砌筑砂浆试块强度验收时其强度合格标准应符合下列规定。

①同一验收批砂浆试块强度平均值应大于或等于设计强度等级值的 1.10 倍。

②同一验收批砂浆试块抗压强度的最小一组平均值应大于或等于设计强度等级值的 85%，且应注意以下几点：第一，砌筑砂浆的验收批，同一类型、强度等级的砂浆试块应不少于

三组,同一验收批砂浆只有一组或二组试块时,每组试块抗压强度的平均值应大于或等于设计强度等级值的 1.1 倍,对于建筑结构的安全等级为一级或设计使用年限为 50 年及以上的房屋,同一验收批砂浆试块的数量不得少于三组;第二,砂浆强度应以标准养护,以 28 d 龄期的试块抗压强度为准;第三,制作砂浆试块的砂浆稠度应与配合比设计一致。

抽检数量:每一检验批且不超过 250 m^3砌体的各类、各强度等级的普通砌筑砂浆,每台搅拌机应至少抽检一次。验收批的预拌砂浆、蒸压加气混凝土砌块专用砂浆,抽检可为三组。

检验方法:在砂浆搅拌机出料口或在湿拌砂浆的储存容器出料口随机取样制作砂浆试块(现场拌制的砂浆,同盘砂浆只应制作一组试块),试块标养 28 d 后作强度试验。预拌砂浆中的湿拌砂浆稠度应在进场时取样检验。

(13)当施工中或验收时出现下列情况,可采用现场检验方法对砂浆或砌体强度进行实体检测,并判定其强度:

①砂浆试块缺乏代表性或试块数量不足;

②对砂浆试块的试验结果有怀疑或有争议;

③砂浆试块的试验结果,不能满足设计要求;

④发生工程事故,需要进一步分析事故原因。

2　砌体结构工程质量验收

建筑工程质量验收是全面考核建设工程、检查是否符合工程质量要求的重要环节,对促进建设项目(工程)及时投产、发挥投资效果、总结建设经验有重要作用,是施工质量控制后期的一项重要工作。

2.1　工程质量验收

2.1.1　检验批

检验批是砌体结构工程质量验收的最小单位,是分项工程乃至整个建筑工程质量验收的基础。检验批是施工过程中条件相同并有一定数量的材料、构配件或安装项目,由于其质量要求均匀一致,因此可以作为检验的基础单位,并按批验收。检验批的合格质量主要取决于对主控项目和一般项目的检验结果。主控项目是对检验批的基本质量起决定性影响的检验项目,因此必须全部符合有关专业工程验收规范的规定。

2.1.2　分项工程的验收

分项工程的验收在检验批的基础上进行。一般情况下,两者具有相同或相近的性质,只是批量的大小不同而已。因此,将有关的检验批汇集构成分项工程。分项工程质量合格的条件比较简单，只要构成分项工程的各检验批的验收资料完整，并且均已验收合格，则分项工程验收合格。分项工程检验批质量验收可按本节附录A各相应记录表填写。

2.1.3 分部工程的验收

分部工程的验收在其所包含分项工程验收的基础上进行。首先，分部工程验收合格的基本条件是各分项工程必须已经验收合格且相应的质量控制资料文件必须完整。但是作为分部工程不能简单地组合而加以验收，涉及安全和使用功能的地基基础、主体结构应进行有关见证取样送样试验或抽样检测。关于观感质量验收，这类检查往往难以定量，只能以观察、触摸或简单量测的方式进行，并由各个人的主观印象判断，检查结果并不给出"合格"或"不合格"的结论，而是综合给出质量评价。对于"差"的检查点应通过返修处理等补救。

2.1.4 单位工程的质量验收

单位工程质量验收也称质量竣工验收，是建筑工程投入使用前的最后一次验收，也是最重要的一次验收，验收合格的条件有五个：

(1)构成单位工程的各分部工程应该合格；

(2)有关的资料文件应完整；

(3)涉及安全和使用功能的分部工程应进行检验资料的复查；

(4)对主要使用功能还须进行抽查；

(5)还须由参加验收的各方人员共同进行观感质量检查。

2.2 砌体结构工程质量验收

砌体结构工程的分部工程(子分部工程)、分项工程可按表8.3的划分来进行质量验收。

表8.3 砌体结构工程的子分部工程、分项工程

序号	分部工程	子分部工程	分项工程
1	地基与基础	砌体基础	砖砌体、混凝土砌块砌体、配筋砌体、石砌体
2	主体结构	砌体结构	砖砌体、混凝土空心砌块砌体、石砌体、填充墙砌体、配筋砖砌体

(1)砌体工程验收前，应提供下列文件和记录：

①设计变更文件；

②施工执行的技术标准；

③原材料出厂合格证书、产品性能检测报告和进场复验报告；

④混凝土及砂浆配合比通知单；

⑤混凝土及砂浆试件抗压强度试验报告单；

⑥砌体工程施工记录；

⑦隐蔽工程验收记录；

⑧分项工程检验批的主控项目、一般项目验收记录；

⑨填充墙砌体植筋锚固力检测记录；

⑩重大技术问题的处理方案和验收记录；

⑪其他必要的文件和记录。

(2)砌体子分部工程验收时，应对砌体工程的观感质量作出总体评价。

(3)当砌体工程质量不符合要求时，应按现行国家标准《建筑工程施工质量统一验收标准》(GB 50300—2001)有关规定执行。一般情况下，不合格现象在最基层的验收单位检验批时就应发现并及时处理，否则将影响后续检验批和相关的分项工程、分部工程的验收。当子分部工程存在严重的缺陷，经返修或加固处理仍不能满足安全使用要求时，严禁验收。

(4)有裂缝的砌体应按下列情况进行验收：

①对不影响结构安全性的砌体裂缝，应予以验收，对明显影响使用功能和观感质量的裂缝，应进行处理；

②对有可能影响结构安全性的砌体裂缝，应由有资质的检测单位检测鉴定，需返修或加固处理的，待返修或加固处理满足使用要求后进行二次验收。

附录 A　砌体工程检验批质量验收记录

为统一砌体结构工程检验批质量验收记录用表，特列出表 A.0.1－1 至表 A.0.1－5，以供质量验收采用。

对配筋砌体工程检验批质量验收记录，除应采用表 A.0.1－4 外，尚应配合采用表 A.0.1－1 或表 A.0.1－2。

对表 A.0.1－1 至表 A.0.1－5 中有数值要求的项目，应填写检测数据。

表 A.0.1－1　砖砌体工程检验批质量验收记录

工程名称		分项工程名称		验收部位	
施工单位				项目经理	
施工执行标准名称及编号				专业工长	
分包单位				施工班组长	

续表

	质量验收规范的规定		施工单位检查评定记录	监理(建设)单位验收记录
主控项目	1. 砖强度等级	设计要求 MU		
	2. 砂浆强度等级	设计要求 M		
	3. 斜槎留置	2.2 第 3 条		
	4. 转角、交接处	2.2 第 3 条		
	5. 直槎拉结钢筋及接槎处理	2.2 第 4 条		
	6. 砂浆饱满度	≥80%(墙)		
		≥90%(柱)		
一般项目	1. 轴线位移	≤10 mm		
	2. 垂直度(每层)	≤5 mm		
	3. 组砌方法	2.3 第 1 条		
	4. 水平灰缝厚度	2.3 第 2 条		
	5. 竖向灰缝宽度	2.3 第 2 条		
	6. 基础、墙、柱顶面标高	±15 mm 以内		
	7. 表面平整度	≤5 mm(清水)		
		≤8 mm(混水)		
	8. 门窗洞口高、宽(后塞口)	±10 mm 以内		
	9. 窗口偏移	≤20 mm		
	10. 水平灰缝平直度	≤7 mm(清水)		
		≤10 mm(混水)		
	11. 清水墙游丁走缝	≤20 mm		
施工单位检查评定结果	项目专业质量检查员: 年 月 日		项目专业质量(技术)负责人: 年 月 日	
监理(建设)单位验收结论	监理工程师(建设单位项目工程师): 年 月 日			

注:本表由施工项目专业质量检查员填写,监理工程师(建设单位项目技术负责人)组织项目专业质量(技术)负责人等进行验收。

表 A.0.1－2　混凝土小型空心砌体工程检验批质量验收记录

工程名称		分项工程名称	验收部位	
施工单位			项目经理	
施工执行标准名称及编号			专业工长	
分包单位			施工班组长	
主控项目	质量验收规范的规定		施工单位检查评定记录	监理（建设）单位验收记录
	1. 小砌块强度等级	设计要求 MU		
	2. 砂浆强度等级	设计要求 M		
	3. 混凝土强度等级	设计要求 C		
	4. 转角、交接处	3.2 第 3 条		
	5. 斜槎留置	3.2 第 3 条		
	6. 施工洞口砌法	3.2 第 3 条		
	7. 芯柱贯通楼盖	3.2 第 4 条		
	8. 芯柱混凝土灌实	3.2 第 4 条		
	9. 水平灰缝饱满度	≥90%		
	10. 竖向灰缝饱满度	≥90%		
一般项目	1. 轴线位移	≤10 mm		
	2. 垂直度（每层）	≤5 mm		
	3. 水平灰缝厚度	8～12 mm		
	4. 竖向灰缝宽度	8～12 mm		
	5. 顶面标高	±15 mm 以内		
	6. 表面平整度	≤5 mm（清水）		
		≤8 mm（混水）		
	7. 门窗洞口	±10 mm 以内		
	8. 窗口偏移	≤20 mm		
	9. 水平灰缝平直度	≤7 mm（清水）		
		≤10 mm（混水）		
施工单位检查评定结果	项目专业质量检查员： 年　月　日		项目专业质量（技术）负责人： 年　月　日	

续表

监理(建设)单位验收结论	监理工程师(建设单位项目工程师): 年 月 日

注:本表由施工项目专业质量检查员填写,监理工程师(建设单位项目技术负责人)组织项目专业质量(技术)负责人等进行验收。

表 A.0.1-3 石砌体工程检验批质量验收记录

<table>
<tr><td colspan="3">工程名称</td><td colspan="4"></td><td>分项工程名称</td><td colspan="4"></td><td>验收部位</td><td></td></tr>
<tr><td colspan="3">施工单位</td><td colspan="9"></td><td>项目经理</td><td></td></tr>
<tr><td colspan="3">施工执行标准名称及编号</td><td colspan="9"></td><td>专业工长</td><td></td></tr>
<tr><td colspan="3">分包单位</td><td colspan="9"></td><td>施工班组长</td><td></td></tr>
<tr><td rowspan="4">主控项目</td><td colspan="2">质量验收规范的规定</td><td colspan="9">施工单位检查评定记录</td><td colspan="2" rowspan="4">监理(建设)单位验收记录</td></tr>
<tr><td>1. 石材强度等级</td><td>设计要求 MU</td><td colspan="9"></td></tr>
<tr><td>2. 砂浆强度等级</td><td>设计要求 M</td><td colspan="9"></td></tr>
<tr><td>3. 砂浆饱满度</td><td>≥80%</td><td></td><td></td><td></td><td></td><td></td><td></td><td></td><td></td><td></td></tr>
<tr><td rowspan="7">一般项目</td><td>1. 轴线位移</td><td>4.3 第 1 条</td><td></td><td></td><td></td><td></td><td></td><td></td><td></td><td></td><td></td><td colspan="2" rowspan="7"></td></tr>
<tr><td>2. 砌体顶面标高</td><td>4.3 第 1 条</td><td></td><td></td><td></td><td></td><td></td><td></td><td></td><td></td><td></td></tr>
<tr><td>3. 砌体厚度</td><td>4.3 第 1 条</td><td></td><td></td><td></td><td></td><td></td><td></td><td></td><td></td><td></td></tr>
<tr><td>4. 垂直度(每层)</td><td>4.3 第 1 条</td><td></td><td></td><td></td><td></td><td></td><td></td><td></td><td></td><td></td></tr>
<tr><td>5. 表面平整度</td><td>4.3 第 1 条</td><td></td><td></td><td></td><td></td><td></td><td></td><td></td><td></td><td></td></tr>
<tr><td>6. 水平灰缝平直度</td><td>4.3 第 1 条</td><td></td><td></td><td></td><td></td><td></td><td></td><td></td><td></td><td></td></tr>
<tr><td>7. 组砌形式</td><td>4.3 第 2 条</td><td></td><td></td><td></td><td></td><td></td><td></td><td></td><td></td><td></td></tr>
<tr><td colspan="3">施工单位检查评定结果</td><td colspan="11">项目专业质量检查员:　　　　项目专业质量(技术)负责人:
年 月 日　　　　年 月 日</td></tr>
<tr><td colspan="3">监理(建设)单位验收结论</td><td colspan="11">监理工程师(建设单位项目工程师):
年 月 日</td></tr>
</table>

注:本表由施工项目专业质量检查员填写,监理工程师(建设单位项目技术负责人)组织项目专业质量(技术)负责人等进行验收。

表 A.0.1－4　配筋砌体工程检验批质量验收记录

工程名称		分项工程名称		验收部位	
施工单位				项目经理	
施工执行标准名称及编号				专业工长	
分包单位				施工班组长	

	质量验收规范的规定		施工单位检查评定记录	监理(建设)单位验收记录
主控项目	1. 钢筋品种、规格、数量和设置部位	5.2 第 1 条		
	2. 混凝土强度等级	设计要求 C		
	3. 马牙槎尺寸	5.2 第 3 条		
	4. 马牙槎拉结筋	5.2 第 3 条		
	5. 钢筋连接	5.2 第 4 条		
	6. 钢筋锚固长度	5.2 第 4 条		
	7. 钢筋搭接长度	5.2 第 4 条		
一般项目	1. 构造柱中心线位置	≤10 mm		
	2. 构造柱层间错位	≤8 mm		
	3. 构造柱垂直度(每层)	≤10 mm		
	4. 灰缝钢筋防腐	5.2 第 2 条		
	5. 网状配筋规格	5.2 第 3 条		
	6. 网状配筋位置	5.2 第 3 条		
	7. 钢筋保护层厚度	5.2 第 4 条		
	8. 凹槽中水平钢筋间距	5.2 第 4 条		

施工单位检查评定结果	项目专业质量检查员：　　年　月　日　　项目专业质量(技术)负责人：　　年　月　日
监理(建设)单位验收结论	监理工程师(建设单位项目工程师)：　　年　月　日

注：本表由施工项目专业质量检查员填写，监理工程师(建设单位项目技术负责人)组织项目专业质量(技术)负责人等进行验收。

表 A.0.1－5　填充墙砌体工程检验批质量验收记录

<table>
<tr><td colspan="3">工程名称</td><td></td><td>分项工程名称</td><td></td><td>验收部位</td><td></td></tr>
<tr><td colspan="3">施工单位</td><td></td><td>项目经理</td><td></td><td></td><td></td></tr>
<tr><td colspan="3">施工执行标准名称及编号</td><td></td><td>专业工长</td><td></td><td></td><td></td></tr>
<tr><td colspan="3">分包单位</td><td></td><td>施工班组长</td><td></td><td></td><td></td></tr>
<tr><td rowspan="5">主控项目</td><td colspan="3">质量验收规范的规定</td><td colspan="2">施工单位检查评定记录</td><td colspan="2">监理（建设）单位验收记录</td></tr>
<tr><td colspan="2">1. 块体强度等级</td><td>设计要求 MU</td><td colspan="2"></td><td colspan="2" rowspan="4"></td></tr>
<tr><td colspan="2">2. 砂浆强度等级</td><td>设计要求 M</td><td colspan="2"></td></tr>
<tr><td colspan="2">3. 与主体结构连接</td><td>6.2 第 2 条</td><td colspan="2"></td></tr>
<tr><td colspan="2">4. 植筋实体检测</td><td>6.2 第 3 条</td><td colspan="2">见填充墙砌体植筋锚固力检测记录</td></tr>
<tr><td rowspan="13">一般项目</td><td colspan="2">1. 轴线位移</td><td>≤10 mm</td><td colspan="2"></td><td colspan="2" rowspan="13"></td></tr>
<tr><td rowspan="2">2. 墙面垂直度（每层）</td><td>≤3 m</td><td>≤5 mm</td><td colspan="2"></td></tr>
<tr><td>>3 m</td><td>≤10 mm</td><td colspan="2"></td></tr>
<tr><td colspan="2">3. 表面平整度</td><td>≤8 mm</td><td colspan="2"></td></tr>
<tr><td colspan="2">4. 门窗洞口</td><td>±10 mm</td><td colspan="2"></td></tr>
<tr><td colspan="2">5. 窗口偏移</td><td>≤20 mm</td><td colspan="2"></td></tr>
<tr><td colspan="2">6. 水平缝砂浆饱满度</td><td>6.3 第 2 条</td><td colspan="2"></td></tr>
<tr><td colspan="2">7. 竖向缝砂浆饱满度</td><td>6.3 第 2 条</td><td colspan="2"></td></tr>
<tr><td colspan="2">8. 拉结筋、网片位置</td><td>6.3 第 3 条</td><td colspan="2"></td></tr>
<tr><td colspan="2">9. 拉结筋、网片埋置长度</td><td>6.3 第 3 条</td><td colspan="2"></td></tr>
<tr><td colspan="2">10. 搭砌长度</td><td>6.3 第 4 条</td><td colspan="2"></td></tr>
<tr><td colspan="2">11. 灰缝厚度</td><td>6.3 第 5 条</td><td colspan="2"></td></tr>
<tr><td colspan="2">12. 灰缝宽度</td><td>6.3 第 5 条</td><td colspan="2"></td></tr>
<tr><td colspan="3">施工单位检查评定结果</td><td colspan="5">项目专业质量检查员：　年　月　日
项目专业质量（技术）负责人：　年　月　日</td></tr>
<tr><td colspan="3">监理（建设）单位验收结论</td><td colspan="5">监理工程师（建设单位项目工程师）：
年　月　日</td></tr>
</table>

注：本表由施工项目专业质量检查员填写，监理工程师（建设单位项目技术负责人）组织项目专业质量（技术）负责人等进行验收。

附录 B　填充墙砌体植筋锚固力检测记录

填充墙砌体植筋锚固力检测记录应按表 B.0.1 填写。

表 B.0.1　填充墙砌体植筋锚固力检测记录　　共　页　第　页

工程名称		分项工程名称		植筋日期	
施工单位		项目经理			
分包单位		施工班组组长		检测日期	
检测执行标准及编号					
试件编号	实测荷载/kN	检测部位		检测结果	
		轴线	层	完好	不符合要求情况
监理(建设)单位验收结论					
备注	1. 植筋埋置深度(设计)：　　mm 2. 设备型号： 3. 基材混凝土设计强度等级(C)： 4. 锚固钢筋拉拔承载力检测值：　　kN				

复核：　　　　检测：　　　　记录：

实训练习

题目：对所经工程案例进行分析

1. 目的

通过案例分析，使同学灵活掌握并运用所学知识分析质量事故。

2. 工程案例

某写字楼工程，8 层，框架结构，建筑面积 4 100 m^2。外墙维护全部采用混凝土空心小型砌块砌筑，交付使用后，出现"热、裂、漏"质量缺陷。

3. 原因提示

(1)外围护结构没有采用三排孔砌块，难以降低热辐射影响。

(2)使用了部分没有达到养护期的砌块，并露天存放在施工现场被雨淋过。

(3)没有选用专用砂浆(见《混凝土小型空心砌块砌筑砂浆》(JC 860—2008))，砌筑砂浆低于砌块强度等级对应的砂浆等级。

(4)没有采用反砌法，砌体砂浆硬化后，因墙面不平整，锤击或挠动砌块。

(5)有的部位漏设水平拉结筋，有的部位虽设置了拉结筋，墙体高 3.0 m，仅设一道拉结筋，达不到增强砌体抗拉强度的目的。

(6)外贴饰面打底灰没有采用防水砂浆。

4. 实训内容

根据以上工程案例和原因提示，结合本章所学知识，分析如何正确地进行砌体结构施工，以防出现质量缺陷。

思考题

1. 砌体施工质量控制等级是如何划分的?
2. 砌筑砂浆对组成材料有何要求?
3. 对砂浆强度检验抽检数量和检验方法有何规定?
4. 结合实际工程，讨论总结砌筑工程中常见的质量事故以及处理方式。

第 9 章　砌体结构工程的季节性施工

【单元概述】

本章主要从技术准备、施工措施、安全文明施工等方面讲述了砌体工程冬期施工、雨期施工、高温施工以及台风季节施工的相关知识。

【学习目标】

通过本项目的学习与训练，掌握冬、雨期砌体工程的施工组织要点，了解高温、台风季节砌体施工措施。

1　砌体工程冬期施工

1.1　砌筑工程冬期施工的基本知识

1.1.1　砌筑工程冬期施工的规范规定

根据《建筑工程冬期施工规程》(JGJ 104—2011)的规定，冬期施工期限的划分原则是：根据当地多年气温资料统计，当室外日平均气温连续五天稳定低于 5 ℃时即进入冬期施工；当室外日平均气温连续五天高于 5 ℃时解除冬期施工。

同时，除冬期施工期限以外，还应根据施工当日具体温度来确定。如当日最低气温低于 0 ℃时，也应按冬期施工有关规定进行。

1.1.2　砌筑工程冬期施工的核心问题

冬期施工的核心问题是防冻。

(1)防冻的范围：砌筑工程所有含水的材料和用水的作业，其本身以及材料的备置、运输、施工、养护环境等。

(2)防冻工作的内容：设施、材料、技术、能源及费用等。

(3)防冻工作的准备：①施工组织措施和技术措施；②临时应急补救措施，确保防冻工作的可靠度;③冬期施工方案;④向具体操作人员进行技术交底,实行专人负责,明确责任,落实到位。

1.1.3 砌筑工程冬期施工的特点

砌筑工程冬期施工采取的技术措施是以气温为依据的。在国家规范规程的指导下,各地区都针对本区域不同的特点,对冬期施工的起讫日期和温度均做了明确规定。

砌体工程冬期施工的特点表现为以下几点。

(1)事故多发性。在冬期施工中,由于长时间的持续负低温、大的温差、强风、降雪和反复冻融,对砌筑工程施工质量有很大影响,极易造成事故。因此,冬期施工是事故多发期。

(2)质量事故的隐蔽性。由于冬期施工的特殊性,期间发生的事故往往不易被发现与察觉,因此当冬期结束解冻后砌筑工程中隐含的一系列质量问题才逐步暴露,体现出冬期施工质量事故的滞后性。这些事故的滞后性又往往给质量事故的处理带来很大的困难。

(3)施工的计划性和准备工作的时间性要求强。在冬期施工中,由于气候的变化没有一定的规律,在时间上很难按照我们约定的某个时间来实施。因此,在建筑施工中,我们要充分考虑施工期天气气候可能的变化,做好冬期施工的计划安排,避免无准备的仓促施工发生质量事故。

1.1.4 砌筑工程冬期施工的原则

为了保证砌筑工程冬期施工的质量,在选择具体的冬期施工方法时,必须遵循如下原则。

(1)选定的施工方法、采取的技术措施必须符合《建筑工程冬期施工规程》(JGJ 104—1997)和《砌体工程施工质量验收规范》(GB 50203—2011)中的规定,确保工程质量。

(2)选定的施工方法、具体措施在技术上必须可靠,经济上必须合理,达到费用最低,使增加的措施费用最少。

(3)选定的施工方法及技术措施所需的热源及材料应有可靠的来源,并且能源和资源消耗最小,达到节能、环保的效果。

(4)必须合理编制施工方案与具体措施,确保工期、质量满足规定的要求。

1.2 砌筑工程冬期施工的准备工作

1.2.1 技术准备

(1)冬期施工前,要与工程所在地的气象部门取得联系,了解气象资料。根据气象预报、当地施工经验资料或历年气象资料估计冬期施工时间。

(2)要做好冬期施工前准备工作,包括临设、热源、设备检查、防寒保温材料贮备、原材料出厂化验单、外加剂产品说明书等,对水泥、外加剂等产品进场后要取样送往实验室检验,经复验合格后,方准使用。

1.2.2 材料要求

(1)冬期施工所用材料应符合下列规定:

①石灰膏、电石膏等应防止受冻，如遭冻结，应经融化后使用；

②拌制砂浆用砂，不得含有冻块和大于 10 mm 的冻结块；

③砌体用砖或其他块材不得遭水浸冻。

(2)冬期施工砂浆试块的留置，除应按常温规定要求外，尚应增留不少于一组与砌体同条件养护的试块，测试检验 28 d 强度。

(3)冬期施工砖石材料除应达到国家标准要求外，应符合表 9.1 的要求。

表 9.1　砌筑材料的质量标准

材料名称		吸水率	要求
普通黏土砖	实心	10% ~15%	应清除表面污物及冰、霜、雪等； 受水浸泡、受冻的砖、砌块不能使用； 砌筑时，当室外气温在 0 ℃以上时，普通黏土砖可适当浇水湿润，以吸深 10 mm 为宜，随浇随用，表面不得有游离水
	空心		
黏土质砖	实心	5% ~8%	
	空心		
小型空心砌块		2% ~3%	
加气混凝土砌块		70% ~80%	
石材		1% ~6%	除应符合上述条件外，石材表面同时不应有水锈

注：1. 黏土质砖系指粉煤灰、煤矸石砖等；

2. 小型空心砌块系指硅酸盐质的砌块。

(4)砌筑宜采用普通硅酸盐水泥，不可使用无熟料水泥。水泥的强度等级应根据砌体部位和所处环境来选择，一般以 32.5 级为宜。水泥不得受潮结块。如遇到水泥强度等级不明或出厂日期超过三个月情况，应经试验鉴定后，方可使用。不同品种的水泥不得混合搅拌使用。

(5)把生石灰置于灰池中加水熟化，熟化后所得膏状材料称为石灰膏。生石灰熟化时间不少于 7 d。灰池中贮存的石灰膏应防止污染、干燥和冻结。如受冻，应经融化后方可使用。受冻脱水风化干燥的石灰膏不得使用。配制砂浆使用石灰膏时，石灰膏以稠度 120 mm 为准，如施工时石灰膏稠度不足 120 mm，可按表 9.2 对掺量进行调整，即实际掺量 = 调整系数 × 配合比要求用量。

表 9.2　不同稠度石灰膏掺量调整系数

石灰膏稠度	120	110	100	90	80	70	60	50	40	30
调整系数	1.00	0.99	0.97	0.95	0.93	0.92	0.90	0.88	0.87	0.86

(6)施工用砂宜用中砂，并应过筛，其质量要求应符合《普通混凝土用砂质量标准及检验方法》(JGJ 52—2006)要求，如表 9.3 所示。水泥砂浆或砂浆强度等级等于或大于 M5 的水泥混合砂浆，砂的含泥量不得超过 5%；强度等级大于 M5 的水泥混合砂浆，砂的含泥量不得超过 10%。

表 9.3　胶结材料及骨料的质量标准

材料名称	要求
水泥	砂浆宜采用普通硅酸盐水泥,不可使用无熟料水泥,一般以强度等级 32.5 为宜
砂子	拌制砂浆的砂子不得含有冰块和直径大于 10 mm 的冻结块
石灰膏、电石膏、黏土膏	应防止冻结,如已受冻,应经融化后方可使用;凡受冻面有脱水、风化现象的石灰膏不得使用

(7)对外加剂的使用应符合相关的标准。

①防冻剂:砌筑时砂浆使用的防冻剂分单组分及复合产品。单组分材料的质量要求应符合相应的国家标准;复合产品应是经省、市级以上部门鉴定并认证的产品,其质量要求见厂家产品说明书。

②微沫剂:使用的微沫剂应是经省、市以上部门鉴定并认证的产品。其主要指标 pH 应为 7.5～8.5;有效成分不少于75%;游离松香含量不大于10%;0.02%水溶液起泡率大于350%;1.0%水溶液起泡高度为 80～90 mm;消泡时间大于 7 d。微沫剂的掺量一般为水泥用量的 0.005%～0.010%(微沫剂按 100%纯度计)。使用微沫剂宜用不低于 70 ℃的热水配制溶液,按规定浓度溶液投入搅拌机中搅拌砂浆时,搅拌时间不少于 3 min。拌制的溶液不得冻结。

砌体冬期施工防冻剂宜优先选用单组分氯盐类外加剂(如氯化钠、氯化钙)。当气温不太低时,可采用单掺氯化钠;当温度低于 −15 ℃时,可采用双掺盐(氯化钠和氯化钙)。氯盐砂浆的掺量应符合表 9.4 的规定。

表 9.4　氯盐外加剂掺加量(占用水总量%)

种类	掺入物	砌筑材料	日最低气温			
			≥ −10 ℃	−11 ℃ ～ −15 ℃	−16 ℃ ～ −20 ℃	≤ −20 ℃
单盐	氯化钠	砌砖、砌块	3	5	7	—
		砌石	4	7	10	—
复盐	氯化钠	砌砖、砌块	—	—	5	7
	氯化钙		—	—	2	3

注:1. 表中掺盐量均以无水氯化钠和氯化钙计;
2. 氯化钠和氯化钙的密度与含量可按表 9.4 换算;
3. 如有可靠试验依据,也可适当增减盐类的掺量;
4. 当日最低气温低于 −20 ℃时,砌石工程不宜进行施工。

如采用其他各种复合型外加剂,应参照相应的使用说明书决定掺量,并注意使用环境要求。

(8)对砌筑砂浆的使用应符合相关的标准。

①砂浆的强度等级及品种必须符合设计要求,试块经过 28 d 标准养护后应达到设计规定

的强度。

②流动性应满足砌筑要求。

③砂浆在运输和使用时不得产生泌水、分层、离析现象,要保证砂浆组分的均匀性。

④在特殊情况下尚应满足抗冻性及防腐蚀性等方面的要求。

1.2.3 主要机具及作业条件

外加剂法砌筑工程冬期施工除需要正常施工的机具外,根据冬期施工方法还应配备表9.5的器具。

表 9.5 冬期施工器具配备表

序号	机具名称	规格	性能或参数	数量	备注
1	容器	5 ~ 10 L			配置外加剂溶液
2	吊秤	—			外加剂溶液密度量测
3	保温材料	—	—	—	如草袋、岩面、毛毡等
4	保温暖棚	—	—	—	用于暖棚法砌筑
5	加热器具	—	—	—	—
6	测温器具	—	—	—	如水银温度计、电子温度计

技术准备、材料(包括保温材料)准备及储备、人力组织达到施工要求,并具备作业条件和能够展开作业。

1.2.4 施工组织及人员准备

(1)砌体冬期施工应编制专项冬期施工方案。

(2)进行技术交底,交底内容包括:

①冬期施工工艺及方法;

②冬期施工质量标准及要求;

③技术安全措施、砌体工程施工验收规范等。

(3)冬期施工的砌体工程除应按本书其他章节要求配备施工及管理人员外,还应设专人或专职的测温人员外加剂溶液应设专人负责配制和掺加。

(4)冬期施工应建立安全消防、防火组织机构。

1.3 冬期施工措施

1.3.1 外加剂法施工

外加剂法,也称掺盐砂浆法。即在砌筑砂浆中掺入一定数量的盐类作为抗冻化学剂,来降低砂浆中水分的冰点，以保证砂浆中的液态水在一定负温状态下不冻结，并使水泥的水化反应在一定温度下能连续进行，促使砂浆强度在一定的负温状态下持续缓慢地增长。

1. 主要组成成分与计量标准

目前，施工中主要掺加氯盐，以单盐（氯化钠 NaCl）或复盐（氯化钠 NaCl + 氯化钙 $CaCl_2$）的方式进行掺加。其他掺加的盐类还有亚硝酸钠（$NaNO_2$）、碳酸钾（K_2CO_3）、硝酸钙（$Ca(NO_3)_2$）等。

2. 作用原理

由于盐分的存在，降低了砂浆中液态水的冰点，保持了砂浆中液态水的存在，使水化反应能在一定的负温下继续进行，从而使砂浆强度继续缓慢增长，直至硬化。这样，使砌体表面不会因立即结冰冻死而形成冰膜，保证砂浆与砌体之间能较好地黏结形成一个整体，从而提高了整个砌体的强度。这种方法在施工工艺上简便，施工费用低，技术上较为成熟可靠，而且货源易于解决，是我国砌筑工程在冬期施工中常采用的方法。

但是，由于氯盐砂浆吸湿性较大，会使砌体表面产生盐析现象。掺盐法拌制的砌筑砂浆，其掺盐量应视当天或当时气温而定。不同的负温条件，其掺盐量应有不同的要求。如果砂浆中氯盐掺量过少，则起不到抗冻效果或防冻效果不佳，多余的水分会冻结，即砂浆内可能会出现大量冻结水晶体，造成砂浆中水泥的水化反应极其缓慢，降低砂浆的早期强度，从而影响砌体质量。如果氯盐掺量过多，如大于用水量的 10% 时，会引起砌筑砂浆的后期强度的显著降低。同时，氯盐含量过大，将导致砌体严重的盐析现象，增大砌体的吸湿性，降低砌体的保温性能。特别是对配筋砌体或设有预埋铁件的砌体。氯盐对铁件易产生腐蚀。因此，冬期施工掺盐砂浆的掺盐量必须按表 9.5 规定的用量执行。

表 9.5　氯化钠和氯化钙溶液的相对密度与含量的关系

15 ℃时溶液相对密度	无水氯化钠含量/kg		15 ℃时溶液相对密度	无水氯化钙含量/kg	
	1 L 溶液中	1 kg 溶液中		1 L 溶液中	1 kg 溶液中
1.02	0.029	0.029	1.02	0.025	0.025
1.03	0.044	0.043	1.03	0.037	0.036
1.04	0.058	0.056	1.04	0.050	0.048
1.05	0.073	0.070	1.05	0.062	0.059
1.06	0.088	0.083	1.06	0.075	0.071
1.07	0.103	0.096	1.07	0.089	0.084
1.08	0.119	0.110	1.08	0.102	0.094
1.09	0.134	0.122	1.09	0.114	0.105
1.10	0.149	0.136	1.10	0.126	0.115
1.11	0.165	0.149	1.11	0.140	0.126

续表

15 ℃时溶液相对密度	无水氯化钠含量/kg		15 ℃时溶液相对密度	无水氯化钙含量/kg	
	1 L溶液中	1 kg 溶液中		1 L溶液中	1 kg 溶液中
1.12	0.181	0.162	1.12	0.153	0.137
1.13	0.198	0.175	1.13	0.166	0.147
1.14	0.214	0.188	1.14	0.180	0.158
1.15	0.230	0.200	1.15	0.193	0.168
1.16	0.246	0.212	1.16	0.206	0.178
1.17	0.263	0.224	1.17	0.221	0.189
1.175	0.271	0.231	1.18	0.236	0.199
—	—	—	1.19	0.249	0.209
—	—	—	1.20	0.263	0.219
—	—	—	1.21	0.276	0.228
—	—	—	1.22	0.290	0.238

3. 适用范围

根据规范规定，在实际运用中，对具有保温、绝缘、装饰等特殊要求的建筑物和构筑物，不得采取加氯盐的方法进行施工，如艺术装饰要求高的工程，使用湿度大于 60% 的建筑物，发(变)电站、配电房，保温及热工要求高的建筑物，配有钢筋(含受力钢筋)的砌体，处于地下水位变化范围内以及水下未设防水保护层的砌体结构工程。

4. 施工注意事项

1)砌砖施工

(1)外加剂溶液配置应采用比重(密度)法测定溶液浓度。在氯盐砂浆中掺加微沫剂时，应先加氯盐溶液、后加微沫剂溶液，并应先配制成规定浓度溶液置于专用容器中，然后再按规定加入搅拌机中拌制成所需砂浆。

(2)砂浆配置计量要准确，应以重量比为主，水泥、外加剂掺量的计量误差控制在 ±2% 以内。

(3)当采用加热方法时，砂浆的出机温度不宜超过 35 ℃，使用时的砂浆温度应不低于 5 ℃。

(4)冬期施工砌砖时，砖与砂浆的温度差值宜控制在 20 ℃以内，最大不得超过 30 ℃。

(5)冬期施工砖浇水有困难，可增加砂浆稠度来解决砖含水率不足而影响砌筑质量等因素，但砂浆最大稠度不得超过 130 mm。

(6)冬期施工砌砖，墙体每日砌筑高度不超过 1.80 m 为宜，墙体留置的洞口，距交接墙壁处不应小于 50 cm。

(7)冬期施工砌筑砌块时,不可浇水湿润砌块。砌筑砂浆宜选用水泥石灰混合砂浆,不宜用水泥砂浆或水泥黏土混合砂浆。为确保铺灰均匀,并且与砌块黏结良好,砂浆稠度宜为50~60 mm。

2)砌块施工

(1)施工过程中应将各种材料集中堆放,并用草帘草包遮盖保温,砌好的墙体也应用草帘遮盖。

(2)施工时不可浇水润湿砌块。

(3)砌筑砂浆宜选用水泥石灰混合砂浆,不宜用水泥砂浆或水泥黏土混合砂浆。为确保铺灰均匀,并与砌块黏结良好,砂浆稠度宜为50~60 mm。

(4)砌块就位后,如发现偏斜,可用人力轻轻推动或用小铁棒微微撬挪移动,发现高低不平,可用木槌敲击偏高处,直至校正为止。也可将块体吊起,重新铺平灰缝砂浆,再安装到水平,不得用石块或楔块等垫在砌块的底部以求平整。

1.3.2 冻结法施工

冻结法是指采用不掺加任何抗冻外加剂的普通水泥砂浆或混合砂浆进行施工砌筑的一种冬期施工方法。

1.作用原理

冻结法施工的砖石砌体,砂浆冻结后仍留有较大的冻结强度,且能随气温的降低而逐步提高。当气温升高而使砌体解冻时,砂浆强度仍等于冻结前的强度,因而可保证砌体在解冻期间的稳定和安全;当气温由负温转入正温后,水泥水化作用又重新进行,砂浆的强度随着气温的升高而开始增长。冻结法施工时,可根据气温情况适当提高砂浆强度等级1~2级。

2.适用范围

采用冻结法施工的砂浆砌体砌筑,一般要经过冻结、融化及硬化三个阶段,不可避免地造成砌筑砂浆的强度、砂浆与砌体之间的黏结力不同程度的损失。特别是在砌体的融化阶段,其砂浆强度接近于零。砌体材料由于受重力的作用,将会使砌体结构的变形幅度和沉降量增大。某些砌体由于自身的结构特点或受力状态等原因,采用冻结法施工后,稳定性更差,如果采用加固措施,也比较复杂,且难于保证安全可靠。因此,规范规定以下砌体工程不允许采用冻结法施工:

(1)空斗墙;

(2)毛石混凝土砌体和毛石砌体;

(3)砖薄壳、双曲砖拱、筒拱及承受侧压力的砌体;

(4)在解冻期间可能受到振动或动力荷载的砌体;

(5)在解冻期间不允许发生沉降的结构;

(6)混凝土小型空心砌块砌体。

3.施工工艺

采用冻结法施工时,应严格遵循“三一”砌筑方法。组砌方式一般采用“一顺一丁”。每面墙在其长度内,应同时连续施工,不得间断。对外墙转角处和内外墙交接处,更应精心砌筑,注意砌体砌筑灰缝的厚度和砂浆的饱满度。

冻结法施工中宜采用水平分段浇筑施工,一般墙体在一个施工段范围内或每砌筑至一个施工层的高度时,施工不得间断。对不设沉降缝的砌体,其分段处两边的高度差不得大于 4 m。每天砌筑高度和临时间断处的高度差不得大于 1.2 m,砌体的水平灰缝宜控制在 10 mm 以内,但也不得小于 8 mm。

砌体解冻时,由于砌筑砂浆的强度接近于零,解冻期间增加了砌体的变形幅度和沉降量。与常温状态下的砌筑施工时的沉降量相比,下沉量增大幅度为 10% ~20% 。因此,在施工中应经常检查砌体的垂直度和平整度,如发现偏差应及时纠正。凡超过五皮砖以上的砌体发生倾斜时,不得采取敲、砸等方法来修正,而必须拆除重砌。

(1)在楼板水平面上,墙的拐角处、交接处和交叉处应配置拉结钢筋,并按墙厚计算,每 120 mm 宽设一根 ϕ6 钢筋,其伸入相邻墙内的长度不得小于 1 m,拉结钢筋的末端应设弯钩。

(2)每一层楼的砌体砌筑完毕后,应及时吊装(或捣制)梁、板、柱,并应适当采取锚固措施。

(3)采用冻结法砌筑的墙体,与已经沉降的墙体的交接处,应留置沉降缝。

在解冻期间,应注重对所砌筑的砌体进行观测,特别是注意多层房屋下层的柱和窗间墙,梁端支承处,墙交接处和过梁横板支承处等地方。此外,还必须观测砌体沉降的大小、方向和均匀性,砌体灰缝内砂浆的硬化情况等。观测一般需 15 d 左右,并做好记录。

4. 作业要求

(1)施工中宜采取水平分段施工,有利于合理安排施工工序,进行分期施工,可以减少建筑物各部分不均匀沉降和满足砌体在解冻时的稳定要求。

(2)砌筑的墙体不宜昼夜连续作业和集中大量人力突击作业,要求每天的砌筑高度和临时间断处的高度差均不大于 1.20 m 且间断处的砌体应做成阶梯式,并埋设 ϕ6 拉结筋,其间距不超过八皮砖,拉结筋伸入砌体两边不应小于 1.0 m。

(3)采用冻结法施工时,砌筑前应先测定所砌部位基面标高误差,通过调整灰缝厚度来调整砌体高度的误差,砌体的水平灰缝应控制在 10 mm 以内。

(4)在接槎处调整同一墙面标高和同一水平灰缝误差时,可采用提缝和压缝的办法。砌筑时注意灰缝均匀和砂浆饱满密实,标高误差分配在同一步架的各层砖的水平灰缝中,要求逐层调整控制,不允许集中分配的不均匀做法。接槎砌筑时,应仔细清除接槎部位的残留冰雪或已经冻结的砂浆。在进行接槎砌筑时砂浆必须密实饱满,水平灰缝的砂浆饱满度不得低于 80% 。

(5)墙体砌筑过程中,为了达到灰缝平直、砂浆饱满和墙面垂直及平整的要求,砌筑时必须做到皮上跟线、三皮一吊、五皮一靠,并还要随时目测检查,发现偏差及时纠正,保证墙体砌筑质量。对超过五皮的砌体,如发现歪斜,不准敲墙、砸墙或撬墙,必须拆除重砌。

(6)在墙和基础的砌块中,不允许留设未经设计同意的水平槽和斜槽。留置在砌体中的洞口、沟槽等,宜在解冻前填砌完毕。

(7)冻结法砌筑的墙体,在解冻前要进行检查,解冻过程中应组织观测,必要时还需进行临时加固处理，以提高砖石结构的整体稳定性和承载能力，但临时加固不得妨碍砌体的自然沉降，或使砌体的其他部分受到附加荷载作用。在砌体解冻后，砂浆硬化初期，临时加固件应继续留置，时间不少于 10 d。

(8)冻结法砌筑的砌体在解冻过程中，当发现砌体有超应力变形(如不均匀沉降、裂缝、倾斜、鼓起等)现象时，应分析变形发生的原因，并立即采取措施，以消除或减弱其影响。

(9)在解冻期进行人工观测时，应特别注意观测多层房屋的下层的柱和窗间墙、梁端支撑处、墙的交接处和梁模板支撑处等地方。此外，还必须观测砌体的沉降大小、方向和均匀性，砌体灰缝内砂浆的硬化情况。

(10)观测应在整个解冻期内不间断地进行，根据各地气温状况不同，一般不应少于 15 d。

1.3.3 暖棚法施工

暖棚法砌筑多用于较寒冷地区的地下工程和基础工程的砌体砌筑。

(1)采用暖棚法施工，棚内的温度要求一般不低于 +5 ℃。

(2)在暖棚法施工之前，应根据现场实际情况结合工程特点，制定经济、合理、低耗、适用的方案措施，编制相应的材料进场计划和作业指导书。

(3)采用暖棚法施工时，对暖棚的加热优先采用热风机装置。如利用天然气、焦炭炉或火炉等加热时，施工应严格注意安全防火和防煤气中毒。对暖棚的热耗应考虑围护结构的热量损失。

(4)采用暖棚法施工，搭设的暖棚要求坚实牢固，并要齐整而不过于简陋。出入口最好设一个，并设置在背风面，同时做好通风屏障，并用保温门帘。

(5)施工中应做好同条件砂浆试块制作与养护，并同时做好测温记录。

1.4 砌筑注意事项

1.4.1 砌基础及砌砖

(1)砌基础前，必须检查槽壁。如发现土壁水浸、化冻或变形等有明显危险时，应采取槽壁加固或清除有明显危险的土方等处理措施。对槽边有可能坠落的危险物，要进行清理后，方准操作。

(2)槽宽小于 1 m 时，应在砌筑站人的一侧留有 40 cm 的操作宽度。在深基础砌筑时，上下基槽必须设工作梯或坡道。不得任意攀跳基槽，更不得蹬踩砌体或加固土壁的支撑上下。

(3)墙身砌体高度超过地坪 1.2 m 以上时，应搭设脚手架。在一层以上或高度超过 4 m 时，采用里脚手架必须支搭安全网；采用外脚手架应设护身栏杆和挡脚板后，方可砌筑。利用原有架子作外沿勾缝时，对架子应重新检查及加固。

(4)不准站在墙顶上划线、刮缝、清扫墙面及检查大角垂直度。

(5)不准使用不稳固的器具或物体在脚手架板面垫高操作，更不准在未经过加固的情况下，在一层脚手架上随意再叠加一层。

(6)砍砖时应面向内砍,防止碎砖跳出伤人;护身栏杆上不得坐人;不准在正在砌砖的墙顶上行走。

(7)在同一垂直面内上下交叉作业时,必须设置安全隔板,下方操作人员必须配戴安全帽。

(8)已砌好的山墙,应临时加联系杆(如檩条等)放置在各跨山墙上,使其稳定,或采取其他有效的加固措施。

(9)在锤打石时,应先检查铁锤有无破裂,锤柄是否牢固;打石时对面不准有人,锤把不宜过长。打锤要按照石纹走向落锤,锤口要平,落锤要准,同时要看清附近有无危险,然后落锤,以免伤人。石料加工时,应戴防护眼镜,以免石渣迸入眼中。

(10)不准徒手移动上墙的料石,以免压伤或擦伤手指。

(11)不准勉强在超过胸部以上的墙体上进行砌筑,以免将墙体碰撞倒塌或上石时失手掉下,造成事故。

(12)冬期施工时,脚手板上如有冰霜、积雪,应先清除后才能上架子进行操作。架子上的杂物和落地砂浆等应及时清扫。

1.4.2　小砌块

(1)上班前,对各种起重机具、设备、绳索、夹具、临时脚手架以及施工安全设施等进行检查。吊装机械要专人管理,专人操作。

(2)在起吊砌块过程中,如发现有部分破裂且有脱落危险时,严禁起吊。

(3)使用台灵架,应加压重或拴好缆风绳,在吊装时不能超出回转半径拉吊件或材料,以免造成台灵架倾翻等危险事故。

(4)砌块一般较大较重,运输时必须小心谨慎,防止伤人。砌块吊装就位时,应待砌块放稳后,方可放开夹具。

(5)吊起砌块或构件,回转要平稳,以免重物在空中摇晃,发生坠落事故。砌块吊装的垂直下方一般不得进行其他操作。卸下砌块时,应避免冲击,砌块堆放应尽量靠近楼板的端部,不得超过楼板的承载能力。

(6)安装砌块时,不得站在墙身上进行操作,也不要在刚砌的墙上行走。

(7)禁止将砌块堆放在脚手架上备用。在房屋的外墙四周应设安全网。网在屋面工程未完工之前,屋檐下的一层安全网不得拆除。

(8)冬期施工,应在班前清除附着在机械、脚手板和作业区内的积雪、冰霜。严禁起吊和其他材料冻结在一起的砌块和构件。

(9)其他安全要求与砖砌体工程基本相同。

1.4.3　中砌块

(1)砌块施工宜组织专业小组进行,施工人员必须认真执行有关安全技术规程和本工种的操作规范。

(2)吊装砌块和构件时应注意其重心位置,禁止用起重拔杆拖运砌块;不得起吊有破裂脱落危险的砌块。起重拔杆回转时，严禁将砌块停留在操作人员上空或在空中整修、加工砌块。吊装较长构件时应加稳绳。吊装时不得在其下一层楼内进行任何工作。

（3）堆放在楼板上的砌块不得超过楼板的允许承载力。采用里脚手架施工时，在二层楼面以上必须沿建筑物四周设置安全网，并随施工高度逐层提升，屋面工程未完工之前不得拆除。

（4）安装砌块时，不准站在墙上操作和在墙上设置受力支撑、缆绳等。在施工过程中，对稳定性较差的窗间墙、独立柱应加稳定支撑。

（5）当遇到下列情况时，应停止吊装工作：

①因刮风，使砌块和构件在空中摆动不能停稳时；

②噪声过大，不能听清指挥信号时；

③起吊设备、索具、夹具有不安全因素而没有排除时；

④大雾或照明不足时。

1.5 质量、安全与环境保护控制要点

1.5.1 材料的关键要求

（1）砌体工程冬期施工所用的砖、砌块、石料、外加剂、水泥等材料进场必须有材质试验单，结合外观检查，必要时按规定送试验室进行检验。

（2）外加剂应根据性质、品种的不同分别堆放。外加剂配置、掺加应由专人负责。

（3）保温材料要注意防潮，否则会影响保温效果。

1.5.2 技术管理措施

（1）砌体工程冬期施工应做好施工图纸的审核工作，确定在砂浆解冻期内所允许的砌筑极限高度、结构解冻期内需要采取的临时加固措施以及对掺有防冻剂的砂浆应确定在房屋砌筑不同高度时下层砌体中砂浆必须达到的强度要求等。

（2）砌体工程冬期施工应做好结构重点部位的核算，包括砌体的主要部位和薄弱部位承载能力核算、冻融核算、外加剂砌体承载能力核算等。

（3）为保证冻结法施工的砖石结构在解冻时的稳定性，当设计无规定时，宜采取一定的安全构造措施。

（4）建立冬期施工现场测温制，测温人员应做好每天测温记录。

（5）认真填写冬期施工砌筑日记，内容包括日砌筑工程、部位、日砌筑高度、外加剂掺量和砂浆稠度等。

（6）计量工具以采用吊秤较好，也可在计量车上安装计量装置。秤杆要经常擦油，防止锈蚀，计量工具应定期核验。

1.5.3　质量保证措施

(1)砂浆的配置必须按配合比通知单执行,外加剂的掺量必须准确无误,现场宜设两个容积相同的容器,以为搅拌机提供准确的外加剂掺量和不间断的拌合溶液。

(2)冬期施工砂浆的搅拌时间应适当延长,一般比常温季节延长0.5~1.0倍,以2.5~3.0 min为宜。

(3)拌制砂浆时宜采用两步投料法,水的温度不得超过80 ℃,砂的温度不得超过40 ℃,砂浆稠度应按表9.6的规定选用。

表9.6　砂浆稠度表

项次	砌体类型	常温时砂浆稠度/mm	冬期时砂浆稠度/mm
1	实心砖墙、柱	70~100	90~120
2	空心砖墙、柱	60~80	80~100
3	实心砖墙拱式过梁	50~70	80~100
4	空斗墙	50~70	70~90
5	石砌体	—	40~60
6	加气混凝土砌块	—	130

(4)冬期搅拌的热砂浆应采取措施,尽可能减少在搅拌、运输、储存过程中的热量损失。搅拌机应设在温度不低于5 ℃的保温棚内,砂浆应随拌、随运、随用,不得露天存放和二次倒运。

(5)砂浆应随拌随用,不要积存过多以免冻结。不得使用已受冻的砂浆,不宜在砌筑时随意向砂浆内加热水。

(6)砖砌体砌筑时应优先采用一顺一丁的砌筑方法,必须采用“三一砌砖”方法进行操作,不允许大面积铺灰排砖。

(7)砌体的灰缝饱满度应达到80%以上,水平灰缝厚度9~10 mm。

(8)砌体在当日施工完毕后,必须将砖面灰渣清理干净后表面覆盖保温材料。

1.5.4　职业健康、安全与防火措施

(1)操作和清理时,不得从窗口、留洞口和架子上直接向外抛掷废土、垃圾、碎砖等杂物。

(2)施工前,应检查电线绝缘、接地线、开关安装等情况,应符合用电要求。

(3)脚手架上、下行梯道要有防滑措施,外脚手架要经常检查。大雪后必须将架子上的积雪清扫干净,并检查马道平台;如有松动下沉现象,务必及时处理。

(4)施工时接触气源、热水,要防止烫伤;使用氯化钙、漂白粉时,要防止腐蚀皮肤。

(5)亚硝酸钠有剧毒,必须设专人保管和配置,防止误食中毒,

(6)现场使用的锅炉、火坑等用煤炭时,应有完善的通风条件,防止煤气中毒。

(7)采用暖棚法施工时,如利用天然气、焦炭炉或火炉等加热时,施工时应严格注意安全防火或煤气中毒。

(8)现场火源,要加强管理。电源开关、控制箱等设施要统一布置,加锁保护,防止乱拉电线,设专人负责管理,防止漏电、触电。使用电焊、气焊时,应注意防止发生火灾。

(9)冻结法施工的砌体解冻期内进行加固时,应特别注意安全,在变形迅速发展时,抢修工作带有一定程度的危险性,必要时解冻期施工操作作业应当暂停。

(10)现场应建立防火组织机构,设防火工具。

1.5.5 环境关键要求

(1)对道路要硬化,要有防尘措施。

(2)注意施工噪声的控制。

(3)车辆运输应加以覆盖,防止遗洒。

(4)夜间施工时应采用定向灯罩,防止光污染。

(5)禁止水泥浆乱排、乱流,要经过沉淀池过滤后排入市政污水管道,将沉淀淤泥垃圾运走。

1.6 质量标准

1.6.1 主控项目

(1)石灰膏、电石膏等应防止受冻,如遭冻结应经融化后方可使用。

(2)拌制砂浆用砂,不得含有冰块和大于10 mm的冻结块。

(3)砌体用砖或其他块材不得遭水浸冻。

(4)拌和砂浆时,水的温度不得超过80 ℃,砂的温度不得超过40 ℃,砂浆稠度宜较常温适当增大。

(5)外加剂的使用按设计要求或按有关规定使用。

(6)冬期低温下砌筑墙柱,收工时表面应用草垫、塑料薄做适当覆盖保温,防止冻坏墙体。

(7)冬期施工的砌体,应按"三一"砌砖法施工,灰缝不应大于10 mm。

1.6.2 一般项目

(1)基土无冻胀性时,基础可在冻结的地基上砌筑;基土有冻胀性时,应在未冻的地基上砌筑。在施工期间和回填土前,均应防止地基遭受冻结。

(2)普通砖、多孔砖和空心砖在气温高于0 ℃条件下砌筑时,应浇水湿润。在气温低于或等于0 ℃条件下砌筑时,可不浇水,但必须增大砂浆稠度。抗震设防烈度为9度的建筑物,普通砖、多孔砖和空心砖无法浇水湿润时,如无特殊措施,不得砌筑。

(3)搅拌砂浆的出罐温度宜控制在15 ℃以上。其使用温度应符合下列规定:

①采用掺外加剂法时,不应低于5 ℃;

②采用氯盐砂浆法时，不应低于 5 ℃；

③采用暖棚法时，不应低于 5 ℃；

④采用冻结法当室外空气温度分别为 -10 ~ 0 ℃、-25 ~ -11 ℃、-25 ℃以下时，砂浆使用最低温度分别为 10 ℃、15 ℃、20 ℃。

(4)用暖棚法施工时，要求砖石或砂浆的温度均不应低于 5 ℃，而距离所砌的结构底面 500 mm 处的棚内温度也不应低于 5 ℃。

(5)在暖棚内的砌体，养护时间应根据暖棚内的温度按表 9.7 确定，同时暖棚内应保持一定湿度，以利于砌体强度的增加。

表 9.7　暖棚法砌体的养护时间

暖棚的温度/℃	5	10	15	20
养护时间/d	226	225	224	223

(6)在冻结法施工的解冻时间，应经常对砌体进行观测和检查，如发现裂缝、不均匀下沉等情况，应立即采取加固措施。

(7)当采用掺氯盐砂浆法施工时，宜将砂浆强度等级按常温施工的强度等级提高一级。

(8)配筋砌体不得采用掺氯盐砂浆法施工。

1.6.3　资料核查项目

砌体工程冬期施工除应具备其他章节所要求的资料项目外，还应具备以下核查项目资料：

(1)砌体工程冬期施工方案；

(2)施工所用的砖、砌块、石、水泥、外加剂等材料的产品质量说明书、材质试验单、报告单等；

(3)冬期施工测温记录。

1.7　砌体工程冬期施工安全技术有关规定

1.7.1　一般规定

(1)新工人入厂后，必须进行安全生产教育。在实际操作中，技术人员、老工人应对新工人进行砌石、砌砖及砌筑小砌块、填充墙等的施工方法、安全生产的交底。

(2)在操作之前，必须检查操作环境是否符合安全要求、道路是否畅通、机具是否完好牢固、安全设施和防护用品是否齐全，经检查符合要求后，方可施工。

(3)进入施工现场，必须戴安全帽。

(4)脚手架未经验收，不得使用。验收之后，不得随意拆改及自行搭设；如必须拆改时，应由架子工进行。脚手架应搭设马道或梯子，以供人员上下。

(5)非机电操作工人不得擅自开动机器及接拆机电设备,任何人不得乘坐吊车上下。

(6)严禁上下投掷物体。在同一垂直面内,上下交叉作业时,必须设置防护隔层,防止物体坠落伤人。

(7)凡不经常进行高空作业的人员,在进行高空作业之前,应经过体格检查,经医生证明合格者,方可参加作业。六级以上大风时,应停止高空作业。

(8)现场或楼层上预留孔洞,出入口、楼梯口和电梯井等各种孔洞,是施工中的危险部位,必须严加防范,应设置护身栏杆或防护盖板,上述防护设施均不得任意挪动。楼梯在未安装栏杆之前,应绑护身栏杆。必要处夜间应设红灯示警。

1.7.2 堆料

(1)基槽两边 1 m 以内严禁堆料。地面堆砖高度不应超过 1.5 m。脚手板上堆放有料、砖及灰斗必须放稳,堆放不得过于集中,每平方米不得超过 270 kg。堆砖高度不得超过三皮侧砖。毛石一般不得超过一层,同一块脚手板上的操作人员不应超过两人。

(2)在楼层特别是在预制板面施工时,堆放机具、砖块等物品不得超过使用荷载。如超过使用荷载时,必须经过验算,采取有效加固措施后,方可进行堆放及施工。

(3)润砖应在地面上预先浇水,不得在地槽边或架子上用水管浇水,但冬期施工润砖时可在架子上进行。

1.7.3 运输

(1)使用垂直运输的吊笼、滑车、绳索、刹车等,必须满足机械自身负荷要求,牢固无损;吊运时不得超载,并需经常检查,发现问题及时修理。

(2)用起重机吊砖要用砖笼;吊砂浆的料斗不能装得过满。吊件回转范围内不得有人停留,吊车落到架子上时,砌筑人员要暂停操作,并避开一边。

(3)砖、石运输车辆行车时的前后距离,平道上不小于 2 m,坡道上不小于 10 m。斜屋面上不得用小车运料。运料小车在架子上停放时,必须停稳、立牢。装砖时要先取高处后取低处,防止砖垛倒塌伤人。

(4)吊运石块时,应经常检查并做到吊具、绳索无损坏、断裂等现象,必须在石块放稳后,才能松开吊钩和绳索。

(5)搬运块料时,应先检查块料有无断裂痕迹,抬起高度不宜过高,放置时不得猛起猛落,以防发生扭腰、砸脚等安全事故。

(6)翻滚石料时,要双手抓牢,集中精力。不得站在石块上翻转,向槽内运料时,不得乱掷乱抛。

(7)运输中要跨越的沟槽,应铺设宽度为 1.5 m 以上的马道,沟宽如果超过 1.5 m,则必须由架子工支搭马道。

(8)人工垂直往上或往下(深坑)转递砖石时,要搭递转架子,架子的站人板宽度不小于 60 cm。

1.7.4　安全生产要点

(1)要清除脚手架上的冰雪,增加防滑措施。

(2)风雪后要认真检查安全设施,检查脚手架、井字架、缆风绳和电器线路管道的完好情况,发现问题应及时修复加固。

(3)蒸汽和热水管道应设有明显标志,防止人员烫伤。

(4)现场使用明火应有审批手续,完善消防设施。

(5)使用化学外加剂(如亚硝酸钠等)时,因其外观与食盐相同也具有盐味,应防止误当作食盐。

(6)为防止锅炉爆炸,应使用具有合格证的锅炉;凡是用煤采暖必须设有烟囱,以防止煤气中毒。

(7)冬期施工应注意发放劳保用品。

2　砌筑工程雨期施工

2.1　雨量的划分

雨量大小用积水高度来计算,气象部门设有专门测量工具,以一天的降雨量来计算,降雨量单位为 mm,见表 9.8

表 9.8　降雨量划分　　mm/d

等级	小雨	中雨	大雨	暴雨
降雨量(h)	$h<10$	$10\leqslant h<25$	$25\leqslant h<50$	$h\geqslant 50$

2.2　雨期的特点

(1)雨期比较突出地集中在夏季,特点是降雨量增加、降雨日数增多、降雨强度增强、经常出现暴雨或雷暴。

(2)雷暴(雷暴是大气中伴有雷声的发电现象)对建筑工程安全施工危害性最大。在积雨云中水滴不断碰撞分裂,产生正负电荷,并各自不断聚集,若云层间或大地间的电位差达到一定程度时,即发生强烈的发电现象——闪电。在放电路径上,空气强烈增热,体积骤然膨胀,发生爆炸、雷鸣。

(3)雨期降雨量分布不匀。

①降雨量较多地区:华南达 1 700 mm;华东、华中、西南地区达 1 000 ~ 1 300 mm。

②降雨量较少地区:华北、西北 300 ~ 600 mm。

③西南地区雨期时间较长,全年 70% ~80% 的时间为雨期;西北、华北地区雨期时间集中在 6 ~ 8 月份,雨量大且集中。

(4)雨期施工应结合本地区的特点,合理安排并采取相应措施。

2.3 雨期施工对砌体的影响

(1)已砌好而没达到强度要求的砌体,竖缝的砂浆易被雨水冲刷掉,使水平缝的压缩变形增大,墙砌得越高,变形就越大。

(2)砌筑时,由于砖吸水达到饱和,砂浆的稠度较大,会出现砂浆被挤出砖缝,产生坠灰现象,使砖浮滑放不稳,俗称"游丁走缝"。

(3)当砌上皮砖时,由于上皮灰缝中的砂浆挤入下皮砖的浆口"花槽"中,下皮砖向外产生移动,使砌筑工程不能顺利进行。

(4)雨期砌筑施工,轻则使墙面凹凸不平,达不到规范要求而影响工程质量,重则会引起墙体的倒塌造成事故。因此,雨期施工必须采取一定的防范措施。

2.4 雨期施工措施

2.4.1 技术措施

(1)雨期施工的工作面不宜过大,应逐段、逐区域地分期施工。

(2)雨期施工前,应对施工场地原有排水系统进行疏通或加固,必要时应增加排水措施,保证水流畅通;另外还应防止地面水流入场地内;在傍山、沿河地区施工,应采取必要的防洪措施。

(3)基础坑边要设挡水埂,防止地面水流入。基坑内设集水坑并配足水泵。坡道部分应备有临时接水措施(如草袋挡水)。

(4)基坑挖完后,应立即浇筑好混凝土垫层,防止被雨水泡槽。

(5)基础护坡桩距既有建筑物较近时,应随时测定位移情况。

(6)控制砌体含水率,不得使用过湿的砌块,以避免砂浆流淌,影响砌体质量。

(7)确实无法施工时,可留接槎缝,但应做好接缝的处理工作。

(8)施工过程中,考虑足够的防雨应急材料,如人员配备雨衣、电气设备配置挡雨板、成型后砌体的覆盖材料(如油布、塑料薄膜等)。尽量避免砌体被雨水冲刷,以免砂浆被冲走,影响砌体的质量。

2.4.2 防范措施

(1)施工布置。施工布置应根据晴雨、内外相结合的原则,施工中一般采取“大雨停,小雨干”的方法组织施工。

(2)材料要妥善存放。雨期施工中用砖必须集中堆放在地势较高处,使用毡布或芦苇等遮盖,以减少雨水的大量浸入;砂子也应堆放在地势较高处,周围设置排水沟以易于排水;水泥要存放在封闭和防雨、防潮好的专用水泥棚内按标号、进场时间分类堆放,防止水泥因降雨受潮结块失效造成经济损失。

(3)严格控制砂浆稠度。雨期施工用砂,拌制砂浆时应及时调整用水量,严格控制砂浆稠度。砂浆要随拌随用,避免大量堆积。运输砂浆时要加盖防雨材料,防止被雨水浇淋。如果砂浆受到雨水冲刷,应重新加水泥拌和后再使用。

(4)砖墙砌筑中,应适当缩小水平灰缝。砌筑时宜采用“三一”砌筑法,水平灰缝控制在8~10 mm为宜,每日砌筑高度以不超过一步架高(1.2 m)为宜,以防倾倒。为了连续施工,可以采取夹板支撑的方法来加固。收工时应在墙面上盖一层干砖,并用草席等防雨材料覆盖,防止大雨冲掉刚砌筑好的砌体中的砂浆。如发现灰浆被冲刷,则应拆除1~2层砖,铺设砂浆重砌。

(5)内外墙同时砌筑。内外墙尽量同时砌筑,转角和丁字墙间的连接要跟上。稳定性较差的独立柱、窗间墙,必须加设临时支撑或及时浇注圈梁,这样可以增加砌体的稳定性,确保施工安全。

(6)对脚手架、马道、四口、五临边、井字架、道路等采取防止下沉和防滑措施,确保安全施工。同时复核砌体的垂直及标高,无误后再继续施工。

(7)金属脚手架、高耸设备井架、塔吊要有防雷接地设施。

(8)雨季人员易受寒,尤其淋雨后易感冒,应备好姜汤、药物以驱寒气。

(9)大风、暴雨之前要对井架、提升架及缆风绳、脚手架进行加固,大风、暴雨后要全面检查、修复加固。

(10)做好防雨及现场排水工作。

2.4.3 防雷设施

施工现场的防雷装置一般由避雷针、接地线和接地体三部分组成。

(1)避雷针:起接引雷电作用,施工中应安装在高出建筑物或构筑物的龙门吊、塔吊、人货电梯、钢脚手架的顶端。

(2)接地线:可采用截面面积不小于16 mm^2的铝芯导线或截面面积不小于12 mm^2的铜芯导线,也可用直径不小于8 mm的圆钢钢筋。

(3)接地体:有棒形和带形两种形式,棒形接地体一般采用长度为1.5 m,壁厚不小于2.5 mm的钢管或∠5 mm×50 mm的角钢,将其一端垂直打入地下,其顶端离地平面不小于50 cm;带形接地体可采用截面面积不小于50 mm^2,长度不小于3 m的扁钢,平卧于地下500 mm处。

防雷装置的避雷针、接地线和接地体必须双面焊接,焊缝长度应为圆钢直径的6倍或扁钢厚度的2倍以上,电阻不宜超过10 Ω。

2.4.4 机电设备防护

(1)机电设备的电闸要采取防雨、防潮等措施,并应安装接地保护装置,以防漏电、触电。

(2)塔式起重机的接地装置要进行全面检查,其接地装置、接地体的深度、距离、棒径、地线截面应符合要求,并进行测试。

2.5 雨期砌体工程施工准备

2.5.1 技术准备

(1)熟悉图纸,了解砌筑材料的强度标号。

(2)编制专项的雨期砌体工程施工方案。

(3)在砌筑施工前对操作人员进行雨期砌体工程技术交底。

(4)砌筑材料堆放点应做好防雨和排水措施。

2.5.2 材料要求

(1)砌块的品种、强度必须符合设计要求,并应规格一致;用于清水墙、柱表面的砌块,应边角整齐、色泽均匀;砌块应有出厂合格证明及检验报告;中小型砌块尚应说明制造日期和强度等级。

(2)水泥的品种与强度等级应根据砌体的部位及所处环境选择,一般宜采用32.5级普通硅酸盐水泥、矿渣硅酸盐水泥;应有出厂合格证明及检验报告方可使用;不同品种的水泥不得混合使用。

(3)砂宜采用中砂,不得含有草根等杂物;配制水泥砂浆或水泥混合砂浆的强度等级不小于M5时,砂的含泥量不大于5%,强度小于M5时,砂的含泥量不大于10%。

(4)应采用不含有害物质的洁净水。

(5)掺合料的使用应符合相关规定。

①石灰膏:熟化时间不少于7 d,严禁使用脱水硬化的石灰膏。

②黏土膏:以使用不含杂质的黄黏土为宜;使用前加水淋浆,并过6 mm孔径的筛子,沉淀后方可使用。

③其他掺合料:电石膏、粉煤灰等掺量应由试验部门试验决定。

(6)对木门、木窗、石膏板、轻钢龙骨等以及怕雨淋的材料如水泥等,应采取有效措施,放入棚内或屋内,要垫高码放并要通风,以防受潮。

(7)防止混凝土、砂浆受雨淋含水过多,而影响砌体质量。

2.5.3 作业条件

(1)基础砌筑前基槽或基础垫层施工均已完成,并做好工程隐蔽验收记录。

(2)首层砌筑前,地基、基础工程均已完成并办理好工程隐蔽验收记录,并按设计要求及标高完成水泥砂浆防潮层。

(3)严格控制砌块的含水率,空心砖含水率宜为 10% ~15%,灰砂砖、粉煤灰砖含水率宜为 5% ~8%。

(4)楼层砌筑时,外脚手架应按雨期施工方案要求搭设,并经检查验收符合安全及使用要求。

(5)中小型砌块砌筑前,应绘制砌块的排列图,并在前 1 d 将预砌砌块与原结构相接处浇水润湿,确保砌体的黏结性。

(6)做好场地周围防洪排水措施,疏通现场排水沟道,做好低洼地面的挡水堤,准备好排水机具,防止雨水淹泡地基。

(7)现场中主要运输道路路基应碾压坚实,铺垫焦渣或天然级配砂石,并做好路拱。道路两旁要做好排水沟,保证雨后通行不陷。

2.5.4　施工组织及人员准备

(1)组织熟练的专业队伍进行砌筑工程的操作。

(2)配置经验足够、资质具备的人员组成项目组,并建立强有力的项目管理机构组织。

(3)配备的施工人员必须认真执行有关安全技术规程和该工种的操作规程。

(4)砂浆配制计量、外加剂掺入及搅拌机操作等安排专人负责。

2.5.5　材料和质量要点

1. 材料的关键要求

(1)砌体的品种、强度必须符合现行技术标准和设计要求,应有出厂合格证或试验报告。

(2)水泥品种与强度等级应根据设计要求选择,并应有出厂合格证和检验报告。

(3)砂应根据砌筑砂浆的强度等级严格控制其含泥量、含水率等。

(4)石灰膏熟化时间不少于 7 d,严禁使用脱水硬化和冻结的石灰膏。

(5)预埋木砖、金属件必须进行防腐处理。

2. 技术的关键要求

(1)砂浆应由实验室做好试配,砂浆的配制重量计量工具必须经校正合格。

(2)经测量确定建筑物的主要轴线应设置标志桩或标志板,并标明基础、墙身和轴线的位置和标高。

(3)砌筑墙体必须立皮数杆,皮数杆一般应立在转角处、墙的交接处及洞口多的墙体处,并经检查确保正确。

(4)砌筑前,应将基础、防潮层、楼板等表面的砂浆和杂物清除干净,并将砌块或基层浇水湿润。

(5)砌体的施工缝应设置在变形缝或门窗洞口处。砌体相邻砌筑分段的高度差不得超过一个楼层高度,且不宜大于 4 m。砌体临时间断处的高差不得超过一步脚手架高度。

(6)对设计有要求的洞口、管道、沟槽和预埋件等,应于砌筑时正确留置或预埋。

3. 质量的关键要求

(1)不得使用含水率过高的砌块,以免砂浆流淌,影响砌体质量。

(2)雨后继续施工时,应复核砌体垂直度,确保砌体质量。

(3)控制砌筑高度每天在 1.2 m 以内,以免砌体结构不稳定甚至出现倒塌现象。

(4)严格控制砂浆的配合比、砂的含泥量、水灰比及砂浆的和易性,确保砂浆的强度等级。

(5)通过摞底排砖、立皮数杆来均匀控制砂浆的水平灰缝,正确设置砌体留槎(留槎应统一考虑,尽量减少设置)。

2.6 职业健康安全及环境关键要求

(1)石灰、水泥等属碱性,对操作人员的手有腐蚀作用,施工人员应佩戴防护手套。

(2)砂浆的拌制过程中操作人员应戴口罩防尘。

(3)对工人宿舍、办公室、食堂、仓库等应进行全面检查,对危险建筑物应进行全面翻修、加固和拆除。

(4)检查加固基坑边坡,预防雨天塌滑。

(5)拌制砂浆时所排出的污水需经处理后才能排放。

(6)若施工的是清水墙,则应注意不弄脏墙面,保持墙面的整洁。

(7)砌筑操作后,墙脚的砂浆等杂物应及时清理,保持环境的干净、整齐。

2.7 资料核查项目

(1)施工质量控制资料(包括雨期砌体工程技术、安全交底及专项施工方案等)。

(2)砌材出厂质量证明及产品性能检测报告。

(3)砂浆配合比通知单及试块抗压强度试验报告。

(4)各检验批的主控项目、一般项目质量验收记录。

(5)施工记录(包括施工日记、砌体的预检和复核记录、砌体工程检验批质量验收记录以及雨后砌体是否有垂直度的变化、是否产生了裂缝、是否有不均匀现象等记录)。

(6)重大技术问题的处理或修改设计的技术文件。

2.8 成品保护

(1)对已成型的砌体,收工时用塑料薄膜等覆盖,以防雨水冲走砂浆,致使砌体倒塌。

(2)砂浆稠度应适宜,砌筑操作时应防止砂浆流淌而弄脏墙面。

(3)若是清水墙砌体,应及时进行勾缝。

(4)预留有脚手眼的墙面,应用与原墙相同规格和色泽的砌块嵌严密,不留痕迹。

(5)外露或预埋在基础里的各种管线及其他预埋件,应注意保护,不得碰撞损坏。

(6)加强对抗震构造柱预留筋和拉结筋的保护,不得随意碰撞或弯折。

2.9　安全施工措施

(1)雨期施工基础放坡,除按规定要求外,必须作补强护坡。

(2)塔式起重机每天作业完毕后,须将轨钳卡牢,防止大雨时滑走。

(3)脚手架下的基土夯实,搭设稳固,并有可靠的防雷接地措施。

(4)雨天使用电气设备,要有可靠防漏电措施,防止漏电伤人。

(5)对各操作面上露天作业人员,准备好足够的防雨、防滑等防护用品,确保工人的健康安全,同时避免造成安全事故。

(6)严格控制“四口五临边”的围护,设置道路防滑条。

(7)雷雨时工人不要在高墙旁或大树下避雨,不要走近电杆、铁塔、架空电线和避雷针的接地导线周围10 m以内地区。

(8)人若遭雷击触电后,应立即采用人工呼吸和胸外按压急救并请医生采取抢救措施。

(9)当遇大雨或暴雨时,砌体工程一般应停工。

3　砌体工程高温、台风季节施工

3.1　高温季节施工准备

(1)根据施工生产的实际情况,积极采取行之有效的防暑降温措施,充分发挥现有降温设备的效能,添置必要的设施,并及时做好检查维修工作。

(2)关心职工的生产、生活,注意劳逸结合,严格控制加班加点。入暑前,抓紧做好高温、高空作业工人的体检,对不适合高温、高空作业的适当调换工作。

3.2　技术措施

(1)高温季节砌砖,要特别强调砖块的浇水,利用清晨或夜间提前对集中堆放的砖块充分浇水,使砖块保持湿润,防止砂浆失水过快影响砂浆强度和黏结力。

(2)砌筑砂浆的稠度要适当增大,使砂浆有较大的流动性,灰缝容易饱满,也可在砂浆中掺入塑化剂,以提高砂浆的保水性与和易性。

(3)砂浆应随拌随用,对关键部位砌体,要进行必要的遮盖、养护。

(4)掺外加剂的砂浆,必须严格遵照使用说明拌制。

3.3 高温季节施工安全措施

(1)夏季施工要注意预防中暑情况的发生,应采用多种形式对职工进行防暑降温知识的宣传教育,使职工知道中暑症状,学会对中暑病人采取应急措施。

(2)合理调整作息时间,避开中午高温时间工作,严格控制工人加班加点,高处作业工人的工作时间要适当缩短,保证工人有充足的休息和睡眠时间。

(3)对容器内和高温条件下的作业场所,要采取措施,搞好通风和降温。

(4)对露天作业集中和固定场所,应搭设歇凉棚,防止热辐射,并要经常洒水降温。

(5)高温、高处作业的工人,需经常进行健康检查,发现有作业禁忌症状者,应及时调离高温或高处作业岗位。

(6)要及时供应合乎卫生要求的茶水、清凉含盐饮料、绿豆汤等。

(7)要经常组织医护人员深入工地进行巡回医疗和预防工作。

(8)工地设医药卫生室,根据工人数量配置专业人员值班,夏季施工要确保卫生室24小时开启,配备一些常用药品和一些器械,做好日常工人的卫生保健和发生事故时及时参与救援。

3.4 台风季节施工措施

(1)加强台风季节施工时的信息反馈工作。收听天气预报,并及时做好防范措施。台风到来前进行全面检查。

(2)对各楼层的堆放材料进行全面清理,在堆放整齐的同时必须进行可靠的压重和固定,防止台风来到时将材料吹散。

(3)对外架进行细致的检查、加固。竹笆、挡笆和围网增加绑扎固定点,外架与结构的拉结要增加固定点,同时外架上的全部零星材料和零星垃圾要及时清理干净。

(4)塔吊的各构件细致检查一遍,同时塔吊的小车和吊钩要停靠在最安全处,封锁装置必须可靠有效。对塔吊拔杆用缆风绳固定在可靠的结构上。驾驶室的门窗应关闭锁好。

(5)台风来到时各机械应停止操作,人员应停止施工。台风过后对各机械和安全设施进行全面检查,没有安全隐患时才可恢复施工作业。

实训练习

题目1:编制冬期砌体工程的施工方案

通过本项目的实训练习,掌握冬期砌体工程的施工组织要点,能编制常见砌体工程冬期施工组织措施,内容包括:

(1)施工准备工作；

(2)材料准备；

(3)砌筑施工工艺；

(4)砌筑工程冬期施工的施工技术要求；

(5)砌体工程冬期施工安全技术有关规定。

题目 2:编制雨期常见砌体工程的施工方案

通过本项目的实训练习,掌握雨期砌体工程的施工组织要点,能编制常见砌体工程雨期施工组织措施,内容包括:

(1)施工准备工作；

(2)雨期施工的防范措施；

(3)雨期施工的防雷措施；

(4)砌筑工程雨期施工的施工技术措施；

(5)砌筑工程雨期施工安全技术要求。

思考题

1. 砌筑工程冬期施工有哪些特点与原则?
2. 砌筑工程冬期施工所用材料应符合哪些规定?
3. 砌筑工程冬期施工技术交底包括哪些内容?
4. 简述冻结法施工原理。
5. 砌筑工程冬期施工包括哪些措施?
6. 砌筑工程冬期施工质量标准包括哪些主控项目?
7. 砌筑工程雨期施工有哪些特点与原则?
8. 雨期施工对砌体有哪些影响?
9. 砌筑工程雨期安全施工应采取哪些措施?
10. 砌筑工程雨期施工技术包含哪些关键要求?
11. 简述砌筑工程台风季节的施工措施。

第10章　砌体结构施工方案

【单元概述】

本章主要介绍施工方案的基本知识,施工方案的具体内容和施工方案的发展方向,并通过实例介绍施工方案的编制方法。

【学习目标】

了解施工方案编制的对象、施工方案的发展方向,熟悉施工方案的编制依据,掌握施工方案的具体内容,能根据已有知识确定施工顺序、施工流向、施工方法、划分流水施工段及选用施工机械设备,能正确表述砌体结构的质量、安全保证措施,能够在砌体结构施工中进行质量、安全控制,分析并处理常见质量问题和安全事故,能正确表述砌体结构施工方案的主要内容、作用及编制要点,能够编制一般工程的砌筑施工方案。

1　编制施工方案的基本知识

1.1　施工方案编制的概念和意义

确定施工方案是施工组织设计的核心内容。由于建筑产品的多样性、地区性和施工条件的不同,因此在拟定施工方案时,应根据具体的施工对象,从其结构形式、面积大小等方面着重考虑施工方法的选择、施工技术组织措施、施工顺序、施工起点及流向、流水施工段的划分、机械设备的选用、安全措施等方面的因素。

同时,施工方案也是单位工程或分部分项工程中对工程施工方法的分析,使施工实施过程中对所消耗的劳动力、材料机械设备、费用以及工期等在合理组织的条件下,进行技术经济分析,在拟定的几个可行的方案中,选择出最优施工方案作为施工实施的依据。在选择出最优施工方案后对工程施工中的一些难点和关键部位做专门的方案编制。因此,施工方案在形式上有包含在施工组织设计里的独立编制方案和总体方案两种。

选择合理的施工方案,将有利于砌筑工程施工质量、施工速度、施工成本及企业经济效益等的控制,直接关系到单位工程施工的效果。

1.2　施工方案的编制要点

施工方案是依据总体施工组织设计关于某一分部分项工程的施工方法而编制的具体的施工工艺，对工程所需的人员、机具、材料和工艺流程进行详细的部署，保证施工质量及安全文明生产的要求，具有可行性、针对性，符合施工及验收规范。

施工方案是站在项目管理层的角度上，对具体分部分项工程施工方法的细化，它反映的是如何实施、如何保证质量、如何控制安全等问题。通过技术交底，将其转化为具体的实际操作细节。

施工方案在内容上偏重于实施，在具体实施过程中讲究可操作性，在文字表述上强调通俗易懂，以利于指导局部工程的具体施工。

1.3　施工方案编制的对象和内容

施工方案编制是以某一工程的分部分项工程为对象。它用于指导具体某一分部分项工程施工的实施过程。

施工方案的编制内容通常包括工程概况、具体的施工方法、施工方法的选用比较、施工中的难点及重点分析、质量安全控制以及成品保护等方面的内容。

1. 施工方案包括的内容

对于施工项目而言，技术方案就是施工方案。技术方案指技术上处理项目的方法，包括项目构造与结构、工艺方法、工艺流程、工艺顺序、技术处理、设备选用、能源消耗、技术经济指标等，应辅以必要的图和表，以便表达清楚。施工方案应包括下列内容：

(1)施工流向和施工顺序；

(2)施工阶段划分；

(3)施工方法的选择；

(4)施工机械的选择；

(5)安全施工设计和组织机构；

(6)环境保护内容、方法和组织机构。

2. 单一分部分项工程施工方案应包括的内容

一般对于某单一分部分项工程单独编制施工方案时主要应包括以下内容。

(1)编制依据。

(2)分部分项工程概况和施工条件，说明分部分项工程的具体情况，选择本方案的原因优点以及在方案实施前应具备的作业条件。

(3)施工总体安排，包括施工准备、劳动力计划、材料计划、人员安排、施工时间、现场布置及流水段的划分等。

(4)施工方法工艺流程、施工工序、四新项目详细介绍，可以附图、附表直观说明，对某些复杂的工序还应进行必要的设计计算。

(5)质量标准,阐明主控目标、一般目标和允许偏差项目的具体根据和要求,注明检查工具和检验方法。

(6)质量管理点及控制措施、分析分部分项工程的重点难点,制定对施工有针对性及控制性措施和成品保护措施。

(7)安全、文明、环境保护措施及组织机构。

1.4 施工方案的编制依据

施工方案的编制依据主要是:施工图纸、施工现场勘察得来的资料和信息、施工组织设计、施工验收规范、质量检查验收标准、安全操作规程、施工及机械性能手册以及新技术、新设备、新工艺的相关知识等。

1. 施工现场调查内容

1)自然条件资料

(1)地形资料。用来选择施工用地,安排工人生活区和施工生产用地、工棚,布置施工总平面图等。

(2)工程地质资料。用来拟定特殊地基处理的施工顺序和技术措施,复合地基基础的设计,选择土方工程的施工报告。

(3)水文地质资料。包括地面水和地下水两部分。地面水资料的主要作用是考虑冬、雨期施工的起止日期及冻结深度等;地下水资料主要用来选择基础工程的施工方案,确定降低地下水位的方法。

(4)气象资料。主要包括气温资料、风力资料和降雨资料。气温资料要有最高和最低温度以及持续天数,以便考虑冬期施工及夏季防暑降温措施。风力资料要有风向玫瑰图及大于8级风的时间,以便布置临时设施位置和考虑吊装设施。降雨资料要有雨季起止时间、年降雨量及月平均降雨量等资料,以利于制定雨季施工措施和工地排水设施。

2)技术经济条件资料

(1)技术经济条件资料主要包括:

①施工现场的“三通一平”情况;

②劳动力及生活设施条件;

③机械供应条件及运输条件;

④材料组织及预制品加工和供应条件;

⑤企业管理及市场竞争情况等。

(2)作为施工方案编制依据所必需的资料和信息可通过以下途径得到:

①向设计单位和建设单位调查;

②向专业机构(勘察、气象、交通运输、建材供应等单位)调查;

③进行现场实地勘察;

④进行市场调查和企业内部经营能力调查(经营能力指由企业的人力资源、机械装备、资

金供应、技术水平、经营管理水平等综合方面形成的施工能力、发展能力、盈利能力、竞争能力和应变能力等)。

在具体编制施工方案时,对上述内容在编制依据章节中并不一定要一一列举描述,但对主要的编制依据必须详尽描述。

2.施工工序的准备情况

做好施工工序的准备工作是完成一项工序的良好开始。方案的准备工作不同于施工组织的准备工作,工序的施工准备工作内容较多,同时方案的制订一般与工序的样板施工同时进行,工序的施工准备一般可分为以下几个方面。

(1)技术规范准备。包括熟悉、审查图纸,安排调查活动,编制技术措施,组织交底等。

(2)现场施工准备。包括测量、定位、放线、现场作业条件、施工机械和物资准备、临时设施准备、季节性施工准备等。

(3)材料的准备。方案中一般要描述出本工序所要提供的主要材料,同时说明该材料的主要性能。一般施工方案的准备工作较多,但主要集中在现场主要作用条件上,我们在编制方案时,均要对上述工序完成的情况以及本工序开始要具备的作业条件等进行详细描述。

(4)施工人员及有关组织准备。施工方案为现场具体实施提供依据,当我们为方案进行策划时,对自身来说,要集结施工力量,调整、健全和充实施工组织机构,进行特殊工种的培训及各工种施工人员的培训教育的准备等工作。

3.施工工艺流程

施工工艺流程体现了施工工序步骤上的规律性,组织施工时符合这个规律,对缩短工期、保证质量、提高经济效益均有很大意义。工程性质、施工条件、使用要求等均会对施工程序产生影响。总体来说,安排合理的施工程序应考虑以下几点。

(1)一般组织施工时应对主要的工序之间的流水安排进行分析和策划,但对于单个方案而言,主要是要说明单个工序的工艺流程。

(2)在实际编制中要有合理的施工流向。合理的施工流向,是指建筑物平面和立面上都要考虑施工的质量及安全保证,考虑使用的先后顺序,考虑合理分区分段及适应主导工程的合理施工顺序。

(3)要重视施工最后阶段的收尾、调试工作及使用前的准备,以便顺利交工验收。做到前有准备,后有收尾,保证施工程序安排的周密性。

1.5 相关法规对施工方案的要求

在编制施工方案时,除了根据工程特点并结合企业的施工工艺标准进行组织外,还必须满足相应规范和法规要求。因此,在编制施工方案前,要了解规范和相关法规对该施工项目方案的具体要求。

2 施工方案的具体内容

2.1 确定施工顺序

施工顺序是指一个单位工程在施工中各分部工程或专项工程施工阶段的先后次序、时间衔接及其相互制约关系。它体现了施工步骤上的规律性。拟定施工方案和编制施工进度计划要首先考虑的问题,是确定合理的施工顺序。在实际工程中,施工顺序是多种多样的。不仅各种不同类型建筑物(或构筑物)的建造过程,有着各种不同的施工顺序,而且同一类型的建筑物,施工中也会有不同的施工顺序。

施工中各施工过程之间的先后顺序,也称为各分项工程的施工顺序,在施工中有极其重要的作用。它既是为了按照客观的施工规律来组织施工,也是为了解决各施工工种之间在时间上的衔接问题。施工顺序是否科学合理,直接影响到施工过程中各工种间的配合,还影响到施工工程质量、施工安全、施工进度及施工成本的控制。

1. 施工要素

确定施工过程中的先后顺序时必须考虑以下几个方面的因素:

(1)符合施工工艺要求;

(2)考虑施工组织的要求;

(3)考虑施工质量的要求;

(4)与选择的施工方法和采用的施工机械协调一致;

(5)考虑当地气候的条件;

(6)考虑安全技术的要求。

2. 确定施工顺序的原则及安排施工顺序的内容

1)确定施工顺序的原则

(1)先地下,后地上。即先进行地面以下的工程,后进行地面以上的工程。

(2)先主体,后零星。即先进行建筑工程的主要骨架工程,如混合结构的墙体与楼板,装配结构的钢筋混凝土构件的预制与安装等,然后进行其他一些零星工程。

(3)先结构,后装修。即先进行墙柱与梁板工程,后进行室内外装修工程。

2)施工顺序的部署安排内容

(1)整个工程分几期(或几个阶段),每期包括哪些单位工程。

(2)各期工程大致安排的施工时间。

(3)各期工程的相互联系。

(4)各期工程的注意事项等。

2.2　确定施工流向

施工流向指的是单位工程在平面或空间上施工的开始部位及其展开的方向。对单层结构物来讲,仅确定在平面上施工的起点和施工流向;对多、高层建筑物,除了确定每一层平面上的施工起点和流向外,还需确定在竖向上施工的起点和流向。确定单位工程施工流向时,应考虑以下几个方面的因素。

(1)考虑生产工艺流程的要求。

(2)考虑生产使用的要求。

(3)考虑单位工程的繁简程度和施工过程之间的关系。一般是技术复杂、施工进度慢、工期长的区段和部位先行施工。

(4)考虑建筑物高低层和高低跨组成时,应从高低层或高低跨并列处开始。

(5)考虑施工方法的要求。施工流向应按所选的施工方法及所制定的施工组织要求进行安排。

(6)考虑工程现场施工条件。施工场地的大小、道路布置和施工方案中采用的施工机械也是确定施工流向的主要因素。

(7)考虑分部分项工程的特点及相互关系。分部分项工程不同,相互关系不同,其施工流向也不同。特别是在确定竖向与平面组合的施工流向时,显得尤其重要。

2.3　确定施工方法

在单位工程施工中,施工方法及建筑机械的选择,主要根据建筑对象的结构特征、工程量的大小、工期长短、资源供应条件、现场条件以及施工企业技术装备水平等因素,先提出几个可行方案,通过分析比较,选择最合理的方案。

拟定施工方法时,应着重考虑影响整个单位工程施工的分部分项工程的施工方法。对于按照常规做法和工人熟悉的分项工程,只需提出应该注意的一些特殊问题即可,可不必详细拟定。对于工程量在单位工程中占重要地位的分部分项工程,施工技术复杂或采用新技术、新工艺及对工程质量起关键作用的分部分项工程等,要求详细而具体的拟定施工方法以便指导施工。

施工方法的选择必然要涉及施工机械的选择,施工机械的选择是施工方法选择的中心环节,在选择施工机械时,主要是选择主导工程的机械,根据实际条件和工程特点,决定其最适宜的类型和型号,既要满足施工的要求,又要经济合理,充分发挥施工机械的作用,提高机械使用率。

1. 主要项目的施工方法

主要项目的施工方法是施工方案最根本的核心。编制时首先要根据项目工程各工序的施工特点和难点,找出哪些项目是主要控制点。

(1)在选择、确定施工方法时,应当遵循如下规则:

①符合国家颁发的施工验收规范的标准和有关规定；

②操作方法可行，技术条件许可，满足施工工艺要求；

③所确定施工方法要与所选择的施工机械及划分的流水施工段相协调；

④尽量选择已有的、经过试验鉴定的科学、先进、节约的方法，尽可能进行技术经济分析；

⑤必须能够找出关键控制工序，并对其技术措施、组织措施、安全生产措施进行重点编制。

(2)一般来说，编制主要工序的施工方案应当围绕以下项目和对象进行。

①基础工程：土方工程是否采用机械开挖，开挖方法，边坡放坡要求，是否采用爆破方法及所需机具、材料，基坑(槽)排水方法及所需设备，土(石)方的平面调配等，砖基础垫层、大放脚类型及组砌方式。

②主体砌筑工程：砖墙砌体施工工艺的主要内容有定位抄平放线、摆砖及选择组砌方式、皮数杆设立、盘角、挂线、砌筑勾缝、楼层轴线的引测及各层标高的控制；在构造柱施工中，其施工工艺主要内容有模板类型和支模方法、隔离剂的选用、钢筋加工、运输和安装方法、混凝土搅拌和运输方法、混凝土的浇筑顺序、分层高度、施工缝的位置、工作班次、振捣方法和养护制度等。

③楼板吊装工程：根据选用的机械设备确定吊装方法，安排吊装顺序，确定机械位置、行驶路线、安装方法、堆放场地、所需的机具、设备型号、数量和对运输道路的要求。

④现场垂直、水平运输：确定垂直运输量(有标准层的要确定标准层的运输量)，选择垂直运输方式；明确脚手架的选择及搭设方式，确定水平运输方式及设备的型号、数量，确定配套使用的专用工具设备(如砖车、砖笼、混凝土车、灰浆车和料斗等)，确定地面和楼层上水平运输的行驶路线；合理地布置垂直运输设施的位置，综合安排各种垂直运输设施的任务和服务范围以及混凝土后台上料方式。

⑤特殊项目：如采用新结构、新材料、新工艺、新技术及高耸、大跨度、重型构件以及涉及水下、深基和软弱地基项目等，应单独选择施工方法，阐明工艺流程，提供需要的平面、剖面示意图，其施工方案还应包含劳动组织、技术要求、质量安全注意事项及采取的相应措施、施工进度、材料、构件和机械设备需用量。

2. 划分流水施工段

1)流水施工段的概念

流水施工段是组织流水施工时将施工对象在平面上划分为若干个劳动量大致相等的施工区段，每个施工段在某一段时间内只供一个施工过程的工作队使用。

施工段的作用是为了组织流水施工，保证不同的施工段上同时进行施工，并使各个施工班组能按一定的时间间隔转移到另一个施工段进行连续施工，既消除等待、停歇现象，又互不干扰。

2)划分施工段的基本要求及方法

(1)施工段的数目要适宜。施工段数过少则会引起劳动力、机械和材料供应过分集中，有时还会造成“断流”的现象；施工段数过多势必要减少人数，工作面不能充分利用，拖长施工期。

施工段的多少一般没有具体的量的规定，划分一幢房屋施工段时，可按基础、主体、装修等分部工程的不同情况分别划分施工段。基础工程可根据便于挖土与砌筑工程施工的关系或便于施工的需要来划分施工段，一般划分为 2 ~ 3 段为宜。主体工程应根据楼层平面的布置，以便于砖砌体的搭接施工为原则来划分施工段，可与基础工程的段数划分相同，也可以不同。一般每层可划分为 2 ~ 3 段。

(2) 施工段的分界线与施工对象的结构界限或幢号相一致，以便保证施工质量。如温度缝、沉降缝、高低层交界线、单元分割线等均可作为施工段的分界线。

(3) 各施工段的劳动量尽可能大致相等，以保证各施工班组连续、均衡地施工。

(4) 以主导施工为依据。划分施工段时，以主导施工过程的需要来划分。主导施工过程是指对总工期起控制作用的施工过程，如多层砖混结构房屋的砌筑工程等。

(5) 当组织流水施工对象有层间关系时，应使各队能够连续施工。即各施工过程的施工队做完第一段，能立即转入第二段；做完第一层的最后一段，能立即转入第二层的第一段。因而每层最少施工段数目应大于或等于施工过程数。

①当施工段数目小于施工过程数时，施工班组不能连续施工而使现场造成窝工现象。因此，对一个建筑物组织流水施工是不适宜的。但是，如果是在建筑群中施工，则可与建筑群中另外一些建筑物组织大流水施工，通过整体考虑，弥补其不足。

②当施工段数目等于施工过程数时，工作队连续施工，施工段上始终有施工班组施工，工作面能充分利用，无停歇现象，也不会产生工人窝工现象，是一种比较理想的施工段的划分。

③当施工数目大于施工过程数时，施工班组仍是连续施工，但有停歇的工作面，这种停歇的工作面在实际的操作中，不一定是不利的，有时还是必要的。如利用停歇时间做养护、备料、弹线等工作。

2.4　选用施工机械设备

(1) 在编制施工方案选择施工方法时，必然要涉及施工机械的选择。施工机械的选择直接影响到施工进度、施工质量、工程造价及生产安全。本章第 2 节讲到了砌体结构施工机械选择的原则，这里还要注意以下几点。

①在同一建筑工地上所选机械的类型、规格、型号应统一，以便于管理及维护。

②选择机械时，应考虑到施工企业工人的技术操作水平，尽量选用施工企业已有的施工机械。

③尽可能使所选机械一机多用，提高机械设备的生产效率。

④各种辅助机械或运输工具应与主导机械的生产能力协调配套，以充分发挥主导机械的效率。

(2) 下面以垂直运输机械塔式起重机的选择为例，主要是选择其类型及型号。

塔式起重机类型选择应根据建筑物的结构平面尺寸、层数、高度、施工条件及场地周围的环境等因素综合考虑。对中、高层建筑，可选用附着自升式塔式起重机或爬升式塔式起重机，其起升高度随建筑的施工高度而增加，如 QT4 - 10 型、QT5 - 4/40 型、QT5 - 4/60 型等；对低层建筑，常选用一般的轨道式或固定式塔式起重机，例如 QT1 - 2 型、QT2 - 6 型等；如果建筑体积庞大，建筑结构内部又有足够的空间(电梯间、设备间)可安装塔式起重机时，可选用内爬式塔式起重机，以充分发挥塔式起重机的效率。但安装时要考虑建筑安装结构支承塔重后的强度及稳定性。

塔式起重机规格型号的选择应根据拟建的建筑物所要吊装的材料及所吊装构建的主要吊装参数，通过查找起重机技术性能曲线表进行选择。

2.5 制定技术组织措施

在严格执行施工验收规范、检验标准、操作规程的前提下，针对工程特点，制定下述措施。

1. 技术措施

对新技术、新材料、新工艺、新设备的应用，对高耸、大跨、重型构件以及深基础、设备基础、水下及软地基项目，均应编制相应的技术措施。其内容主要包括：

(1)平面、剖面示意图及工程量一览表；

(2)施工方法的特殊要求和工艺流程；

(3)材料、构件和机具的特点、使用方法及需用量；

(4)技术要求和质量安全注意事项；

(5)水下及冬、雨期施工措施。

2. 质量措施

保证质量的措施，可以从下述几个方面来考虑：

(1)确保定位放线、标高测量等准确无误的措施；

(2)确保地基承载力及各种基础、地下结构施工质量的措施；

(3)确保主体结构及关键部位施工质量的措施；

(4)确保屋面、装修工程施工质量的措施；

(5)保证质量的组织措施。

3. 安全措施

保证安全施工的措施，可从下述几个方面来考虑：

(1)保证安全施工的组织措施；

(2)脚手架、吊篮、安全网的设置及各类洞口防止人员坠落的措施；

(3)保证土石方边坡稳定的措施；

(4)外用电梯、井架及塔吊等垂直运输工具的拉结要求和防倒塌措施；

(5)易燃易爆及有毒场所的防火、防爆、防毒措施；

(6)安全用电和机电设备防短路、防触电的措施；

(7)现场周围通行道路及民居保护隔离措施；

(8)季节性安全措施，如雨期防洪、防雷，夏期的防暑降温，冬季的防滑防火措施。

4. 降低成本措施

应根据实际工程情况，按分部分项工程逐项提出相应的节约措施，计算有关技术经济指标，分别列出节约工料数量与金额，以利于衡量降低成本的效果，其内容包括：

(1)合理地进行土石方平衡，以节约土方的运输费和人工费；

(2)提高模板精度，采用整装整拆，加速模板周转，以节约木材和钢材；

(3)采用先进钢筋焊接技术，以节约钢筋；

(4)在混凝土、砂浆中掺入添加剂或掺合料，以节约水泥；

(5)综合利用吊装机械，减少吊次，以节约台班费；

(6)构件及半成品采用预制拼装、整体安装的方法，以节约人工费、机械费等。

5. 现场文明施工措施

文明施工及场容管理一般包括以下几项措施：

(1)临时设施的规划与搭设，办公室、更衣室、食堂、厕所的安排与环境卫生；

(2)各种材料、半成品、构件的堆放与管理；

(3)散碎材料、施工垃圾的运输及防止各种环境污染；

(4)成品保护及施工机械保养；

(5)施工现场的围栏与标牌设置，出入口交通安全，道路畅通，场地平整，安全与消防设施齐全。

3　现阶段施工方案中存在的问题

目前，施工企业对施工方案不重视的现象比较突出，特别是中小型施工企业，由于没能正真地理解编制施工方案的重要性，在编制施工方案时，往往不能结合拟建或在建工程的特点或施工项目的具体情况，只是照搬照抄某些规范性条文，注重于形式，削弱了施工方案的实际作用效果，致使施工方案从编制到实施整个过程都存在许多不足，主要表现在以下几个方面。

(1)许多施工方案内容不符合国家法规、标准、技术规范的基本要求，也不符合实际施工条件及设计图纸要求，只是流于一种形式。从内容上来看，这类施工方案仅仅是将一些施工工艺标准等技术资料进行简单的组合，只是将施工方案作为一种必要的资料来做或者只是应付各职能部门的检查，而没有进行科学的整合和再创造，大都不能用来指导实际施工。

(2)对各种不同的工程类型，施工方案未能做真正的技术指标分析，图表、网络的设计等缺乏科学统一标准。

(3)施工方案不能起到施工指导作用。首先，施工方案编制人缺乏技术理论基础和具体施工经验，编制中照搬照套已有的技术规范中的相关内容，没有针对具体工程对象进行技术经济分析，缺乏指导功能。其次，从管理机制上，没有始终坚持把施工方案作为指导性文件，忽视它的权威性，在编制、审批、实施、修订等环节，都没引起足够的重视。所以，对施工过程没能真正起到指导和控制作用，不能在一定的资源条件限制下，实现本工程的技术经济效益。

(4)由于市场竞争激烈，建筑市场与业主(或投资人)对建筑施工企业(承包商)提出一系列的要求，承包商为了迎合业主的意图而满足业主(或投资人)的要求，往往不考虑企业自身的技术装备及管理水平，也不根据工程类型、自然条件以及本企业的实际情况，当然编制不出能真正满足施工操作和施工管理的施工方案。

(5)施工方案文本文字混乱。现阶段很多编制人员的计算机应用水平和写作水平都不够理想，图标不能很好地利用，甚至施工方案中存在较多的错字、别字，排版混乱，使得施工方案条理不清晰、版面不够美观，也在一定程度上影响了施工方案的指导作用。

4 施工方案的发展方向

随着项目管理规范的全面推行，建筑市场逐渐向着标准化、规范化、科学化的方向发展，并逐步与国际接轨。施工方案作为项目管理规划里的一个重要内容，直接反映出项目管理人员对某个工艺的操作指导和操作要求标准等。在砌筑工程施工方案的编制过程中，不仅要体现出企业可以满足国家、业主(或投资人)等在质量方面的要求，同时，伴随着工程量清单的推广实施，施工方案中的技术措施也成为了竣工结算、月度计量的重要依据。因此，我们应高度重视施工方案的编制。

4.1 施工方案标准化

标准化是工业生产的条件。对于建筑行业来说，各种施工程序、过程、工艺和要求的标准化，便于提高施工质量和速度，有利于实现规模化和专业化施工。生产的标准化首先要求技术文件的标准化。施工方案的发展，必须为建筑施工的标准化服务，从而使施工方案的编制也变得标准化。

4.2 施工方案的创新

施工或者施工方案的标准化，提高了施工质量和速度，将全面提高建筑业的施工水平，但是并不妨碍施工技术、工艺和方案的创新，相反会有促进作用。在大多数施工企业的施工水平都因施工的标准化而共同提高后，施工技术和方案的创新会使得该企业脱颖而出，在竞争中立于不败之地。企业生存的原动力是创新，真正优秀的施工方案应具有创新性。

4.3 施工方案的计算机模拟

随着电子技术的飞速发展以及工程项目的日益复杂，计算机在建筑施工中越来越重要。通过计算机可以模拟施工的全过程，找出施工中的难点和关键点，提前预知施工中可能发生的事情，以便于在施工中提前做好准备，为工程的顺利施工打下基础。通过计算机还能模拟周边环境、气候等对工程施工的影响，同样也可以模拟工程施工对周边环境的影响，以便于施工企业提前做好准备，正确处理施工过程中产生的问题，提高工程的施工质量，保证工程的顺利实施。

5　砌体结构施工方案案例

5.1　工程概况

本工程为框架结构，地下为一层，地上五层。±0.000以下墙体采用MU10灰砂砖，M5水泥砂浆；±0.000以上墙体采用蒸压加气混凝土砌块，外墙250 mm厚，内墙200 mm厚，M5混合砂浆，潮湿房间采用M5水泥砂浆砌筑。

构造柱、圈梁、过梁等强度等级均为C20，配筋为HPB235、HRB335两种级别钢筋。

地下结构层高为5.25 m，地上结构层高分别为5.1 m、4 m、6.75 m、3.65 m。

5.2　施工准备

1. 技术准备

(1)技术人员熟悉施工图纸及变更洽商，清楚设计意图。

(2)提前编制试验计划，提前进行原材料复试和砂浆配合比试配。

(3)对施工操作人员进行详细全面的技术交底。

2. 材料准备

(1)砌块：蒸压加气混凝土砌块有三种型号(分别为100 mm×300 mm×600 mm、200 mm×300 mm×600 mm、250 mm×300 mm×600 mm)、灰砂砖有两种型号(分别为53 mm×115 mm×240 mm、50 mm×100 mm×200 mm)。

(2)要求材料有出厂合格证和性能检测报告，进场后应立即通知技术、质量、物资、监理等部门单位共同验收，并形成书面记录。所有原材均按要求进行复试，复试合格后方可使用。

(3)砌体工程中所用的所有混凝土(包括构造柱、圈梁、过梁等)的强度等级均为C20，采用商品混凝土。

(4)钢筋：HPB235级钢筋(ϕ6、ϕ8、ϕ10)、HRB335级钢筋(ϕ12、ϕ14)。

(5)模板使用周转材料，由结构顶板拆下的木模板进行改制。

3. 机具准备

磅秤、手推车、铁锹、喷水壶、托线板、线坠、水平尺、灰桶、切割机、砌块砌筑工具等。

4. 作业条件

(1)主体结构验收完毕。楼层标高引测完毕，楼板实际标高校核完毕。内外墙轴线校核无误后，由轴线引出砌体墙位置控制线，在结构墙上弹好 +1 000 mm 标高的水平线，在相应部位弹好墙身边线、门窗洞口线、构造柱位置线，在结构墙柱上弹好砌筑墙的边线，并办完预检手续。

(2)所有位置线必须本着“以长定短，以精定粗”的原则，必须以长方向的轴线控制各走道的墙线，并引测各房间的控制线。

(3)根据不同类型的砌块模数，按合理灰缝制作好皮数杆。根据墙体尺寸和砌块规格，妥善安排砌筑平面排砖设计，尽可能减少现场切割量，根据砌块厚度与结构净空高度及门窗尺寸切实安排好立面、剖面的排砖设计，避免浪费。

(4)办好各种交接检、隐、预检手续。

(5)砌筑前，梁顶面或楼面(底板)清扫干净，洒水湿润。砌墙的前一天应将砌块墙与结构墙相连接的部位洒水湿润，保证砌体黏结牢固。室内地坪或楼板结构出现偏差时应预先用1∶3水泥砂浆找平，如果找平层超过 20 mm 时，应用 C20 细石混凝土找平。

(6)水电施工配合砌筑提前进行预埋管线施工，不应在砌筑好的墙体上后开槽，如果确实无法避免以上情况，必须及时通知项目技术、工程部门，由上述部门同意后方可开凿，并且墙面切割开槽应在砌筑完成 7 d 后进行，当作业完成后应及时加强修补(加贴耐碱玻纤网格布，防止开裂)。

5.3 主要项目施工方法

1.施工安排及工艺流程

1)施工安排

先进行地下一层的砌筑工作，然后进行地上部分的砌筑，砌筑顺序由下至上。具体施工时根据专业安装管线情况灵活安排，根据设计要求砌筑工作应该在设备管线安装完成后进行。每段墙体砌筑之前，各专业应互相协商，专业要做好孔洞预留，避免后开凿洞孔，在以满足双方的设计要求为前提下，使工程顺利、快速地进行。

2)工艺流程

墙体放线→排砖撂底→拌制砂浆→砌筑→校正→竖缝填实砂浆→勒缝→圈梁→构造柱→验收。

2.墙体基本构造

1)隔墙通用构造要求

(1)填充墙砌至接近梁、板底时，应留一定空隙，待填充墙砌筑完并应至少间隔 7 d 后，再用砖将其补砌挤紧，补砌时要求斜砌且逐块敲紧砌实，砂浆饱满，倾斜角度以 60°为宜。如顶部空隙≤80 mm，采用细石混凝土填实。

(2)所有钢筋在混凝土结构上生根均采用植筋的方式，锚固长度 $10d$，钢筋接头均采用搭接，搭接长度 500 mm，构造柱内主筋接头应相互错开，接头净距不小于 200 mm。钢筋锚固长度均取 $35d$ 且不小于 250 mm。

2）内隔墙构造要求

（1）水平缝和竖向缝采用专用黏结剂砌筑，缝宽 3 ~ 8 mm，施工中取 5 mm 进行控制，墙体相邻框架柱或混凝土墙时，竖向缝留 10 ~ 15 mm。

（2）门洞口上部应加设现浇钢筋混凝土过梁，梁长 = 洞宽 + 2 × 300 mm。当墙体净高大于 4 m时，在墙体中部设置 180 mm 高通长水平圈梁，内配 4ϕ12 钢筋、箍筋 ϕ6@250；如遇有门洞，则圈梁与门过梁拉通结合置于门洞上部。

（3）墙长超过 5 m 时，在墙长中部加设构造柱，墙体拐角及相交处均加设构造柱，构造柱采用芯柱灌混凝土，内配 4ϕ12 钢筋，钢筋上下端与楼板锚固。

3. 钢筋

1）构造柱

构造柱截面为墙厚 × 墙厚，配筋为 4ϕ12，箍筋 ϕ6@200。构造柱内配筋采用化学植筋胶植入顶板或梁内，锚固长度 10d。钻孔时遇梁部位，先找出梁主筋位置，不得伤及梁内主筋。

2）过梁

门窗洞口过梁每侧伸过洞边 250 mm，过梁主筋与圈梁主筋搭接，过梁截面配筋如表 10.1 所示。

表 10.1　过梁截面配筋表　　mm

洞宽 L	上部受力钢筋	下部受力钢筋	箍筋
$L<1\,500$	2ϕ8	2ϕ10	ϕ6@200
$1\,500 \leqslant L \leqslant 2\,100$	2ϕ8	2ϕ14	ϕ6@200
$2\,100<L \leqslant 3\,000$	2ϕ10	4ϕ2	ϕ6@200

3）圈梁

（1）配筋为 4ϕ12，箍筋 ϕ6@250。在框架柱或剪力墙上弹出圈梁位置线，圈梁钢筋采用化学植筋法锚入混凝土结构内，锚固长度 10d。

（2）有构造柱部位，主筋可锚入柱内，锚固长度 35d（350 mm）。

4. 模板

（1）圈梁、窗台、门洞过梁模板采用木模板施工，50 × 100 木方做背楞，ϕ48 钢管支撑。

（2）构造柱采用旧木板、木方子配制模板，为避免影响墙体垂直度，应使用穿墙螺栓、铅丝对拉或定型夹具。

（3）模板的支撑体系必须牢固可靠，确保过梁、圈梁、构造柱外表面平整，不致因局部混凝土凹凸而影响整个墙面的平整垂直及以后的抹灰质量。

（4）合模前必须将基层处理干净。

5. 混凝土

（1）所有混凝土强度等级均为 C20，混凝土坍落度宜为（180 ± 20）mm。

(2)采用振捣棒,确保混凝土振捣密实。

(3)砌筑砂浆强度达到1 MPa后方可进行混凝土浇筑,浇筑前模内清理干净。

(4)混凝土浇筑须连续进行。构造柱应在墙体砌至设计高度后再进行混凝土浇筑,浇筑混凝土时必须分层进行,每层浇筑高度不大于400 mm时振捣一次,严禁灌满一个楼层后再进行振捣。

(5)构造柱封顶时,在一侧支出敞口模板,混凝土强度达到拆模强度后拆模,再用干硬性细石混凝土捻缝。

6. *脚手架*

(1)当每层砌筑墙体的高度超过1.2 m时,应及时搭设好操作平台。

(2)当砌筑作业面距地高度不小于2.5 m时,在架体外侧边缘必须设置1 200 mm高的护栏和挡脚板,且护栏间的净空高度应小于500 mm,护栏、挡脚板随砌筑高度的增加向上周转使用。

(3)架体外侧满加剪刀撑,小横杆上满铺脚手板作为砌筑操作平台,脚手板以8#镀锌铁丝与架体绑牢。

(4)操作平台采用扣件式双排落地钢管脚手架,立杆纵距1.5 m,横距1.2 m,步距1.5 m,小横杆间距0.75 m。

(5)砌筑作业面上施工荷载不得超过200 kg/m^2,砌块由专人由地面向作业面上传递,作业面上只能堆放少量砌块,堆放的砌块不得超过两皮高。

7. *砌筑砂浆*

(1)本工程中所用的砌筑砂浆采用水泥砂浆,采用小型砂浆搅拌机进行搅拌。搅拌机设置在建筑物内部。

(2)砌筑砂浆强度等级为M5.0,施工前由实验室进行试配,制作配合比公示牌,施工现场严格按照配合比进行配制。配合比采用质量比进行控制,现场配备四台磅秤,严格控制水泥、砂、水的质量。

(3)拌制时,应先将水泥、砂干拌均匀,再加水拌和均匀。

(4)严格控制砂浆搅拌时间,搅拌时间不少于2 min,搅拌均匀,随拌随用,盛入灰槽内的砂浆如有泌水现象时,应在砌筑前重新拌和,当气温高于30 ℃时,砂浆应在拌成后3 h内用完。当气温低于30 ℃时,应在拌成后4 h内用完。

8. *砌筑*

(1)按照砌块规格尺寸、门洞位置、构造柱位置、现浇带及过梁位置、灰缝厚度绘制排砖图。砌块砌筑时根据墙宽及砌块的规格,进行排列摆块,不够整块时可以用切割机割成需要的尺寸,但不得小于砌块长度的1/3,砌块切割的切口必须平整。砌筑时,必须遵守反砌、对孔、错缝的“反、对、错”原则,即使砌块底面向上砌筑,上下皮应对孔错缝搭砌。

(2)砌筑前应清除砌块底部的毛边、表面污物,剔除断裂、变形的砌块。

(3)每层应从转角处或定位砌块处开始砌筑。应砌一皮、校正一皮,拉线控制砌体标高和墙面平整度。

(4)日砌筑高度控制在 2 m 以内(一砌筑架步距)。如楼板结构偏差较大,在砌筑前应采用 1∶3水泥砂浆找平,如果找平层超过 20 mm,应采用 C20 细石混凝土找平。

(5)砌筑时应对孔错缝搭砌,上下皮竖向灰缝相互错开 1/2 砌块长,个别情况如无法砌筑时,砌块的搭接长度不应小于 90 mm,当不能保证时,应在灰缝中设置 2ϕ6 拉结钢筋,但竖向通缝仍不得超过两皮小砌块。施工中应尽量采用主砌块,同时采用砌块(辅助砌块,主砌块长度一半)进行调节,局部可对主砌块进行切割以满足施工要求。

(6)墙体转角处和纵横墙交接处应同时砌筑,临时间断处应砌成斜槎,斜槎水平投影长度不应小于高度的三分之二。

(7)砌体灰缝应横平竖直,全部灰缝均应铺填砂浆,水泥灰缝的砂浆饱满度不得低于 90%。砌筑中,竖向灰缝应采用加浆方法,使其砂浆饱满,严禁用水冲浆灌缝,不得出现瞎缝、透明缝,竖缝的砂浆饱满度不得低于 90%。砌筑砂浆强度未达到设计要求的 70%(即 3.5 MPa)时,不得拆除过梁底部的模板。

(8)拉结钢筋必须放置于灰缝和构造柱内,不得漏放,其外露部分不得随意弯折。

(9)需要移动已砌好砌体的砌块或被撞动的小砌块时,应重新铺浆砌筑。

(10)有设备吊挂的墙体应将其固定点处的砌块用 C20 混凝土灌实,采用膨胀螺栓进行设备吊挂。

(11)位于墙体内的各种管线,提前找好位置,管线躲开砖肋位置,砌块上打孔,管线直接穿砖孔,线盒处使用无齿锯切割,并且用 C20 灌孔混凝土将线盒部位的砌块灌实。

(12)暗装式配电箱的位置应在砌筑时预留。

9. 试验要求

(1)加气混凝土砌块:每 1 万块为一验收批,不足 1 万也按一批计。每批从尺寸偏差和外观质量检验合格的砌块中随机抽取抗压强度试验试样一组(24 块)。

(2)砌筑砂浆:以同一砂浆强度等级、同一配合比、同种原材料每一楼层或 250 m^3砌体为一个取样单位,每取样单位标准养护试块的留置不得少于一组(每组 6 块)。

5.4　质量要求

1. 主控项目

(1)砖的品种、强度等级必须符合设计要求。

(2)同品种、同强度等级砂浆各组试块抗压强度平均值不小于设计强度值,任一组试块的强度最低值不小于设计强度值的 75%。

(3)砌体砂浆必须密实饱满,砌块砌体竖向灰缝的砂浆饱满度不小于 80%,砌块砌体水平灰缝的砂浆饱满度不小于 90%。

(4)外墙转角处严禁留直槎,其他临时间断处留槎做法必须符合规定。

2. 一般项目

(1)砌体接槎处灰浆应密实,缝、砖平直。

(2)预埋拉筋的数量、长度均应符合设计要求和施工规范的规定,留置间距偏差不超过一皮砖。

(3)构造柱留置正确,大马牙槎先退后进、上下顺直;残留砂浆清理干净。

3. 允许偏差项目

砌体允许偏差范围如表10.2所示。

表10.2 砌体允许偏差范围

序号	项目			允许偏差/mm	检验方法
1	轴线位置偏移			10	用经纬仪、拉线和尺量检查
2	基础和墙砌体顶面标高			15	用水准仪和尺量检查
3	垂直度	每层		5	用2 m托线板检查
		全高	≤10 m	10	用经纬仪或吊线和尺量检查
			>10 m	20	
4	表面平整度			5	用2 m靠尺和楔形塞尺检查
5	水平灰缝平直度			7	拉10 m线的尺量检查
6	水泥、灰缝厚度(10皮砖累计数)			8	与皮数杆比较尺量检查
7	竖向灰缝			10	吊线和尺量检查,以底层第一皮砖为准
8	门窗洞口(后塞口)	宽度		5	尺量检查
		门口高度		15	
9	预留构造柱(宽度、深度)			10	尺量检查
10	外墙上、下窗口偏移			20	用经纬仪或吊装检查,以底层窗口为准

5.5 各项保证措施

1. 质量保证措施

(1)皮数杆:其上应标明门窗洞口、混凝土圈梁、过梁等标高位置及尺寸,间距15~20 m。皮数杆应垂直牢固,标高一致,立完后应复核。应严格按皮数杆高度控制、掌握铺灰厚度。

(2)根据皮数杆最下部的第一皮砖的要拉通线检查,如果水平灰缝厚度超过20 mm时,应用细石混凝土找平,不得用砌筑砂浆垫平。

(3)在走道线内侧立拉通线控制墙面顺直。

(4)对墙体表面的平整度和垂直度、灰缝的厚度和饱满度应随时检查,并应在砂浆初凝前用小锤或撬杠轻轻进行修正。在砌完每一楼层后,应校核墙体的轴线尺寸和标高,允许范围内的轴线及标高的偏差，可在楼板面上予以校正。

(5)为避免墙体沉降过大，每天砌筑高度不得超过一步架。

(6)施工中需要在砌体中设置的临时施工洞口，其侧边离交接处的墙面不应小于600 mm，并在顶部设过梁；填砌施工洞口的砌筑砂浆强度等级应提高一级。

(7)圈梁、过梁混凝土浇筑前应将砌块、模板内的落地灰、砖渣、杂物清理干净，防止夹渣。

(8)机电管线安装：砌体部位管线从砌块中孔穿过，不允许破坏砌块。

(9)砌块的孔洞宜用砌块碎末拌以水泥、石膏及胶修补。需要移动已砌好的砌块或对被撞动的砌块进行修整时，应清除原有黏结材料，重新砌筑。

(10)砌体错缝不符合设计和规范的规定：未按砌块排列组砌图施工。应注意砌块的规格并正确地组砌。

2. 砌体开裂原因分析及预防措施

(1)砌块龄期不足28 d，使用了断裂的小砌块，与其他块材混砌，砂浆不饱满，砌块含水率过大（砌筑前一般不需浇水）等。

(2)填充墙与梁、板底交接处易出现水平裂缝：原因是未按要求间隔7 d补砌，未按要求补砌挤紧。

(3)墙体顶面不平直：砌到顶部时不好使线，墙体容易里出外进，应在梁底或板底弹出墙边线，认真按线砌筑，以保证墙体顶部平直通顺。

(4)墙体剔凿：预留孔洞、预埋件应在砌筑时预留、预埋，防止事后剔凿，以免影响质量。

3. 成品保护措施

(1)砌块在装运过程中，轻装轻放，避免损坏，严禁抛掷和倾倒。应尽量减少二次倒运。现场存放砌块场地应夯实、平整、不积水，进场后应按品种、规格分别堆放整齐，堆置高度不宜超过2 m。砌块应防止雨淋。

(2)不得站在刚砌的墙上进行其他操作，不得碰撞墙体或堆放其他材料。

(3)砌筑的落地砂浆要随时清理，防止污染地面，也减少以后清理工作量。

(4)对暖卫、电气管线及其他预埋件，应注意保护，不得碰撞损坏。当专业管线的改动不可避免时，不能人工剔凿，必须用开槽机切槽，并且任何墙体的开槽都必须征得业主的同意，不能随意施工。

(5)在砖墙上支撑圈梁模板时，防止撞动最上一皮砖。

(6)砌筑、支模时应保护钢筋不受扰动。

(7)支完模板后，应保持模内清洁，防止掉入砖头、石子、木楔等杂物。

(8)手推车应平稳行驶，防止碰撞墙体。

(9)墙上不得放脚手架，防止发生事故。

(10)拆除施工架子时，注意保护墙体及门窗口角。

4. 安全防护措施

(1)各种施工、操作人员须经安全培训，不得无证上岗，各种作业人员应佩戴相应的安全防护用具和劳保用品，严禁操作人员违章作业，管理人员违章指挥。

(2)施工中所用机械、电器设备必须达到国家安全防护标准。

(3)砌筑使用的脚手架,未经交接验收不得使用,验收使用后不准随便拆改或移动。

(4)采用里脚手架砌墙时,不准站在墙上清扫墙面和检查大角垂直等作业,不准在刚砌好的墙上行走。

(5)地面上配合人员应注意安全,尽量少在砌筑操作人员下方活动,防止上部坠物伤人。

(6)脚手架上堆放料量不得超过规定荷载(均布荷载每平米不得超过2 kN,集中荷载不超过1.5 kN)。

(7)用外用电梯运输时,注意不要超过电梯荷载允许值,运到楼层后,离开电梯时应及时关闭楼层的安全防护门。

5. 环境保护措施

(1)施工时应尽可能地减少污染、烟尘、噪声。

(2)施工现场的环保工作制度和措施要做到人人皆知。

(3)现场运输道路畅通,做到无积水、无坑洼、无任何杂物,指定专人每天洒水、清扫,水源可取用搅拌站沉淀池和车辆冲洗池经过二次沉淀的水,使现场经常保持干净、整洁。

(4)黏结粉料等松散颗粒材料应放入水泥库中,防止刮风粉尘弥漫,影响环境卫生。

(5)材料装卸采用人工传递,特别是钢管、扣件等,严禁抛掷或汽车一次性下料。

(6)运输散装物料车厢应封闭,以免洒落。出入口设专人清理出入车辆及周围道路,防止遗洒。

实训练习

题目1:单一砌体结构工程施工方案编写

1. 目的

通过本章节的学习与训练,掌握砌体工程施工方案的主要内容、作用、编制方法;熟悉工程砌体施工方案,并能编制一般的砌体施工方案。

2. 作业条件

由指导老师提供如下资料:

(1)有关国家规范和标准;

(2)施工现场勘察得来的资料、信息;

(3)施工图纸,从图纸中可以知道有哪些施工内容;

(4)本单位的劳动力和机械供应条件、施工能力;

(5)当地的一些技术经济条件。

在编制时,学生参阅相关规范和教材资料、类似工程资料均可。

3.编制施工方案的步骤

(1)熟悉工程图纸,调查了解工程现场情况和施工单位的施工条件。

(2)确定施工内容,了解施工对象有哪些具体的分部分项工程和哪些施工过程。

(3)制定施工总体安排,包括施工准备、劳动力计划、人员安排、材料计划、施工时间、现场布置及流水段的划分等。

(4)明确施工方法工艺流程、施工工序,项目详细介绍。可以附图、附表直观说明,有必要的可进行设计计算。

(5)制定质量标准。阐明主控项目、一般项目和允许偏差项目的具体根据和要求,注明检查工具和检验方法。

(6)制定质量管理点和控制措施。分析分项工程的重难点,制定针对性的施工及控制措施及成品保护措施。

(7)制定安全、文明及环境保护措施。

4.施工方案编制的要求

1)施工方案要有科学性

施工方案符合施工规律和建筑安装理论,所采用的施工方法必须满足国家的施工规范和标准有关要求。

2)施工方案要有具体适用性

制定施工方案是为了指导具体工程的施工。因此,制定施工方案一定要符合工程的建筑结构特点、现场的各种条件和建设单位的具体要求。其内容也要求是具体的,施工单位能凭此方案有条不紊地施工。

3)施工方案要有经济性

不同的施工方案所需的施工成本不同,选择方案时,要先拟订几种施工方案,然后对其进行经济比较,在满足质量、安全要求的条件下,选择相对经济的施工方案,实现本工程项目较好的经济效益。

4)施工方案要有现实可行性

每个施工单位都有其一定的施工能力和资源条件限制,编制施工方案时不能不对其加以考虑,施工方案超过其施工能力过多可能无法施工;若不加考虑地选择施工机械设备,则是不现实的。施工方案一定要现实可行,即施工单位有能力实施,现场条件允许实施。

5)施工方案要有技术先进性

选择技术先进的施工方案,能提高施工质量、施工操作效率,加快施工进度,降低施工成本,提高施工效益。

题目2:混合结构民用建筑砌体施工方案编制实训

1.目的

通过编写混合结构中有关砌体结构的施工方案,掌握混合结构中砌体工程施工方案的主要内容、作用、编制方法,熟悉并能编制混合工程砌体施工方案。

2. 混合结构民用建筑在施工时具有以下特点

1）砌墙、安楼板、装饰工程为整个施工中的主导工程

所谓主导工程，是指工程量大或者技术复杂，在单位工程中起主导决定作用的工程项目。在混合结构民用房屋中，砌墙、安楼板、装饰工程的工程量大，耗用劳动量和材料多，对工期起着决定性作用。

2）砌筑工程劳动量大

砌砖工程在混合结构中占有很大比重。据统计，在混合结构中，一般砌筑工程劳动量占单位工程总劳动量的14% ~22%。因此，合理组织砌砖工程施工对保证工程质量、加快施工进度、确保工期、安全生产都有重大意义。

3）装饰工程量大

混合结构民用建筑装饰工程量大，耗用劳动量多，施工工期长。目前，施工中以采用湿抹灰方法居多，其劳动量占总工期的20% ~30%；施工工期占总工期的30% ~40%，有的甚至达到总工期的50%以上。为了缩短工期，必须不断提高装饰工程工业化水平，采用新型材料、新技术、新工艺，推行干法施工，减轻劳动强度，加快施工速度。

4）各种材料运输量大

各种材料、半成品都需经过垂直和水平运输机械运到工作地点，运输量很大，每1 000 m^2民用建筑施工中，各种材料运输量在500 t以上。因此，必须合理选用起重机械才能满足施工中的使用要求。

5）适于组织流水施工

混合民用建筑由于广泛采用标准单元组合的标准设计，且大多是成批建造，给组织流水施工带来了方便。

根据上述施工特点，在选择混合结构民用建筑施工方案时，必须合理安排施工顺序，正确选择施工方法和施工机械，把握重点，以主导工程为突破点，组织好混合结构民用建筑的流水施工。

3. 混合结构民用建筑的施工顺序

混合结构民用建筑的施工顺序，一般分为基础工程、主体工程及装饰工程三个阶段，采用“先深后浅”“先地下，后地上”“先主体后装饰”的原则，安排施工顺序。

1）基础工程的施工顺序

基础工程施工顺序为：检查放线→垫层标高修正→摆底砖→放脚（收退）→正墙→检查→防潮层施工→正墙，其中地下管道则与基础工程相配合进行施工。

施工要点：在基础施工阶段，挖基础和做垫层之间停歇时间不能过长。特别是雨期施工时，因为下雨后基槽坑内积水，将影响土的承载能力和引起基础不均匀沉降，极易造成房屋建筑整体质量事故或人工、材料的浪费，所以当基础挖好后紧跟着做垫层。回填土一般在基础完成后一次性分层回填，为主体工程创造良好工作条件。如果主体工程进行中再来回填土或主体工程竣工后再进行回填，既不便施工，又增加了土方运输距离，且对后续工作的顺利进行产生了较大影响。地下管道与基础工程配合施工，以免基础完成后再打洞挖槽安装管道，影响工

程质量和进度。为此，专业安装单位必须与土建进度紧密结合。

在组织基础施工时，宜采用流水施工的方法组织流水施工。

2）主体工程的施工顺序

主体工程施工阶段的工作主要包括：搭设脚手架、砌墙、安装门窗框、安装门窗过梁、吊装楼板及楼板嵌缝和浇筑楼梯、圈梁、雨棚及安装屋面板等。

施工要点：砌墙和安装楼板是主要工序。为了充分利用空间、节约工期，应尽可能采用分段流水作业法组织施工，以保证施工的连续性。在主体工程施工阶段，应当重视楼梯间、厨房、厕所、阳台等处的施工和防水处理，合理安排它们与主要工序的施工顺序。各分层预制楼梯的吊装应该在砌墙、吊装楼板的同时或相继完成。当采用现浇钢筋混凝土楼梯时，更应与楼层施工密切配合，否则由于混凝土养护需要时间，使后续工序不能如期投入施工而拖延工期，影响整个施工进度。

同时，土建施工必须与水电设备安装施工紧密配合、交叉施工。在主体施工阶段，应配合预留孔洞、敷设暗管线、埋设木砖和各种箱盒等，以便于施工。

正确安排好施工顺序，就可以为合理选择施工方法、施工机械以及编制施工进度计划打下基础。但是施工顺序也不是一成不变的，还必须与具体施工条件相结合，与本企业的技术装备、技术力量、管理水平相结合。因地制宜，因时制宜，在考虑合理的施工顺序的前提下，尽量安排各个施工过程之间的平衡搭接施工。同时，还必须注意工程质量和施工安全方面的要求。

4. 主要施工方法的选择

混合结构民用建筑一般采用条形基础或独立柱基础、砖墙、预制钢筋混凝土空心板、抹灰及混凝土上地面等。目前，在施工现场，除预制板、楼梯、阳台等之外，几乎所有的工作都是在现场完成的。混合结构民用房屋的主导施工过程是砌筑砖墙和安装楼板。其施工方法的选择，主要是解决基础工程、主导工程的流水施工以及垂直水平方向的运输方法。

1）基础工程的技术要求和施工方法

混合结构民用建筑一般采用条形基础或独立柱基础，以条形基础居多。该类型基础宽度小，土方量不大，一般采用人工开挖或小型挖土机械；当有地下室时，由于土方开挖工程量较大，宜采用挖土机械进行。挖出的土方，一部分作为回填土在不影响施工的前提下就近堆放，多余的土在挖土后用手推车转运集中堆放或直接采用自卸汽车运送到弃土区。回填时可采用蛙式打夯机或人工分层夯实。

基础施工时要注意地面水和地下水的排出，一般采用明排水法或人工降低地下水位的方法。

2）脚手架工程

砌墙可采用里脚手架和外脚手架。目前，混合结构多层民用建筑施工中采用双排外脚手架居多，但仍有少数工程施工中采用单排外脚手架。脚手架的材料可用钢管、木制、竹制或钢木混合结构。为了保证安全施工，在外墙四周架设安全网，安全网应随着墙体升高而稳步提升。

Ⅰ. 一般脚手架的搭设

本工程采用直径51 mm钢管脚手架及其链接扣件搭设，里脚手架采用满堂脚手架，外脚手架必须层层外挂密目安全网。脚手架搭设中必须严格执行脚手架搭设规范要求，采用防倾覆、防坠落装置。

外脚手架搭设施工顺序：定位放线→摆放扫地杆底座坚硬支撑板→竖立杆并同时扣紧扫地杆→搭设水平杆→连接与墙拉结点→搭设剪刀撑→脚手架验收。

Ⅱ. 特殊部位脚手架搭设

对于特殊部位的脚手架搭设，由现场技术负责人和安全员制定具体搭设方案，申报审批后方可实施。

Ⅲ. 脚手架搭设安全措施

(1)脚手架搭设、拆除必须严格按照工序进行施工。

(2)安全网、护身栏、护头棚等安全设施随施工及时安装好。

(3)架子工必须持上岗证，搭设前应进行安全交底，并填写质量安全保证书，确保脚手架搭设质量和安全。搭设时，必须戴好安全帽，系好安全带，穿好防滑鞋。

(4)脚手架搭设随时验收，合格后方可上人。

(5)统一指挥，上下呼应，动作协调。

(6)设专人维护脚手架，并经常检查脚手架管、扣件的牢固性和稳固性。所有脚手架经过大风大雨后要进行安全检查。

(7)脚手架搭设好验收后，未经项目经理部书面许可，任何人不得拆除、更改、增加构配件。脚手架的拆除，必须由搭设人员在技术管理人员安排下拆除，高空拆架时，要注意施工安全，不得随手扔抛。

3)砌砖工程的技术要求和施工方法

Ⅰ. 砌砖工程操作要点

注意选砖、横平竖直、灰缝均匀、砂浆饱满、上下错缝、上跟线、下跟棱、不游丁、不走缝。

Ⅱ. 砌砖工程技术要求

a. 基础砌筑要求

基础砌筑之前，应先检查垫层施工是否符合质量要求，然后清理垫层表面，将浮土及垃圾等杂物清理干净。按龙门板标志弹出基础控制线。基础砌筑时，应在垫层转角、交接处及高踏步处，按预先立好的基础皮数杆先砌几匹砖，然后在其间拉准线砌筑中间部分。若砖基础不在同一深度，则应先由最低处开始砌筑，再转到基础高低台阶接头处，下台面台阶要砌筑一定长度(一般不小于 50 mm)实砌体，砌到上台面后和上台面一起退台。

基础防潮层，如设计无具体要求，宜用 1∶2.5 的水泥砂浆加适量的防水剂铺设，其厚度一般为 20 mm。抗震设防地区的建筑物，不用油毡做基础墙的水平防潮层。

b. 砖墙的技术要求

砌砖墙应平行砌起，砖层必须水平，砖层位置准确，除用皮数杆控制外，每层楼砌完后必须校对一次水平、轴线和标高，在允许偏差范围内，其偏差值应在基础或楼板顶面调整。

每层承重墙的最上一匹砖，在梁或梁垫的下面，应用丁砖砌筑；隔墙与填充墙的顶面与上层结构的接触宜用侧砌或立砖斜砌挤紧。

没有钢筋混凝土构造柱的抗震多层砖房，应先绑扎钢筋，而后砌筑砖墙，最后浇筑混凝土。

墙与柱应沿高度方向每500 mm设两根直径6 mm钢筋,每边深入墙内至少1 m;构造柱应与圈梁连接;砖墙应砌成马牙槎,每一马牙槎沿高度方向的尺寸不超过300 mm,马牙槎从每层柱脚开始,应先退后进。该层混凝土构造柱浇筑完之后才能进行上一层的施工。

砖墙每天砌筑高度以不超过1.5 m为宜。

c.砖墙过梁的技术要求

砖平拱过梁应用MU7.5以上的砖,不低于M5.0的砂浆砌筑。砌筑时,在过梁底部支设模板,模板中部应有1%的起拱,过梁底部的模板在灰缝砂浆强度达到设计强度标准值的50%以上时,方可拆除。砌筑时,应从两边往中间砌筑。

钢筋砖过梁其底部配置3根直径6~8 mm钢筋,两端伸入墙内不少于240 mm,并有90°弯钩埋入墙的竖缝里。在过梁的作用范围内(不少于6皮砖高度或过梁跨度的1/4高度范围内)应用M5.0砂浆砌筑。砌筑前先在模板上铺设30 mm厚1:3水泥砂浆层,将钢筋置于砂浆层中,均匀摆开,接着逐层平砌砖层,最下一皮砖应丁砌。

Ⅲ.砌砖工程的施工方法

砖砌体的砌筑方法有“三一”砌砖法、挤浆法、刮浆法和满口灰法四种,其中“三一”砌砖法和挤浆法是最常用的。

“三一”砌砖法即“一块砖、一铲灰、一揉压”并随手将挤出砂浆刮去的砌筑方法。这种砌砖方法的优点是:随砌随铺,随即挤揉,灰缝容易饱满,黏结力好,同时在挤砌时随手刮去挤出墙面的砂浆,使墙面保持整洁。所以,砌筑实心砖砌体宜采用“三一”砌筑法。

挤浆法是用灰勺、大铲或铺灰器在墙顶上铺一段砂浆,然后双手拿砖或单手拿砖,用砖挤入砂浆中一定厚度之后把砖放平,达到下齐边、上齐线、横平竖直的要求。这种砌砖方法的优点是:可以连续挤砌几块砖,减少烦琐的动作;平推平挤可以使灰缝饱满;效率高,保证砌筑质量。

Ⅳ.砖砌体工程质量

砖砌体工程质量分为合格和不合格两个等级。

4)砖砌体工程的技术要求和施工方法

Ⅰ.编制砌块排列图

砌块在吊装前应绘制砌块排列图。以纵横立面图、剖面图中墙体尺寸为依据进行编排。砌块排列应遵守下列技术要求:尽量以主规格砌块为主,各种副规格型号砌块为辅,在图上编号,以减少吊装次数,提高台班产量;由于砌块体积较大,不能像烧结砖那样随意砍断使用,所以绘制砌块排列图时,凡遇到两墙垂直交接、墙上有预留洞以及建筑物的墙角处都应按模数处理。

绘制方法是:用1:50或1:30的比例绘制出纵横墙的立面图;然后将过梁、平板、大梁、楼梯、混凝土垫块等在图上标出,再将水盘、管道等孔洞标出;在纵墙和横墙上按砌块高度画出水平灰缝线;再按砌块错缝搭接的构造要求和竖缝的大小进行排列。

Ⅱ.选择安装砌块的方案

中小型砌块安装用的机械有台灵架、轻型塔式起重机等。根据台灵架安装砌块时的吊装路线分,有后退法、合拢法和循环法。用台灵架安装砌块时,用轻型塔式起重机等进行砌块的水平垂直运输。

Ⅲ. 砌块施工工艺

砌块施工的主要工序是:铺灰→吊装砌块就位→校正→灌缝和镶砖等。

铺灰:砌块墙体所采用的砂浆,应具有较好的和易性,砂浆稠度采用 50 ~ 80 mm,铺灰应均匀平整,长度一般以不超过 5 m 为宜,炎热的夏季或寒冷的季节应按设计要求适当缩短。灰缝的厚度应按设计规定。

吊砌块就位:吊砌块一般用摩擦式夹具,夹砌块时应避免偏心。砌块就位时,应使夹具中心尽可能与墙身中心线在同一条直线上,对准位置徐徐下落于砂浆层上待砖块安装稳当后,方可松开夹具。

校正:用垂球或托线板检查垂直度。用拉准线的方法检查水平度。校正时可用人力轻微推动砌块或用工具撬动砌块,自重在 150 kg 以下的砌块可以用木槌敲击偏高处。

灌缝和镶砖:竖缝可用夹板在墙体内外灌砂浆,用竹片插或用铁棒捣,使其密实。当砂浆吸水后用刮缝板把竖向灰缝和水平缝刮齐。此后,砌块一般不准撬动,以防止破灰砂浆的黏结力。

Ⅳ. 机具准备

除应准备好砌块的垂直水平运输和吊装的机械外,还要准备安装砌块的专用夹具和其他有关工具。

Ⅴ. 砌块的运输及堆放

砌块的装卸可用汽车式起重机、履带式起重机和塔式起重机等。砌块的堆放应使场内的运输距离最短。堆置场地应平整夯实,有一定泄水坡度,必要时开挖排水沟。砌块不宜直接堆放在地面上,应放在草袋、煤渣垫层或其他垫层上,以免砌块底面弄脏。砌块的规格、数量必须配套、不同类型分别堆放。砌块的水平运输可用专用的砌块小车、普通平板车等。

5. 确定水平、垂直运输机械

水平运输机械应根据每班运输量及运距选择运输机具,垂直运输应根据运输高度,服务范围、吊运重量和数量并考虑经济可行程度等。初步确定起吊机械类型和台数。目前,垂直运输方案中一般采用龙门吊和塔式起重机方案。塔式起重机方案是用塔式起重机作为混合结构民用房屋的垂直运输机械,它既可供垂直运输使用,又可供水平运输使用。由于塔身高、起重臂长,所以起吊高度大、服务面广,能将预制构件及砖、灰缝等直接运到作业点,从而提高工作效率。

思考题

1. 试述施工方案的编制依据。
2. 安排合理的施工程序应考虑哪些内容。
3. 试述确定施工顺序的原则。

4. 试述确定单位工程施工流向时应考虑的因素。
5. 试述施工方案主要内容。
6. 试述文明施工哪几项措施。
7. 试述砌体工程施工方案的编制原则。
8. 试述编制施工方案中存在哪些问题。

附图　某砌体结构施工图/PPT

XXXX建筑设计有限公司	图　纸　目　录		设计号	CQLX-2013-04
			图　别	结施
	建设单位	XXXX房地产开发有限责任公司	图　号	A3
			页　数	01
2013年05月	项　目	XXXX居民安置点	页　次	01

序号	图　号	图　纸　名　称	图纸幅面	备　注
1	1/G-7	结构设计总说明一	A3+2/3	
2	2/G-7	结构设计总说明二	A3+2/3	
3	3/G-7	A6栋基础平面布置图	A3+1	
4	4/G-7	A6栋标准层梁板配筋图	A3+1	
5	5/G-7	A6栋18.000层梁板配筋图	A3+1	
6	6/G-7	A6栋坡屋面梁板配筋图	A3+1	
7	7/G-7	A6栋楼梯及大样图	A3+1	

工程负责　　　　审核　　　　设计

绪论　　第1章　　第2章　　第3章　　第4章

第5章　　第6章　　第7章　　第8章　　附图　某砌体结构施工图

参考文献

[1] 陕西省住房和城乡建设厅. GB 50203—2011 砌体结构工程施工质量验收规范[S]. 北京:中国建筑工业出版社,2011.

[2] 中国建筑科学研究院. GB 50300—2013 建筑工程施工质量验收统一标准[S]. 北京:中国建筑工业出版社,2013.

[3] 张昌叙. 砌体结构工程施工质量验收规范实施手册[M]. 北京:中国建筑工业出版社,2011.

[4] 邓寿昌,李晓目. 土木工程施工[M]. 北京:北京大学出版社,2006.

[5] 朱勇年. 砌体结构施工[M]. 北京:高等教育出版社,2009.

[6] 石奇. 砌体结构与木结构工程监理手册[M]. 北京:机械工业出版社,2007.

[7] 胡兴福. 砌体结构工程施工[M]. 北京:高等教育出版社,2009.

[8] 江正荣. 砌体与地面工程施工禁忌手册[M]. 北京:机械工业出版社,2006.

[9] 陈伯洪. 混凝土砌块砌体工程质量事故实例[J]. 中国高新技术企业,2009(11):179 - 180.

[10] 王立新. 砌体结构施工[M]. 南京:东南大学出版社,2005.

[11] 周和荣. 砌体结构工程施工[M]. 北京:化学工业出版社,2011.